Django 5 企业级
Web应用开发实战

（视频教学版）

王金柱 著

清华大学出版社

北京

内 容 简 介

本书精选当前简单、实用和流行的Django实例代码，帮助读者学习和掌握Django 5框架及其相关技术栈的开发知识。本书系统全面、内容翔实、重点突出、通俗易懂，基本涵盖Django 5框架应用开发的所有技术。本书配套示例源码、PPT课件和教学视频。

全书共分为13章，内容包括Django框架基础与环境搭建、常用配置、模型、视图与路由、模板、表单、后台管理、异常管理与自动化测试、用户Auth认证系统、安全与国际化，以及常用的Web应用程序工具等。此外，为了突出本书项目实战的特性，最后两章基于Django框架分别讲解了投票应用系统和内容管理系统两个实际项目的开发，可以帮助读者深入理解Django的应用开发流程。

本书内容简洁、代码精练、重点突出、实例丰富，能够帮助初学者快速掌握Django框架的Web应用开发方法，也能提高企业级Web应用开发人员的技术水平。本书也适合作为高等院校或高职高专学校软件开发课程的教材和教学参考书。

图书在版编目（CIP）数据

Django 5 企业级 Web 应用开发实战：视频教学版/王金柱著. —北京：清华大学出版社，2024.3
ISBN 978-7-302-65664-7

Ⅰ．①D… Ⅱ．①王… Ⅲ．①软件工具－程序设计 Ⅳ．①TP311.561

中国国家版本馆 CIP 数据核字（2024）第 040613 号

责任编辑：夏毓彦
封面设计：王　翔
责任校对：闫秀华
责任印制：沈　露

出版发行：清华大学出版社
　　　　网　　　址：https://www.tup.com.cn，https://www.wqxuetang.com
　　　　地　　　址：北京清华大学学研大厦 A 座　　　　邮　编：100084
　　　　社 总 机：010-83470000　　　　邮　购：010-62786544
　　　　投稿与读者服务：010-62776969，c-service@tup.tsinghua.edu.cn
　　　　质量反馈：010-62772015，zhiliang@tup.tsinghua.edu.cn
印 装 者：定州启航印刷有限公司
经　　销：全国新华书店
开　　本：190mm×260mm　　　印　张：25.5　　　字　数：688 千字
版　　次：2024 年 3 月第 1 版　　　印　次：2024 年 3 月第 1 次印刷
定　　价：99.00 元

产品编号：092109-01

前　言

Django是一个开放源代码的Web应用框架，设计初衷是简便、快速地开发出易于维护的数据库驱动型网站。其独具的代码复用功能，支持将各种组件以"插件"方式嵌入整个应用框架，从而极大地提高了应用开发的效率。近年来，得益于Python编程语言地位的不断上升，Django框架的发展势头非常迅猛，版本的更新迭代速度也非常快。本书涵盖了绝大部分关于Django框架基础及进阶的内容，全书做到将知识点与应用实例相结合，通过大量的代码实例帮助读者快速掌握Django框架的编程技巧，并应用到项目开发之中，相信读者都可以从本书中获益。

本书的内容安排

第1章主要介绍Django框架应用程序（应用）开发的基础内容，具体包括Django框架的基础知识、Django框架应用程序开发环境的搭建、开发第一个Django应用程序等。

第2章主要介绍Django框架常用配置信息的内容，具体包括基础路径配置、启动模式配置、站点访问权限配置、中间件配置、数据库配置、语言时区配置和静态文件配置等。

第3章主要介绍Django框架的核心——模型的内容，具体包括Django框架模型基础、模型入门、模型字段、Meta类、模型属性与方法、模型继承和通过包管理模型等。

第4章主要介绍Django框架中视图与路由的相关内容，具体包括URL路由配置、视图函数、快捷函数、视图装饰器、内置视图、请求与响应对象、模板响应对象和文件上传等。

第5章主要介绍Django框架的模板的相关内容，具体包括模板的基础知识、配置模板引擎、模板引擎语法，以及自定义标签和过滤器等。

第6章主要介绍Django框架的表单的相关内容，具体包括表单的基础知识、表单的使用、Django Form类等。

第7章主要介绍Django框架中后台管理（Admin）的相关内容，具体包括创建管理员用户、登录后台模块、管理自定义模型、定制后台管理模型和注册装饰器等。

第8章主要介绍Django框架中异常管理与自动化测试的相关内容，具体包括Django异常处理、自动化测试和测试工具等。

第9章主要介绍Django框架中用户Auth认证系统的相关内容，具体包括Auth认证系统的基础知识、Auth的安装与使用等。

第10章主要介绍Django框架中安全与国际化的相关内容，具体包括安全问题、劫持保护、跨站点请求伪造保护、登录加密、安全中间件、国际化和本地化等。

第11章主要介绍Django框架中常用的Web应用程序工具的相关内容，具体包括缓存、日志、发送邮件、分页、消息框架、序列化、会话、静态文件管理和数据验证等。

第12和13章针对Django框架应用，专门讲解了投票应用系统和内容管理系统两个实际项目的开发，可以帮助读者在实践中学习和掌握Django框架开发的完整过程。

本书特点

（1）本书从简单、通用的Django代码实例出发，抛开枯燥的纯理论知识介绍，通过实例讲解的方式帮助读者学习Django开发技巧。

（2）本书内容涵盖Django框架及其技术开发所涉及的绝大部分知识点，将这些内容整合到一起以便读者系统地了解和掌握这门语言的全貌，为大型Web项目的开发做好铺垫。

（3）本书对于实例中的知识难点做出了详细的分析，能够帮助读者提高Django编程开发技巧，并且书中多个实际的项目应用可以帮助读者学习和掌握Django框架开发所涉及的各个方面的内容。

（4）本书在Django及其相关知识点上按照类别进行了合理的划分，全部的代码实例都是独立的，读者可以从头开始阅读，也可以从中间开始阅读，不会影响学习进度。

（5）本书代码遵循重构原理，避免代码污染。通过对代码的学习，读者可写出优秀的、简洁的、可维护的代码。

配套资源下载和技术支持

本书配套示例源码、PPT课件和教学视频，需要读者用微信扫描下面的二维码下载。如果在学习本书的过程中发现问题或有疑问，可发送邮件至booksaga@163.com，邮件主题为"Django 5企业级Web应用开发实战（视频教学版）"。

本书读者

- Django 框架初学者
- Django 框架全栈开发人员
- Python Web 应用开发人员
- 具有 Web 前端基础的全栈开发人员
- 高等院校或高职高专的学生

编者

2024年1月

目　　录

第 1 章

Django 框架基础与环境搭建

Django 是一个开放源代码的 Web 应用框架，是由高性能的 Python 语言编写而成的。目前，基于 Python 语言的 Web 框架有很多款，而 Django 框架是其中应用范围最广、性能最优异、最具发展前景的一款。当今世界上，许多非常成功的 Web 网站和移动 App 都是基于 Django 框架开发的。

本章作为全书的开篇，主要介绍一下 Django 框架的基础知识、运行环境的搭建，以及开发工具的选择。同时，通过构建一个最基本的基于 Django 框架的 Web 应用程序（应用程序一般简称应用），帮助读者快速掌握 Django 框架的开发流程。

通过本章的学习可以掌握以下知识：

※ Django框架的基础知识
※ 如何搭建基于Django框架的开发环境
※ 基于Django框架的Web应用程序的开发流程

1.1　Django框架基础

本节首先介绍一下Django框架的基础知识、Django框架的设计原理，以及MVC与MTV这两种模式之间的区别。

1.1.1　Django 框架的基础知识

Django（英文发音：`dʒæŋgəʊ`）是一个开源代码的Web应用框架，使用高性能的Python语言编写而成。Django框架的诞生，最初是用来开发和管理Lawrence Publishing Group（劳伦斯出版集团）旗下的新闻网站，它是一款属于CMS（内容管理系统）类的软件，并于2005年7月取得了BSD许可证下的发布权限。然后，经过设计人员的不断努力，Django 1.0版于2008年9月正式发布。

  Django框架是一款高水准的、基于Python编程语言驱动的开源模型。Django框架的设计初衷是简便、快速地开发出易于维护的数据库驱动型网站，其所独具的代码复用功能，支持将各种组件以"插件"方式嵌入整个应用框架，从而极大地提高了应用开发的效率。Django框架自身具有很强大的扩展性，在开源社区中存在许多功能强大的第三方插件，设计人员可以非常方便地以"即插即用"的方式将它们应用到自己的项目中。

  Django框架主要用于开发数据库驱动型网站，因此具有十分强大的数据库方面的功能。通过使用Python类的继承方式，只需几行代码就可以获取一个完整的、动态的数据库操作接口（Database API）。设计人员还可以通过执行SQL语句实现数据模型与数据库的解耦（即数据模型的设计不需要依赖于特定的数据库），由此通过简单的配置就可以轻松更换数据库。

  Django框架自带功能强大的后台功能。设计人员通过在admin.py配置管理文件中写入所需实现功能的代码，就可以轻松地实现只有系统管理员才具有的功能权限，免去了再去设计管理员功能模块的烦琐工作。

  Django框架拥有自身所独有的模板系统，该模板系统大大降低了开发者出错的概率。另外，因为模板系统设计简单、容易扩展、代码与样式采取分开设计的方式，所以代码查找起来更清晰、修改起来也更容易。

  Django框架的缓存系统采用与memcached、Redis等结合使用的方式，提高了页面的加载速度。

  Django框架在urls.py中通过正则表达式来匹配网址，并传递到对应的函数中。设计人员可以根据自己的习惯来自定义网址，具有完全的自主性。

  Django框架对于多语言的国际化支持也非常友好。如果打算在网页中显示不同语言（如中文、英文等），设计人员只需要在页面文件的配置中稍微进行修改，就可以实现多种语言的无痕切换。

  近年来，得益于Python编程语言地位的不断上升，Django框架的发展势头非常迅猛，版本的更新迭代速度也非常快。由Django官方网站提供的、最新的产品发布路线图（Release-Roadmap），如图1.1所示。

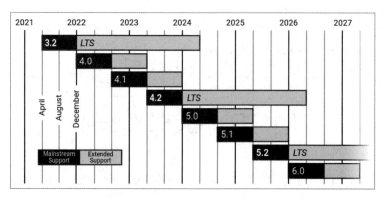

图 1.1 Django 产品发布路线图

  由图1.1可知，目前最新的Django框架版本是5.0.1 LTS，规划在未来两年将更新到6.0 LTS版本。

1.1.2 Django 框架设计原理

  相信大多数的Web开发者对于MVC（Model、View、Controller）设计模式都不陌生，该设计模式已经成为Web框架中一种事实上的标准了，Django框架自然也是一个遵循MVC设计模式的框架。不过从严格意义上讲，Django框架采用了一种更为特殊的MTV设计模式，其中的"M"代表模型（Model），"T"代表模板（Template），"V"代表视图（View）。MTV模式是从MVC模式变化而来的。

那么，MTV模式的具体内容是什么呢？下面，我们将MTV拆分开来逐一进行详细介绍。

- 模型：表示的是数据存取层，处于MTV模式的底层。模型负责处理与数据相关的所有事务，包括如何存取数据、如何验证数据有效性和如何处理数据之间的关系等方面的内容。
- 模板：表示的是表现层，处于MTV模式的顶层。模板负责处理与表现相关的操作，包括如何在页面或者在其他类型文档中进行显示等方面的内容。
- 视图：表示的是业务逻辑层，处于MTV模式的中间层。视图负责存取模型及调取适当模板的相关逻辑等方面的内容，是模型与模板之间进行沟通的桥梁。

此外，MTV模式还需要一个URL分发器，其作用是将URL页面请求分发给不同的视图去处理，然后视图再调用相应的模型和模板。其实，仔细去品味就会发现，这个URL分发器所实现的就是MVC模式下的控制器（Controller）功能。URL分发器的设计机制是使用正则表达式来匹配URL，然后再调用相应的Python函数或方法。

任何一个Web前端设计模式都离不开控制器这个模块，它代表着业务处理的核心部分。我们在MTV模式中看不到控制器的设计，并不是Django框架没有设计该模块，而恰恰是Django将该模块的功能封装在底层了。这样做的好处就是将设计人员从烦琐的控制层逻辑中解脱出来，通过编写更少的代码来实现用户需求，而控制层逻辑交由Django框架底层自动去完成，从而大大地提高了设计人员的开发效率。

关于MTV模式的响应原理，可参考图1.2中的描述。

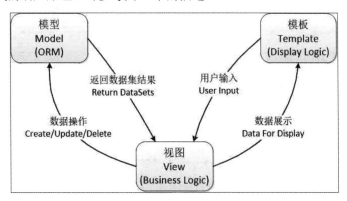

图 1.2　MTV 模式的响应原理

模板接收用户输入后交由视图去处理，视图负责连接模型进行数据操作，并将操作结果传递给模板进行展示，以上就是Django框架所设计的MTV模式的基本工作原理。

1.1.3　Django 框架工作机制

Django框架采用了MTV设计模式，在工作机制上自然也有些特别之处，其中最显著的地方就是视图部分。在图1.2所示的原理中，MTV模式中的视图是不负责处理用户输入的，这点就是最特殊的地方之一。

　　Django框架下的视图不负责处理用户输入，仅负责选择要展示的数据并传递到模板上。然后，由模板负责展示数据（展示效果），并最终呈现给终端用户。进一步来讲，就是Django框架将MVC中的视图解构为视图和模板两个部分，分别用于实现"展现数据"和"如何展现"这两部分功能，这样就可以实现将模板根据用户需求来随时更换，而不仅仅限制于内置的模板。

　　Django框架工作机制的流程如图1.3所示。

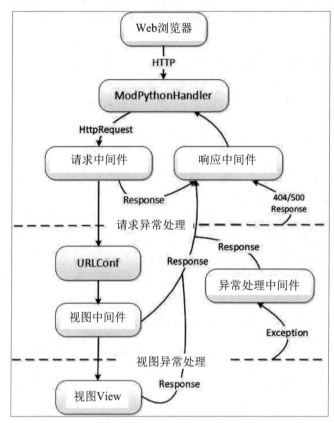

图 1.3　Django 框架工作机制

　　当启动Django服务器时，在同一目录下会自动加载配置文件（settings.py），该配置文件涵盖了项目所需的全部配置参数。其中，最重要的配置参数就是ROOT_URLCONF，它定义了Django服务器使用哪个Python模块来用作本项目的URLConf（一般默认是urls.py）。

　　当用户在Web浏览器（Web Browser）中访问URL时，Django服务器会接收到一个HTTP请求，通过服务器端特定的Handler（ModPythonHandler）创建HttpRequest并传递给中间件（Request Midware）进行处理，这些中间件起着功能增强的作用。

　　Django服务器会根据ROOT_URLCONF配置的参数来加载URLConf，然后按顺序逐个匹配URLConf中的URLpatterns，如果匹配成功，则会调用相关联的视图中间件函数，并把HttpRequest对象作为第一个参数向下传递。最后，通过视图返回一个HttpResponse对象（通常是Response）。

　　另外，Django框架还实现了完整的异常处理机制，主要是通过异常处理中间件（Exception Midware）来实现的。当系统出现异常时，异常处理中间件（Exception Midware）会截获并判断异常类型，并返回异常错误（404或500等）信息。

1.1.4 Django 框架用户操作流程

Django框架设计的MTV模式是基于传统的MVC模式的，本质上也是为了让各组件之间保持松耦合关系，只是定义上有些许不同。MVC模式之所以能够成为Web框架最流行的设计标准，正是因为它比较完美地契合了用户的操作流程。

MVC模式是软件工程中的一种通用的软件架构模式，同样也适用于Web应用程序。MVC将Web框架分为3个基本部分：模型、视图和控制器，并以一种插件式的、松耦合的方式将它们连接在一起。

在MVC模式中，模型负责编写具体的程序功能，建立业务对象与数据库的映射（ORM）；视图为图形界面，负责与用户的交互（HTML页面）；控制器负责转发请求，并对请求进行处理。

MVC模式的用户操作流程如图1.4所示。

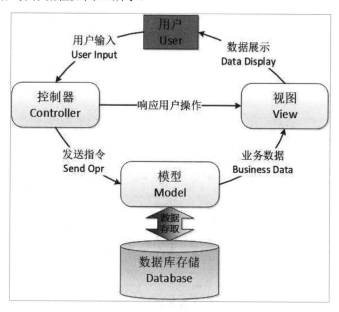

图 1.4 MVC 模式用户操作流程

正如前文中介绍的，Django框架的MTV模式指的是模型、模板和视图。最重要的是，MTV模式另外实现了一个URL分发器模块，其作用是将每一个URL页面请求分发给相应的视图进行处理，再由视图去调用相应的模型和模板。

Django框架的用户操作的流程图如图1.5所示。

如图1.5中的描述，用户通过浏览器向服务器端的URL分发器模块发起一个URL请求，这个URL请求会去访问视图函数（View.py）进行匹配，再进一步通过数据模型（Models）访问数据库进行数据操作，然后将操作结果逐级返回到模板，并最终返回网页给用户。

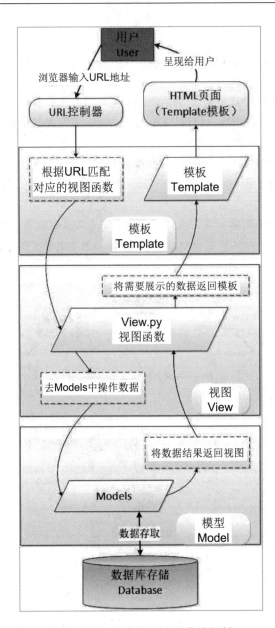

图 1.5　Django 框架用户操作流程制

1.1.5　Django 框架特点

Django框架是基于Python语言及MVC模式设计的优秀Web框架，具有开发快捷、低耦合、部署方便、可重用性高和维护成本低等显著特点。

Django框架通过一个URL分发器模块进行URL分派，该URL分发器模块使用正则表达式来匹配URL，支持设计人员采用自定义URL方式，并且没有框架的特定限定，使用起来非常灵活。

Django框架可以很方便地生成各种表单模型，实现表单的有效性检验，并且支持从自定义的模型实例生成相应的表单。

Django框架具有强大且可扩展的模板语言，支持分隔设计内容和Python代码，并且具有可继承性。

Django框架以Python类的形式定义数据模型，通过ORM（对象关系映射）将模型与关系数据库进行连接，从而让设计人员能够得到一个非常容易使用的数据库API。同时，Django框架也支持直接使用原始SQL语句。

Django框架内置了国际化系统，支持开发多种语言的Web网站。

Django框架内置了一个可视化的自动化管理员界面（Admin Site），其类似于一个CMS系统，设计人员可以方便快捷地通过该界面进行人员管理和更新内容等操作。

1.2　搭建Django框架开发环境

本节将介绍搭建Django框架开发环境的相关内容，包括Python开发环境安装、Django框架安装和开发工具选择等。

另外，为了方便大多数初学者进行更有效的学习，全书的开发环境配置和代码实例均在Windows系统下完成。相信读者在熟练掌握了全书的内容之后，如果打算尝试在Linux系统环境或mac OS系统环境下进行开发，也会很快上手。

1.2.1　安装 Python 语言环境

在安装Django开发环境之前，务必先安装好Python语言解释器，这是因为Django框架是基于Python语言开发的。建议读者安装最新版的Python安装包，这样可以保证最好的兼容性。

首先，判断个人计算机的操作系统环境中是否已经安装了Python语言解释器。判断方法就是在命令行下输入如下命令查看Python版本：

```
python --version
```

假设操作系统环境中并未安装Python语言解释器，那么命令行中一般会输出类似"python不是内部或外部命令，也不是可运行的程序或批处理文件"这样的提示信息。

然后，在Python官方网站（https://www.python.org）上下载最新版的Python安装包（见图1.6），并在本地进行安装。

从图1.6中可以看到，当前最新版的Python安装包版本号为"3.11.2"。另外，Python官方网站会自动识别当前用户所使用的操作系统类型，并提供合适的Python安装包类型，具体如图1.7所示。下载后我们会得到一个名称为"python-3.11.2-amd64.exe"的可执行文件，这个就是Python安装包。其中，"3.11.2"表示版本号，"amd64"表示用户当前操作系统是64位的。

接下来，双击运行python-3.11.2-amd64.exe可执行文件，安装Python语言解释器，同时配置Python语言开发环境。具体安装步骤如下：

步骤 01　在安装界面（见图1.8）中，我们可以选择"Install Now"默认安装方式，也可以选择"Customize installation"用户自定义安装方式。如果选择了默认安装方式，那么会将Python语言解释器安装到系统盘（C盘）的用户目录下。笔者这里选择了用户自定义安装方式，这样可以将Python语言解释器安装到指定的路径下。

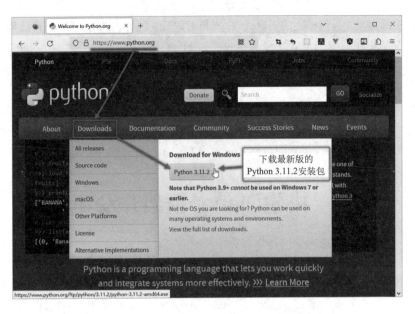

图 1.6　下载最新版 Python 安装包（1）

图 1.7　下载最新版 Python 安装包（2）

图 1.8　安装最新版 Python 安装包（1）

另外，建议同时勾选"Use admin privileges when installing py.exe"和"Add python.exe to PATH"复选框。其中，第一个复选框会将Python语言解释器指派给全部系统用户使用，第二个多选框则会将Python语言解释器添加到Windows系统的PATH环境变量中去。

步骤 02　单击"Customize installation"菜单进入"Optional Features"（可选特性）界面，我们可以选择界面中的任意项，这里笔者全部勾选了，如图1.9所示。其中，"pip"工具是强烈建议勾选的，它是Python的包安装及管理工具。

步骤 03　选择完毕后，单击Next（下一步）按钮继续安装，为Python指定"Advanced Options"（高级选项），具体如图1.10所示。这里笔者也勾选了全部选项。其中，最后一个选项中所备注的信息（requires VS 2017 or later）表示需要提前安装Visual Studio 2017 + 版本的开发套件。如果读者想尝试该选项，可以去Visual Studio官方网站下载预览版的开发套件（离线版或Web安装版均可），提前进行安装。

图1.10中的箭头所指的地方可以指定用户自定义的安装路径。

步骤 04　用户选择好安装路径后，单击Install（安装）按钮继续安装，具体如图1.11所示。

图1.11中显示的是Python语言解释器的安装进度条。

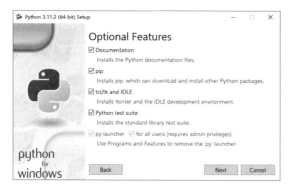
图 1.9　安装最新版 Python 安装包（2）

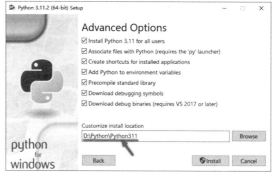
图 1.10　安装最新版 Python 安装包（3）

步骤 05 安装完毕后，界面如图1.12所示，提示"Setup was successful"就表示Python语言解释器安装成功了。

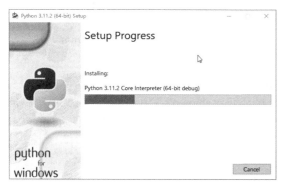
图 1.11　安装最新版 Python 安装包（4）

图 1.12　安装最新版 Python 安装包（5）

为了验证Python语言解释器已经在系统中安装成功，我们可以再次在命令行窗口或终端管理员中运行如下命令进行测试：

```
python --version
```

结果如图1.13所示。

图 1.13　测试 Python 语言环境

图1.13中的命令行提示信息"Python 3.11.2"，表示当前操作系统中已经成功安装了Python 3.11.2版本的语言解释器。

现在Python语言解释器已经安装成功了，那么如何进行编程使用呢？Python提供了一个交互式的命令行开发环境，通过在命令行窗口或终端管理员输入"python"命令就可以进入该开发环境，然后就可以一行一行输入Python代码并实时查看运行结果了。如图1.14所示。

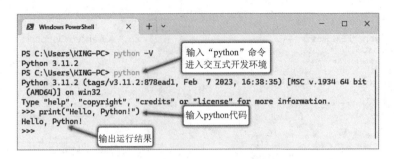

图 1.14　测试 Python 语言开发环境

1.2.2　安装 setuptools 工具

setuptools工具是源自Python Enterprise Application Kit（PEAK）的一个子项目，它是一组用于Python自带的distutilsde工具的增强工具包（32位平台适用于Python 2.3.5以上的版本，而64位平台则适用于Python 2.4以上的版本）。setuptools工具包可以让程序员更方便地创建和发布Python开发包，尤其是那些对于其他包具有依赖性的情况。

其实，Python自带了一个用于发布Python开发包的模块——distutils。那为什么大多数开发人员更青睐使用setuptools工具包来替代distutils模块呢？原因在于setuptools工具包的真正优点不单单是实现了替代distutils模块所设计的功能，更是增强了distutils模块所设计的功能。同时，setuptools工具包还简化了setup.py脚本中的内容。

setuptools工具包在性能方面的优势主要包括：

- setuptools工具包在Python包管理性能方面进行了增强，实现了一种更加透明的方法来查找、下载和安装Python依赖包。
- setuptools工具包可以在一个Python依赖包的多个版本中自由进行切换，这些版本都安装在同一个系统上。
- setuptools工具包支持声明对某个Python依赖包特定版本的需求。
- setuptools工具包可以只使用一个简单的命令就能更新到某个Python依赖包的最新版本。
- 最特别的一点是，即使有些设计人员在开发过程中还未认真考虑某个Python依赖包的setuptools工具兼容性问题，setuptools工具包依然可以使用这些Python依赖包。

总之，setuptools工具包确实是比Python自带的distutils模块要好用得多，这已经是广大设计人员在实践中公认的了。

接下来，我们就具体介绍一下setuptools工具包的安装方法。早期安装setuptools工具包的方法有好几种，例如pip安装方式、ez_setup.py安装方式和setuptools源码编译安装方式等。目前，最新版的setuptools官方网站推荐使用pip安装方式（pip是Python官方的包安装和管理工具，安装最新版的Python就已经默认安装了该工具）。pip安装的操作步骤如下：

步骤 **01** 打开setuptools工具包的官方网站（https://pypi.org/project/setuptools/），目前setuptools工具的最新版本为"setuptools 67.7.2"，如图1.15所示。

同时，页面中给出了通过 pip 工具安装 setuptools 工具包的命令，具体如下：

```
pip install setuptools
```

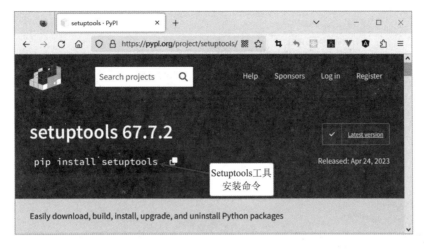

图 1.15　setuptools 工具包官方网站

步骤02 在使用上述命令行安装 setuptools 工具包之前，先确认 Python 语言环境和 pip 工具已经成功安装，具体方法如图 1.16 所示。图中显示了 Python 和 pip 的版本号，表明 Python 语言环境和 pip 工具已经成功安装。

图 1.16　确认 python 语言环境和 pip 工具

步骤03 在命令行中输入"pip install setuptools"命令来安装setuptools工具包，具体如图1.17所示。

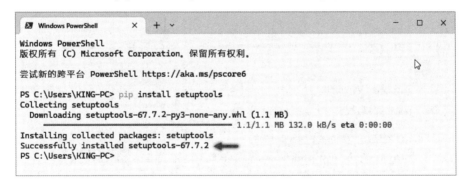

图 1.17　安装 setuptools 工具包

如图1.17中的箭头所示，系统已经成功安装了setuptools-67.7.2版本的setuptools工具包。另外，通过"pip list"命令还可以查看已经安装的Python第三方插件包，具体如图1.18所示。在已安装的Python第三方插件包列表中，我们找到了"setuptools 67.7.2"版本的列表项。

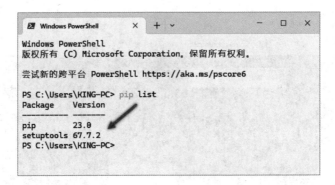

图 1.18　查看 Python 第三方插件包列表

1.2.3　安装 Django 框架

目前，Django框架支持多种安装方式，常见的是Django源码编译安装方式和pip工具安装方式。

1. Django源码编译安装方式

Django源码编译安装方式的具体步骤如下：

步骤01 使用源码编译安装方式，要先访问Django框架官方网站（https://www.djangoproject.com/download/）下载源码安装包，具体如图1.19所示，单击链接"Django-5.0.1.tar.gz"下载最新版的Django框架源码安装包。

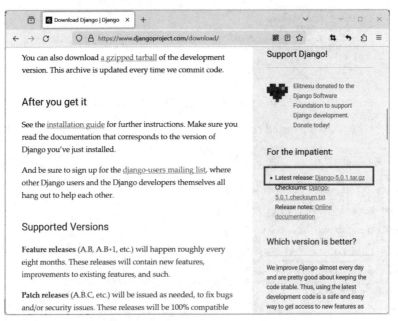

图 1.19　Django 框架官方网站下载源码包

步骤02 将下载得到的Django安装包（Django-5.0.1.tar.gz）解压到Python安装目录的同一级目录下。

步骤03 通过命令行窗口进入Django安装包目录c:\python\Django-5.0.1，执行"python setup.py install"命令开始安装。

步骤 04 Django框架安装完毕后，默认会被安装到Python安装目录下Lib子目录下的site-packages子目录中。如图1.20所示，在site-packages子目录中已经存在了Django框架目录。

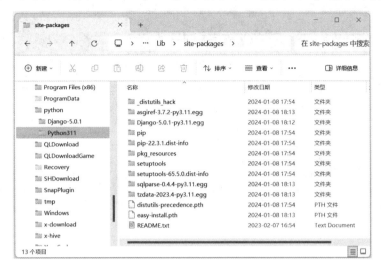

图 1.20　Django 源码安装方式

2. pip工具安装方式

pip工具安装方式是Django框架官方推荐的方式，通过pip工具方式安装Django框架的具体步骤如下：

步骤 01 打开Django框架官方网站（https://docs.djangoproject.com/en/5.0/topics/install/），找到安装命令，如图1.21所示。

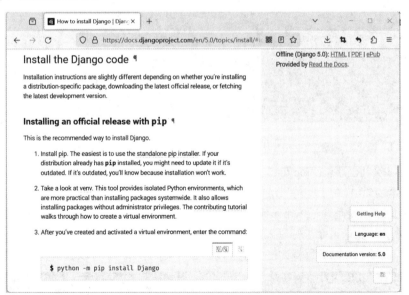

图 1.21　Django 框架官方网站推荐的安装方式

步骤 02 在命令行中输入"python –m pip install Django"命令，就可以自动安装最新版的Django框架了，具体如图1.22所示。从图中的提示信息可以看到，已经成功安装了Django 5.0.1。

图 1.22　pip 方式安装 Django 框架

另外，如果想安装指定的Django框架版本，需要在上面的命令中加上版本号，具体如下：

```
python -m pip install Django==5.0.1（指定版本号）
```

3. 验证Django框架是否安装成功

在通过上面的方式将Django框架安装完毕后，如何证明Django框架已经安装成功了呢？最简单的方式还是使用"pip list"命令查询Python第三方插件列表，具体如图1.23所示。

图 1.23　pip list 命令查询 Django

从上图可以看到，通过"pip list"命令查询得到的第三方Python插件列表中，显示出已安装的Django框架版本为5.0.1。

还有一种方法，就是通过Python代码调用Django框架内置的函数 get_version()来查询其版本。具体如图1.24所示，先通过命令行进入Python语言交互环境，然后通过"import django"导入Django框架，再调用 get_version()函数查询已安装的Django框架的版本号，可以看到查询版本结果为5.0.1。

图 1.24　调用 Django 函数方法查询版本

1.3　开发第一个Django框架应用程序

本节将介绍Django框架应用程序开发的大致流程，包括如何通过命令行构建最基本的Django框架应用程序、如何选择Django框架应用程序的开发平台（IDE）和Django框架应用程序基本配置等。

1.3.1　通过命令行构建 Django 应用程序

安装好Django开发环境后，我们就可以通过命令行构建Django应用程序了。通过命令行构建Django应用程序的关键，是使用一个Django框架自带的管理工具——django-admin.py，这是一个Python脚本文件。

那么，这个django-admin.py管理工具在操作系统中的保存路径是什么呢？请读者再查看一下图1.20，它就在django目录下的bin目录中，具体如图1.25所示。

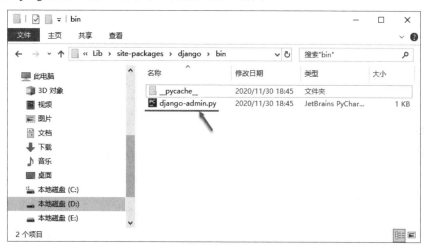

图 1.25　django-admin.py 管理工具

图1.25中的django-admin.py脚本文件表示的就是Django框架管理工具。默认情况下，通过pip工具自动安装Django框架管理工具时，django-admin已经被添加到系统的环境变量PATH中了。

下面开始通过命令行构建Django应用程序，具体操作步骤如下：

步骤 01 通过 django-admin 管理工具在命令行创建 Django 应用程序，命令如下：

```
django-admin startproject ProjectName
```

其中，参数 startproject 是 django-admin.py 工具自带的命令，用于创建用户自定义项目；参数 ProjectName 是用户自定义项目名称。通过在命令行运行上述命令创建 Django 应用程序，效果如图 1.26 所示。

在图 1.26 中可以看到，目录中已经有了通过django-admin命令新创建的 Django 项目（HelloDjango）。

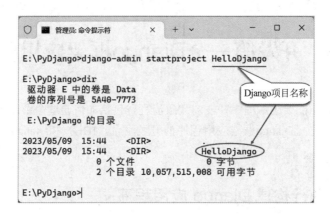

图 1.26 通过 django-admin 命令创建 Django 应用程序

步骤**02** 通过命令行进入该项目并查看目录下的文件，具体如图1.27所示。

图 1.27 通过 DOS 命令 tree 查看新创建的 Django 项目

在图1.27中，通过DOS命令 tree查看到了新创建的Django项目HelloDjango的文件清单。下面，我们具体介绍一下这些项目文件的作用。

- manage.py：一个Django命令行工具，可让设计人员以各种方式与Django项目进行交互。
- HelloDjango：Django项目容器。
- HelloDjango/asgi.py：一个ASGI兼容的Web服务器的入口，方便运行Django项目。
- HelloDjango/settings.py：Django项目的配置文件。
- HelloDjango/urls.py：定义了Django项目的URL声明，一份由Django驱动的网站目录。
- HelloDjango/wsgi.py：定义了一个WSGI兼容的Web服务器的入口，支持运行Django项目。
- HelloDjango/__init__.py：一个Python空文件，通知Python解析器当前目录是一个Python包。

步骤**03** 通过命令行窗口进入HelloDjango项目的根目录，输入以下命令来启动Web开发服务器：

```
python manage.py runserver 0.0.0.0:8000
```

其中，"0.0.0.0"表示支持其他终端连接到开发服务器；"8000"（默认端口号）为开发服务器的端口号，如果省略则表示端口号为"8000"。另外，上述命令可以使用下面的简写方式：

```
python manage.py runserver
```

进入 Django 项目的根目录，运行上述简写命令，Django 框架会以 127.0.0.1:8000（ip:port）这个默认配置启动开发服务器。命令行的运行效果如图 1.28 所示，命令行日志信息表示 Django 开发服务器已经在"http://127.0.0.1:8000"启动了。

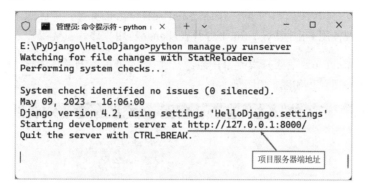

图 1.28　启动 Django 开发服务器

步骤 04 打开浏览器（FireFox）并输入日志信息中的服务器地址及端口号（http://127.0.0.1:8000）。如果浏览器页面效果如图1.29所示，就说明Django应用程序已经成功运行了。

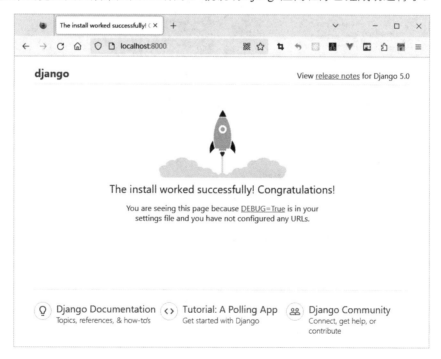

图 1.29　测试 Django 应用程序

1.3.2　通过 PyCharm 平台开发 Django 应用程序

学会使用命令行工具开发Django应用程序是基础，不过更多的时候还是要借助平台开发工具。目前，最好的Django应用程序开发工具就是jetBrains公司推出的PyCharm平台了。

借助PyCharm开发平台，可以极大地提高开发Django应用程序的效率，同时可以使用到很多非常实用的第三方插件。不过读者也要清楚，PyCharm开发平台所实现的功能，在底层也是借助Django命令行工具完成的。

PyCharm开发平台有专业版（Professional）和社区版（Community）两个版本。专业版开发平台是要付费的，不过有30天的试用时间，并且提供了对Django的支持；社区版是免费的，但是不支持Django。我们需要使用专业版PyCharm平台开发Django应用程序，具体操作步骤如下：

步骤01 打开PyCharm Pro专业版开发平台，通过文件菜单（File）的新建工程（New Project）选项创建Django项目，如图1.30所示。

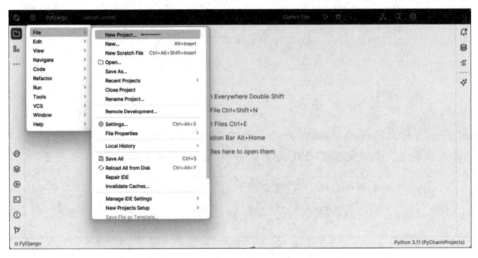

图 1.30　通过 PyCharm 开发 Django 应用程序（1）

步骤02 在New Project界面左侧选择Django，在Location中设置好Django项目路径，如图1.31所示；打开More Settings，设置Template language为Django，Template folder为templates，Application name为HelloDjango，如图1.32所示。

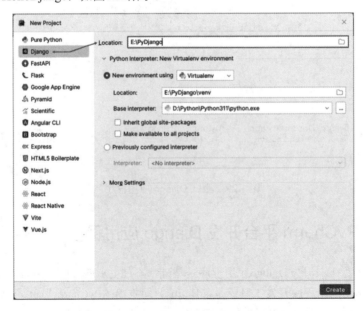

图 1.31　通过 PyCharm 开发 Django 应用程序（2）

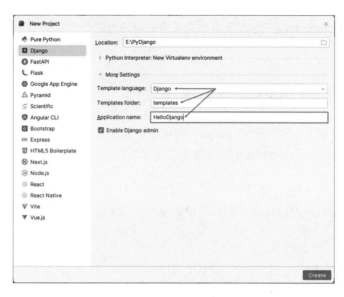

图 1.32　通过 PyCharm 开发 Django 应用程序（3）

步骤 03　单击Create按钮创建项目，在弹出的对话框中单击"This Window"按钮，如图1.33所示。

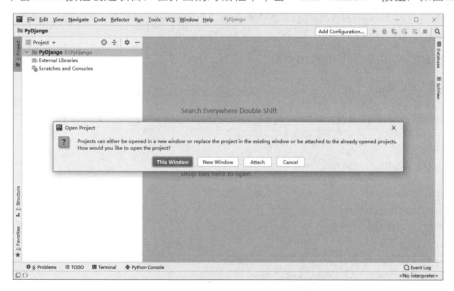

图 1.33　通过 PyCharm 开发 Django 应用程序（4）

步骤 04　耐心等待一会儿，PyCharm平台会为设计人员自动创建好Django应用程序框架和文件，如图1.34所示。

图 1.34　通过 PyCharm 开发 Django 应用程序（5）

由上图可知，HelloDjango应用程序中的文件与之前通过命令行工具（django-admin.py）创建的结果是一致的。

1.3.3　添加简单的 Django 应用程序代码

现在我们已经拥有了一个完整的Django应用程序框架和文件，下面就在此基础上添加一些简单的Django代码，体验一下Django应用程序的具体开发过程。

步骤 01 添加视图页面。

在HelloDjango项目下的HelloDjango目录中新建一个views.py视图文件，并输入如下代码：

【代码1-1】

```
01  from django.http import HttpResponse
02  def sayHello(request):
03      return HttpResponse("Hello Django!")
```

【代码分析】

- 在第01行代码通过调用django.http模块导入了HttpResponse对象（请求与响应）。
- 在第02、03行代码定义了一个Python函数（sayHello）。
- 第03行代码通过调用HttpResponse对象返回一行文本信息。

步骤 02 配置URL路由。

打开HelloDjango项目下的HelloDjango目录中的urls.py路由文件，添加如下代码绑定URL路由与视图页面：

【代码1-2】

```
01  from django.contrib import admin
02  from django.urls import path
03  from . import views
04
05  urlpatterns = [
06      path('admin/', admin.site.urls),
07      path('hello/', views.sayHello)
08  ]
```

【代码分析】

- 第03行代码导入了【代码1-1】定义的视图页面（views.py）。
- 第07行代码通过调用路由方法（path()）将视图页面（views.py）匹配到路由路径（/hello/）。

步骤 03 测试视图页面。

首先通过PyCharm平台启动Web开发服务器，具体效果如图1.35所示，日志信息提示开发服务器（http://127.0.0.1:8000/）已经成功启动了。

然后，打开浏览器（FireFox）并输入地址http://127.0.0.1:8000/hello，页面效果如图1.36所示。

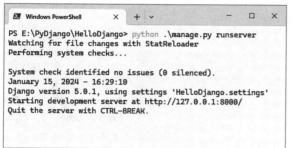

图 1.35 测试 Django 应用程序视图页面（1） 图 1.36 测试 Django 应用程序视图页面（2）

页面中成功显示了【代码1-1】中所定义的文本信息，说明视图页面（views.py）通过URL路由（urls.py）已经被成功解析了！

1.4 本 章 小 结

本章详细介绍了Django框架应用程序开发的基础知识，具体包括Django框架的基础知识、如何搭建Django框架应用程序的开发环境、如何定义Django应用程序基础配置的信息等方面。另外，还通过开发一个具体的Django应用程序，进一步帮助读者理解使用Django框架开发应用程序的流程。

第 2 章
Django 框架常用配置

本章主要介绍 Django 框架的常用配置，主要包括基础路径配置、静态资源配置、模板路径配置、数据库配置、中间件配置、静态文件配置和语言时区配置等方面的内容。这些内容是使用 Django 框架开发 Web 应用程序的基础，是开发过程中非常重要的一个环节。

通过本章的学习可以掌握以下知识：

* Django框架的基础路径配置
* Django框架的静态资源配置
* Django框架的模板路径配置
* Django框架的数据库配置
* Django框架的中间件配置
* Django框架的静态文件配置
* Django框架的语言时区配置

2.1　Django框架配置概述

在Django应用程序中，主要是通过settings.py文件进行项目配置的，该文件就是Django应用程序的基础配置文件。如果读者打开settings.py文件，就可以看到Django应用程序的多项基础配置信息。

2.2　Django框架的基础路径配置

Django框架的基础路径配置是通过settings.py文件中的BASE_DIR配置项来完成的。BASE_DIR

配置项用于绑定当前项目的绝对路径，且该路径是动态计算出来的，所有项目文件都可以依赖此绝对路径。具体代码如下：

【代码2-1】

```
# 像这样构建项目内的路径: BASE_DIR / 'subdir'
BASE_DIR = Path(__file__).resolve().parent.parent
```

【代码分析】

先通过Path()方法获取settings.py文件的路径，再通过resolve()解析路径，最后调用两次parent参数来获取项目的根路径。

2.3　Django框架的启动模式配置

Django框架的启动模式配置是通过settings.py文件中的DEBUG配置项来完成的。具体说明如下：

- 当DEBUG = True时，表示开发环境中使用"调试模式"，该模式主要用于开发过程中的调试。
- 当DEBUG = False时，表示当前项目运行在"生产环境"中，该模式主要用于不启用调试模式的情形。

具体示例代码如下：

【代码2-2】

```
# 安全警告: 请勿在生产环境中开启调试模式
DEBUG = True
```

2.4　Django框架的站点访问权限配置

Django框架的站点访问权限配置是通过settings.py文件中的ALLOWED_HOSTS配置项来完成的。ALLOWED_HOSTS配置项用于设置是否允许访问到本项目的网络地址列表，具体说明如下：

- 当ALLOWED_HOSTS配置项取值为[]，即空列表，表示只有127.0.0.1、localhost、'[::1]' 能访问本项目。
- 当ALLOWED_HOSTS配置项取值为['*']，表示任何网络地址都能访问当前项目。
- 当ALLOWED_HOSTS配置项取值为['*.hostname.cn', 'django.com']，表示只有当前这两个主机能访问当前项目。

注意 如果想要局域网内的其他主机也能访问此服务器，那么在启动服务器时应使用如下命令：

```
python manage.py runserver 0.0.0.0:8000
```

上述命令指定局域网内的所有主机都可以通过8000端口访问。此外，ALLOWED_HOSTS需要设置为[*]。

2.5　Django框架的App配置

在settings.py文件的INSTALLED_APPS配置项中，可以查看到关于项目应用（App）的配置信息。另外，设计人员可以在其中增加自定义App。具体代码如下：

【代码2-3】

```
01  INSTALLED_APPS = [
02      'django.contrib.admin',
03      'django.contrib.auth',
04      'django.contrib.contenttypes',
05      'django.contrib.sessions',
06      'django.contrib.messages',
07      'django.contrib.staticfiles',
08      'myapps'
09  ]
```

【代码分析】

在第02～07行代码中，定义了一组应用程序默认的App应用。

在第08行代码中，定义了用户自定义的App应用（myapps）。

要添加自定义App应用，可以使用以下命令：

```
python manage.py startapp myapps
```

其中，startapp命令类似于startproject命令，它是由Django框架定义的专门用于创建App应用的命令。

注意 startapp和startproject这两个命令的区别：startproject命令用于创建Django项目，而startapp用于创建Django应用（App）。

那么，Django项目和Django应用（App）有什么区别呢？

在创建好一个Django项目后，可以继续在该项目内创建Django应用，Django应用相当于Django项目内的功能模块。因此，一个Django项目内可以包含一个或多个Django应用（一对多的关系）。另外，基于Django框架的设计模式，一个Django应用可以为多个Django项目所使用，相当于该个Django应用是一个公共模块（多对一的关系）。可见，Django应用的使用是非常灵活的。

2.6　Django框架的中间件配置

在settings.py文件的MIDDLEWARE配置项中，可以查看到关于项目所注册的中间件的配置信息。具体代码如下：

【代码2-4】

```
01  MIDDLEWARE = [
02      'django.middleware.security.SecurityMiddleware',
03      'django.contrib.sessions.middleware.SessionMiddleware',
04      'django.middleware.common.CommonMiddleware',
05      'django.middleware.csrf.CsrfViewMiddleware',
06      'django.contrib.auth.middleware.AuthenticationMiddleware',
07      'django.contrib.messages.middleware.MessageMiddleware',
08      'django.middleware.clickjacking.XFrameOptionsMiddleware',
09  ]
```

2.7　Django框架的模板配置

在settings.py文件的TEMPLATES配置项中，可以查看到关于项目模板的配置信息。项目模板用于存放静态HTML文件的配置信息，具体代码如下：

【代码2-5】

```
01  TEMPLATES = [
02      {
03          'BACKEND': 'django.template.backends.django.DjangoTemplates',
04          'DIRS': [os.path.join(BASE_DIR, 'templates')]
05          ,
06          'APP_DIRS': True,
07          'OPTIONS': {
08              'context_processors': [
09                  'django.template.context_processors.debug',
10                  'django.template.context_processors.request',
11                  'django.contrib.auth.context_processors.auth',
12                  'django.contrib.messages.context_processors.messages',
13              ],
14          },
15      },
16  ]
```

【代码分析】

在第04行代码中，'DIRS'告诉了我们存放静态HTML文件（模板）的路径。

在第06行代码中，'APP_DIRS'为True时会到各个APP中去寻找模板，找到一个结果就会返回。模板使用的优先级DIRS高于APP_DIRS。

2.8 Django框架的数据库配置

当用户开发的Django应用程序需要使用不同种类的数据库（例如PostgreSQL、SQLite、MySQL、MariaDB或Oracle等）时，Django框架提供了很好的支持，这一点是非常有用的。

Django应用程序的数据库配置是在settings.py文件中的DATABASES字段中定义的。Django应用程序默认配置的是SQLite数据库，代码如下：

【代码2-6】

```
01 DATABASES = {
02    'default': {
03        'ENGINE': 'django.db.backends.sqlite3',
04        'NAME': BASE_DIR / 'db.sqlite3',
05    }
06 }
```

【代码分析】

在第03行代码中，'ENGINE'字段配置的就是SQLite数据库驱动（'django.db.backends.sqlite3'）。在第04行代码中，'NAME'字段定义的是数据库配置文件。

在Django官方文档中，对于上述几个比较常见的关系数据库，已经给出了具体的'ENGINE'字段配置写法，具体代码如下：

【代码2-7】

```
django.db.backends.postgresql # PostgreSQL
django.db.backends.mysql # MySQL
django.db.backends.sqlite3 # SQLite
django.db.backends.oracle # Oracle
```

读者可以根据自己使用的数据库参照上述代码中进行配置。

下面，我们就以常用的MySQL数据库为例，给出一个详细的配置写法，代码如下：

【代码2-8】

```
01 DATABASES = {
02    'default': {
03        'ENGINE': 'django.db.backends.mysql',
04        'NAME': 'mydatabase',
05        'USER': 'mydatabaseuser',
06        'PASSWORD': 'mypassword',
07        'HOST': '127.0.0.1',
08        'PORT': '3306',
09    }
10 }
```

【代码分析】

在第03行代码中，'ENGINE'字段定义的是MySQL数据库驱动。

在第04行代码中，'NAME'字段定义的是MySQL数据库名；另外，如果是SQLite数据库，就需要填写数据库文件的绝对位置。

在第05行代码中，'USER'字段定义的是数据库登录的用户名，MySQL数据库一般都是"root"。

在第06行代码中，'PASSWORD'字段定义的是登录数据库的密码，必须是'USER'用户所对应的密码。

在第07行代码中，'HOST'字段定义的是主机服务器地址，一般在开发阶段，服务器与客户端都在同一台主机上，所以默认都填"127.0.0.1"。

在第08行代码中，'PORT'字段定义的是数据库服务器端口，MySQL数据库的默认端口为3306。

另外，'HOST'和'PORT'字段都可以不填（使用默认的配置），但是如果需要更改默认配置，就要填入更改后的实际内容。

在上面的配置过程完成后，就可以安装Python连接MySQL数据库的驱动程序PyMySQL了，具体方法如下：

```
python -m pip install PyMySQL
```

安装好MySQL数据库的驱动程序后，就可以启动Django开发服务器。Django开发服务器启动正常后，可以进一步验证MySQL数据库功能是否正常，具体方法是在命令行中输入如下代码：

```
Python
>>from django.db import connection
>>cursor = connection.cursor()
```

如果命令行中没有报错信息，则表明Python连接MySQL数据库的驱动程序已经安装成功，用户可以放心使用Django数据库功能。

2.9　Django框架的根级路由配置

在settings.py文件的ROOT_URLCONF配置项中，可以查看到项目根级路由的配置信息。示例代码如下：

【代码2-9】

```
ROOT_URLCONF = 'DjangoProjectName.urls'
```

【代码分析】

DjangoProjectName表示Django项目名称，urls表示路由。

2.10　Django框架的语言配置

在settings.py文件的LANGUAGE_CODE配置项中，可以查看到项目语言的配置信息。示例代码如下：

【代码2-10】

```
LANGUAGE_CODE = 'zh-hans'          // 设置使用中文语言
LANGUAGE_CODE = 'en-us'           // 设置使用英文语言
```

2.11　Django框架的时区配置

在settings.py文件的TIME_ZONE配置项中，可以查看到项目时区的配置信息。示例代码如下：

【代码2-11】

```
TIME_ZONE = 'Asia/Shanghai'          // 设置使用北京时间
```

2.12　Django框架的静态文件配置

在settings.py文件的STATIC_URL配置项中，可以查看到项目静态文件的配置信息。所谓静态文件，就是指图片、JavaScript脚本、样式表、音频、视频以及部分HTML文件等。示例代码如下：

【代码2-12】

```
# 静态文件(CSS, JavaScript, Images)
# https://docs.djangoproject.com/en/3.1/howto/static-files/
STATIC_URL = '/static/'
```

【代码分析】

其中，'/static/'表示从什么路径地址（URL）去查找静态文件。

2.13　本 章 小 结

本章主要介绍了Django框架常用配置信息的内容。读者在当前阶段只需初步了解一下这些配置信息，在未来的实际Web项目开发中再依据具体需求，参考官方帮助文档进一步理解并熟练掌握这部分内容。

第 3 章

Django 框架模型

本章开始正式进入 Django 框架的核心部分，首先要介绍的就是框架核心的基础——模型。Django 框架提供了一个抽象的模型层（models），用于构建和操作 Django Web 应用的数据。因此，介绍 Django 框架模型，其实就是讲解 Django 框架使用数据库的方法。

通过本章的学习可以掌握以下知识：

❈ Django框架模型的基础知识
❈ Django框架模型的定义与操作
❈ Django框架模型的实际应用

3.1 Django模型基础

本节先介绍一下Django框架模型的基础知识，主要包括Django模型介绍、Django模型与ORM，以及Django模型与MySQL等方面的内容。

3.1.1 Django 模型介绍

Django模型主要用来关联数据库，相当于一个ORM（对象关系映射）系统。Django框架提供了对各种主流数据库很友好的支持，这些数据库包括PostgreSQL、SQLite、MySQL、MariaDB和Oracle等。Django模型为这些数据库提供了统一的API调用接口，设计人员可以直接根据项目业务需求选择不同的数据库。Django模型包含了储存数据的字段与行为，一般每个模型都会映射一张数据库表。

Django框架与数据库相关的代码一般写在models.py文件中，相关的配置信息在settings.py文件中完成即可（可参看第2章的内容）。将配置信息写在settings.py文件中的好处是，models.py文件只负责关注业务代码即可，无须关心具体的数据库类型。

3.1.2 Django 模型与 ORM

ORM（Object Relational Mapping，对象关系映射）是一种程序设计与软件工程技术。ORM可以用于在面向对象编程中实现不同类型系统之间的数据转换。

ORM从功能上来讲，相当于实现了一个在编程语言中可以使用的"虚拟对象数据库"。此时，ORM就相当于一个中间层的逻辑数据，连接着上层的编程语言与底层的实体数据库。

Django模型设计了自己的ORM，并基于Python语言实现。Django模型在业务逻辑层和实体数据库之间充当着桥梁的作用，通过使用描述对象和实体数据库之间的映射的元数据，将程序中的对象自动持久化到实体数据库中。

在Django官方文档中，关于Django模型有如下的说法：

- 一个Django模型相当于一个Python的类，该类继承自django.db.models.Model。
- Django模型类的每个属性都相当于一个数据库的字段。
- Django模型为设计人员自动生成访问数据库的API。

3.1.3 Django 模型与 MySQL

MySQL是Web应用开发中比较常用的关系数据库，这里我们就以MySQL数据库为例，详细介绍在Django模型中使用数据库的方法。另外，如果读者还没有使用过MySQL数据库，就要花一些时间先熟悉一下MySQL。

如果想在Django模型中使用MySQL数据库，就需要先安装Python语言解释器下的MySQL客户端驱动。MySQL客户端驱动有很多种，这里选择pymysql驱动。安装时需要使用pip工具，具体命令如下：

```
python -m pip install pymysql
```

安装过程中如果出现问题，就耐心多试几次。安装完成后，命令行会给出"安装成功"的提示信息，如图3.1所示。这里安装的pymysql版本是1.1.0，该版本是当前的最新版。

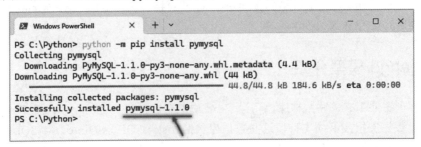

图 3.1　安装 pymysql 驱动

为了进一步验证pymysql驱动已经成功安装，可以使用pip list命令查看一下Python的第三方插件列表，具体如图3.2所示。

插件列表中给出的版本号与图3.1中的是一致的，证明pymysql驱动确实已经安装成功了。

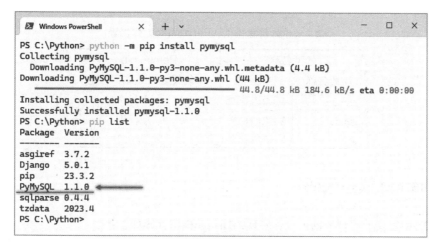

图 3.2　查看 pymysql 驱动

其实，除了pymysql驱动之外，还有一个mysqlclient驱动也非常受欢迎。安装mysqlclient驱动会相对麻烦一些，在线安装经常会出问题。不过，我们也可以将mysqlclient驱动包下载到本地进行安装，具体如图3.3所示。提示信息显示mysqlclient驱动安装已经成功了，相应的版本号为2.2.1。

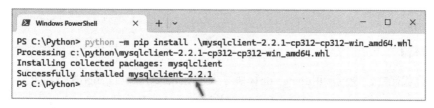

图 3.3　查看 mysqlclient 驱动

关于pymysql驱动和mysqlclient驱动：pymysql驱动是由纯Python语言编写的，因此与Python解释器契合程度最好；而mysqlclient驱动的执行速度很快，性能优势很明显。

3.2　Django模型入门

为了能够学会使用Django模型，本节通过构建一个实际的Django模型来帮助读者尽快入门。

3.2.1　定义模型

既然Django模型实现了ORM功能，那么它就是对数据库实例的描述和实现。下面，我们通过一个简单的实例进行讲解。

如果需要设计实现一个简单的个人信息模型（名称为PersonInfo），我们一般会定义这个个人信息模型的模型名称、字段名称、字段类型等参数，如表3.1所示。

表 3.1　个人信息模型（PersonInfo）数据表

模型名称		PersonInfo	
字段名称	字段类型	字段长度	描　　述
name	VARCHAR	32	姓名
gender	VARCHAR	16	性别
age	VARCHAR	8	年龄

3.2.2　Django 模型代码

根据表3.1中定义的模型数据，设计实现的Django模型代码如下：

【代码3-1】

```
01  from django.db import models
02
03  class PersonInfo(models.Model):
04      name = models.CharField(max_length=30)
05      gender = models.CharField(max_length=16)
06      age = models.CharField(max_length=8)
```

【代码分析】

在第01行代码中，通过调用django.db模块导入了models对象（Django模型对象）。

第03～06行代码定义了一个PersonInfo类，并通过models对象调用CharField()方法定义了name（姓名）、gender（性别）和age（年龄）3个字段，且每个字段的长度不一。这3个字段（name、gender和age）都相当于类（PersonInfo）的属性。这个类属性其实就相当于实体数据库中的数据项（也称数据列）。

【代码3-1】所定义的Django模型，最终会在底层数据库中创建一张数据库表（Table），具体代码如下：

【代码3-2】

```
01  CREATE TABLE myapp_personinfo (
02      "id" serial NOT NULL PRIMARY KEY,
03      "name" varchar(32) NOT NULL,
04      "gender" varchar(16) NOT NULL
05      "age" varchar(8) NOT NULL
06  );
```

【代码分析】

在第01行代码中定义的表名称myapp_ personinfo是自动从某些模型元数据中派生出来,用户也可以自定义表名称。

在第02行代码中，id字段（索引）会被自动添加，这也是MySQL数据库自动生成的。

3.2.3　使用 Django 模型

定义好了Django模型，只有通知Django框架要使用该模型后，该模型才能够生效。具体方式是修改settings.py配置文件中的INSTALLED_APPS配置项，在该配置项中添加models.py文件中定义的Django模块名称。

下面举一个简单的配置例子。假如新建的Django模型位于项目中的myapp应用中，该myapp应用是通过django-admin manage.py startapp myapp命令创建的，则项目的settings.py配置文件中的INSTALLED_APPS配置项应该设置如下：

【代码3-3】

```
01  INSTALLED_APPS = [
02      #...
03      'myapp',        // 添加 'myapp' 应用
04      #...
05  ]
```

【代码分析】

在第03行代码中，myapp应用就是通过调用django-admin manage.py startapp myapp命令创建的。

3.3　Django模型的字段

Django模型中最重要并且也是唯一必须执行的就是字段定义。字段在类中进行定义，对应于实体数据库的字段。另外，定义模型字段名时为了避免冲突，不建议使用模型API中已经定义的关键字。

3.3.1　字段类型

字段类型用以指定数据库的数据类型，例如Integer、VARCHAR和TEXT这几种比较常用的数据类型。在Django模型定义中，字段类型均派生自Field类的实例。Django框架中的Field类是一个抽象类，专门用于定义数据库表的列表项。

Django模型一共内置了多种字段类型，基本能够满足一般的设计需求。Django模型的主要字段类型说明如下：

- AutoField：一个自动增加的Integer类型。一般情况下，AutoField类型是不需要直接使用的，域的主键会自动被添加到模型中。
- BigAutoField：类似AutoField类型，一个自动增加的长Integer（64-bit）类型（1～9223372036854775807）。
- IntegerField：一个Integer类型（−2147483648～2147483647）。
- BigIntegerField：一个长Integer类型（−9223372036854775808～9223372036854775807）。

- SmallIntegerField：一个Small Integer类型（-32768～32767）。
- BinaryField：一个用来存储二进制数据的类型。
- BooleanField：一个用来存储布尔值（True / False）的类型。
- NullBooleanField：类似BooleanField（null=True）类型。
- FloatField：一个用来存储浮点型数据的类型，表示Python语言中的float实例。
- CharField：一个用来存储字符串的类型。CharField类型必须额外定义一个表示最大长度的参数——CharField.max_length。
- DateField：一个用来存储日期的类型，表示Python语言中的datetime.date实例。CharField类型可以额外定义两个可选参数——DateField.auto_now和DateField.auto_now_add。其中，DateField.auto_now参数用于自动获取当前时间，DateField.auto_now_add参数用于在对象第一次创建时自动获取当前时间。
- DateTimeField：一个用来存储日期和时间的类型，表示Python语言中的datetime.datetime实例。
- TimeField：一个用来存储时间的类型，表示Python语言中的datetime.time实例。
- DecimalField：一个用来存储十进制数据的类型，表示Python语言中的Decimal实例。DecimalField类型需要定义两个必选参数——DecimalField.max_digits和 DecimalField.decimal_places。其中，DecimalField.max_digits参数表示最大数值，DecimalField.decimal_places参数表示存储位置。
- DurationField：一个用来存储时间间隔的类型，表示Python语言中的timedelta。
- EmailField：一个CharField类型的域，用于表示电子邮件类型。
- FileField：一个用于文件上传的类型。FileField类型需要定义两个必选参数——FileField.upload_to和 FileField.storage。其中，FileField.upload_to参数表示存储路径，FileField.storage参数表示存储对象。
- TextField：一个用于存储文本的类型，在表单域中默认使用TextArea小部件（Widget）。
- ImageField：一个用来存储Image文件的类型，继承自FileField类型。ImageField类型需要定义两个必选参数——ImageField.height_field和ImageField.width_field。其中，ImageField.height_field参数表示Image文件的高度，ImageField.width_field参数表示Image文件的宽度。
- GenericIPAddressField：一个用来存储原生IP（IPv4或IPv6）地址的类型，在表单域中默认使用TextInput小部件（Widget）。
- URLField：一个用来存储URL的类型，继承自CharField类型，在表单域中默认使用TextInput小部件（Widget）。

3.3.2　字段选项

每一种字段类型都需要指定一些特定的参数。例如，CharField（及其子类）需要接收一个max_length参数，用以指定数据库存储VARCHAR数据时的字节数。

一些可选的参数是通用的，可以用于任何字段类型，下面具体介绍一些会经常用到的通用参数。

1. null（类型：Field.null）

null的默认值为False，如果设置为True，则当该字段为空时，Django模型会将数据库中的该字段设置为NULL。

注意 避免在基于字符串的字段（如CharField和TextField）上使用null类型，Django模型在使用惯例上是使用空字符串而不是NULL。

2. blank（类型：Field.blank）

blank的默认值为False，如果设置为True，则该字段允许为空。

blank类型与null类型是有区别的。blank类型主要用于表单验证，如果某个表单域设为"blank=True"，则验证时会允许该域为空值；如果某个表单域设为"blank=False"，则验证时该域是必须填写的。

3. default（类型：Field.default）

表示字段的默认值。该字段值可以是一个值或者是一个可调用的对象，如果是一个可调用的对象，则每次实例化模型时都会调用该对象。

default类型的代码示例如下：

【代码3-4】

```
01  def contact_default():
02      return {"email": "email@example.com"}
03
04  contact_info = JSONField(
05          "ContactInfo",
06          default=contact_default)
```

【代码分析】

在第01、02行代码中定义了一个contact_default()方法，返回了一个email对象。

在第04～06行代码中定义了一个JSON域变量contact_info，其default值引用了contact_default()方法返回的email对象。

4. choices（类型：Field.choices）

choices是一个用来选择值的二维元组。其中，第一个值是实际存储的值，第二个值用来进行选择。

choices类型最好是在Django模型中使用。下面是官方文档给出的代码示例，这个代码示例实现了一个大学生年级类。

【代码3-5】

```
01  from django.db import models
02
03  class CollegeStudent(models.Model):
04      FRESHMAN = 'FR'
05      SOPHOMORE = 'SO'
06      JUNIOR = 'JR'
07      SENIOR = 'SR'
08      YEAR_IN_COLLEGE_CHOICES = [
09          (FRESHMAN, 'Freshman'),
10          (SOPHOMORE, 'Sophomore'),
```

```
11            (JUNIOR, 'Junior'),
12            (SENIOR, 'Senior'),
13        ]
14    year_in_college = models.CharField(
15        max_length=2,
16        choices=YEAR_IN_COLLEGE_CHOICES,
17        default=FRESHMAN,
18    )
19
20    def is_upperclass(self):
21        return self.year_in_college in (self.JUNIOR, self.SENIOR)
```

【代码分析】

在第03行代码中定义了一个大学生类CollegeStudent。

在第04～07行代码中定义了一组字符串变量，即FRESHMAN、SOPHOMORE、JUNIOR和SENIOR，分别用于表示大学生四个年级的名称。

在第08～13行代码中定义了一个choices类型的变量YEAR_IN_COLLEGE_CHOICES，其中包含了4个元组，使用了第04～07行代码中定义的变量。

在第14～18行代码中定义了一个字符型域变量year_in_college，将choices值定义为变量YEAR_IN_COLLEGE_CHOICES，默认值为FRESHMAN。

在第20～21行代码中定义了一个方法is_upperclass()，用于返回大学生中的高年级元组。

5. unique（类型：Field.unique）

如果unique的值设置为True，则这个字段必须在整个表中保持值唯一。unique类型还定义了一组关于日期和时间的子类型，例如unique_for_date（唯一日期）、unique_for_month（唯一月份）、unique_for_year（唯一年份）。

6. editable（类型：Field.editable）

editable默认值为True（真），如果值为False（假），则在Admin模式下字段将不能编辑。

7. primary_key（类型：Field.primary_key）

primary_key用于设置主键，一个字段只能设置一个主键。如果没有设置主键，则Django框架在创建表时会自动加上。如果primary_key值设置为True，则将该字段设置为该模型的主键，示例如下：

```
id = meta.AutoField('ID', primary_key=True)
```

8. help_text（类型：Field.help_text）

help_text是额外的"帮助"文本，随表单控件一同显示。示例如下：

```
help_text="Please use the following format: <em>YYYY-MM-DD</em>."
```

即便某个字段未用于表单，该类型对于生成文档也是很有用的。

9. verbose_name（类型：Field.verbose_name）

verbose_name用于设置admin模式中字段的显示名称。

10. validators（类型：Field.validators）

validators用于设置某个域的有效性检查列表。

11. db_column（类型：Field.db_column）

db_column用于为某个域指定数据库列表的名称；如果未指定，则使用该域的名称。

12. db_index（类型：Field.db_index）

如果db_index值为True，则创建数据库索引。

13. db_tablespace（类型：Field.db_tablespace）

db_tablespace用于为某个域的索引指定数据库表空间的名称。

3.3.3 关联关系字段——外键

Django模型中同样也定义了一组代表关系的字段——外键（Foreign Key），这一点与传统关系数据库的设计是一致的。

在Django模型中，外键是通过一个名称为ForeignKey的类实现的，具体声明如下：

```
class ForeignKey(to, on_delete, **options)
```

其中，参数to（必需的）表示要关联的类，on_delete表示删除操作时的级联关系，**options是一些可选参数。在创建"多对一"的关系时，必须设置参数to和on_delete。

如果要创建一个递归关系，即一个与其自身有"多对一"关系的对象，则写法如下：

```
models.ForeignKey('self', on_delete=models.CASCADE)
```

其中，使用models对象上的CASCADE参数表示在删除某一关联数据时，与之关联的全部数据也会删除。

参数on_delete的各个选项值说明如下：

- models.CASCADE：表示在删除某一关联数据时，与之关联的全部数据也会删除。
- models.DO_NOTHING：表示在删除关联数据时将会引发IntegrityError错误。
- models.PROTECT：表示在删除关联数据时将会引发ProtectedError错误。
- models.SET_NULL：表示在删除关联数据时，与之关联的值设置为null（前提是FK字段设置为可空）。
- models.SET_DEFAULT：表示在删除关联数据时，与之关联的值设置为默认值（前提FK字段设置默认值）。
- models.SET：表示在删除关联数据时，如果与之关联的值设置为指定值，则设置models.SET值；如果与之关联的值设置为可执行对象的返回值，则设置models.SET可执行对象。

可选参数 **options的各个选项的说明如下：

- related_name=None：表示反向操作时使用的字段名。
- related_query_name=None：表示反向操作时使用的连接前缀。

- limit_choices_to=None：表示在Admin或ModelForm中显示关联数据时提供的条件。
- db_constraint=True：表示是否在数据库中创建外键约束。
- parent_link=False：表示在Admin中是否显示关联数据。

关于在Django模型中使用外键的方法，可参看下面官方文档给出的代码示例。

【代码3-6】

```
01  from django.db import models
02
03  class Car(models.Model):
04      manufacturer = models.ForeignKey(
05          'Manufacturer',
06          on_delete=models.CASCADE,
07      )
08      # ...
09
10  class Manufacturer(models.Model):
11      # ...
12      pass
```

【代码分析】

在第10行代码中定义了一个制造商类Manufacturer。

在第03～08行代码中定义了一个汽车类Car。

在第04～07行代码中，通过models对象的ForeignKey()方法创建了汽车类Car的外键manufacturer。具体内容如下：

- 第05行代码中，参数to引用了制造商类Manufacturer。
- 第06行代码中，参数on_delete设置为models.CASCADE选项值。

3.3.4　关联关系字段——一对一关系

在Django模型中，"一对一"关系是通过一个名称为OneToOneField的类实现的，具体声明如下：

```
class OneToOneField(to, on_delete, **options)
```

其中，参数to（必需的）表示要关联的类，on_delete表示删除操作时的级联关系，**options是一些可选参数。在创建一对一的关系时，必须设置参数to和on_delete。

对于一对一关系，生活中比较典型的例子就是银行"账户"和"联系人"之间的关系，示例代码如下：

【代码3-7】

```
01  from django.db import models
02
03  class Account(models.Model):
04      username = models.CharField(…)
```

```
05        password = models.CharField(…)
06        # ...
07  class Contact(models.Model):
08        address = models.CharField(…)
09        email= models.CharField(…)
10        mobile= models.CharField(…)
11        # ...
12        account = models.OneToOneField(
13            Account,
14            on_delete=models.CASCADE
15        )
16        pass
```

【代码分析】

在第03～06行代码中定义了一个账户类Account。

在第07～16行代码中定义了一个联系人类Contact。具体内容如下：

- 在第12～15行代码中，通过models对象的OneToOneField()方法创建了联系人类Contact的外键account。
- 在第13行代码中，参数to引用了账户类Account。
- 在第14行代码中，参数on_delete设置为models.CASCADE选项值。

这样，在删除某个账户时，基于联系人类Contact中外键account的设置，相关联的联系人也会一同被删除。

3.3.5　关联关系字段——多对多关系

在关联关系字段的外键使用过程中，除了"多对一"和"一对一"关系之外，最常用的就是"多对多"关系了。

在Django模型中，多对多关系是通过一个名称为ManyToManyField的类实现的，具体声明如下：

```
class ManyToManyField(to, **options)
```

其中，参数to（必需的）表示要关联的类，**options是一些可选参数。在创建多对多的关系时，必须设置参数to。

对于多对多关系，生活中比较典型的例子就是"作者"和"图书"之间的关系。简单来讲，就是一个作者可以编写多本书，而一本书也可以有多个作者，这个就是典型的"多对多"关系。代码示例如下：

【代码3-8】

```
01  from django.db import models
02
03  class Author(models.Model):
04        name = models.CharField(…)
05        gender = models.CharField(…)
06        age = models.CharField(…)
07        # ...
```

```
08  class Book(models.Model):
09      title = models.CharField(…)
10      publisher= models.CharField(…)
11      year= models.CharField(…)
12      # ...
13      author = models.ManyToManyField(
14          Author,
15      )
16      pass
```

【代码分析】

在第03～07行代码中，定义了一个作者类Author。

在第08～16行代码中，定义了一个图书类Book。具体说明如下：

在第13～15行代码中，通过models对象的ManyToManyField()方法创建了作者类Author的外键author，实现了多对多关联关系。其中在第14行代码中，参数to引用了作者类Author。

上面的代码实现了"作者"表与"图书"表之间多对多的关联关系，但是如果还想要关联某个作者写作的某一本图书的出版时间，因为表已经存在了，所以增加一个字段的操作就会比较麻烦。

对于这样的情形，Django模型允许指定一个用于管理多对多关联关系的中间模型，然后就可以把这些额外的字段添加到这个中间模型中。具体的方法就是在ManyToManyField()方法中，指定参数through作为中间模型。

下面，我们在【代码3-8】的基础上略作修改，实现添加一个"版本"字段的功能，代码如下：

【代码3-9】

```
01  from django.db import models
02
03  class Author(models.Model):
04      name = models.CharField(…)
05      gender = models.CharField(…)
06      age = models.CharField(…)
07      # ...
08  class Book(models.Model):
09      title = models.CharField(…)
10      publisher= models.CharField(…)
11      year= models.CharField(…)
12      # ...
13      author = models.ManyToManyField(
14          Author,
15          through='BookVersion'
16      )
17      # ...
18  class BookVersion(models.Model):
19      author = models.ForeignKey(
20          Author,
21          on_delete=models.CASCADE
22      )
23      book = models.ForeignKey(
24          Book,
```

```
25          on_delete=models.CASCADE
26      )
27      version = models.CharField(…)
28      # ...
29      pass
```

【代码分析】

在第03～07行代码中，定义了一个作者类Author。

在第08～17行代码中，定义了一个图书类Book。具体说明如下：

在第13～16行代码中，通过models对象的ManyToManyField()方法创建了作者类Author的外键author，实现了多对多关联关系。

在第15行代码中，参数through引用了第三个类BookVersion。

在第18～29行代码中，定义了图书版本类（BookVersion）。具体说明如下：

- 在第19～22行代码中，通过models对象的ForeignKey()方法创建了作者类Author的外键author。
- 在第23～26行代码中，通过models对象的ForeignKey()方法创建了图书类Book的外键book。
- 在第27行代码中，通过models对象的CharField()方法新增了一个图书"版本"变量，该变量就是新增的字段。

3.3.6　自定义模型字段

如果已经存在的模型字段不能满足最初的需求，或者希望支持一些不太常见的数据库字段，Django模型支持自定义模型字段，并提供创建自定义字段的各方面内容。

Django模型内置的字段类型并未覆盖所有可能的数据库字段类型，一般只有类似VARCHAR和Integer这样的常见类型。对于更多的字段类型，就需要用户自己创建自定义类型了。自定义类型是一个相对复杂的Python对象，该对象可以采用某种形式进行序列化，适应标准的数据库字段类型。

这里，我们举一个创建"桥牌"自定义模型字段的例子。对于这个"桥牌"自定义模型字段，读者不需要知道"桥牌"具体的游戏规则，只需要知道一副"桥牌"共计52张牌，会平均分配给4个玩家。通常这4个玩家被称为"北""东""南"和"西"。

那么，自定义模型"桥牌"这个Python类就可以定义如下：

【代码3-10】

```
01  class Hand:
02      """A hand of cards (bridge style)"""
03
04      def __init__(self, north, east, south, west):
05          # 输入的参数是桥牌列表
06          self.north = north
07          self.east = east
08          self.south = south
09          self.west = west
10      # ...
11      pass
```

【代码分析】

在第01行代码中，定义了这个桥牌类的名称为Hand。

在第04～09行代码，在定义的初始化方法__init__()中，依次将north（北），east（东），south（南）和west（西）4个玩家设置为Hand类的self内置属性。

在Django模型中使用自定义模型字段时，是不需要修改这个字段的，对象属性的赋值与取值操作与其他Python类是一样的，关键技巧是告诉Django如何保存和加载对象。

3.4　Meta类

在Django模型中，使用内部的Meta类来给模型赋予元数据。通过Meta类给模型赋予元数据的示例代码如下：

【代码3-11】

```
01   from django.db import models
02
03   class Ox(models.Model):
04       horn_length = models.IntegerField()
05
06       class Meta:
07           ordering = ["horn_length"]
08           verbose_name_plural = "oxen"
09       # ...
10       pass
```

【代码分析】

在第03行代码中，定义了一个使用 Meta类的名称为Ox的类。

在第06～08行代码中，通过"class Meta"关键字定义了Ox类中的 Meta类。具体说明如下：

- 在第07行代码中，定义了排序选项ordering，具体指向了第04行代码定义的字段（horn_length）。
- 在第08行代码中，定义了单复数名选项verbose_name_plural，具体选项值为oxen。

那么，什么是模型的"元数据"呢？模型的"元数据"即是"所有不是字段的东西"。具体来讲，如排序选项ordering、数据库表名db_table，或是阅读友好的单复数名verbose_name与verbose_name_plural，这些在模型中都不是必需的，因此通过Meta类来定义，并且在Django模型中，是否通过添加Meta类来定义元数据也完全是可选的。

3.5　Django模型的属性与方法

本节介绍Django模型的属性和方法，以及如何重写之前定义的模型方法等内容。

3.5.1　模型属性

Django模型中最重要的属性就是Manager，它是Django模型和数据库查询操作之间的接口，并且被用作从数据库当中获取实例的途径。如果Django模型中没有指定自定义的Manager，则默认名称就是"objects"。

另外，Manager只能通过模型类来访问，不能通过模型实例来访问。

3.5.2　模型方法

在Django模型中添加自定义方法，会给对象提供自定义的"行级"操作能力；与之对应的是Manager的方法，其目的在于提供"表级"的操作。模型方法应该在某个对象实例上生效，这是一个将相关逻辑代码放在模型上的技巧。

关于模型方法的使用，示例代码如下：

【代码3-12】

```
01  from django.db import models
02
03  class PersonAge(models.Model):
04      name = models.CharField(max_length=32)
05      age = models.CharField(max_length=8)
06
07      def person_age_status(self):
08          "Returns the person's age status."
09          if self.age < 1:
10              return "Baby"
11          elif self.age < 3:
12              return "Toddler"
13          elif self.age < 6:
14              return "Preschooler"
15          elif self.age < 12:
16              return "School-Children"
17          elif self.age < 18:
18              return "Teenager"
19          elif self.age < 40:
20              return "Youth"
21          elif self.age < 60:
22              return "Middle-Age"
23          else:
24              return "Old-Age"
25
26      @property
27      def person_info(self):
28          "Returns the person's info."
29          return '%s %s' % (self.name, self.age)
30      #...
31      pass
```

【代码分析】

在第03行代码中，定义了一个描述人的年龄段的类PersonAge。

在第07～24行代码中，定义了PersonAge类的模型方法person_age_status()，返回具体年龄段的信息。

在第26～29行代码中，定义了PersonAge类的属性方法person_info()，返回个人信息。

3.5.3　重写之前定义的模型方法

Django模型中还有一个关于模型方法的集合，其中包含了一些可能是自定义的数据库行为，比如save()方法和delete()方法就是两个最有可能定制的方法。同时，设计人员可以重写这些方法（或其他模型方法）以更改方法的行为。

有一个非常典型的重写内置方法的场景，就是打算在保存对象时额外做一些事。关于重写save()方法的示例代码如下：

【代码3-13】

```
01  from django.db import models
02
03  class Blog(models.Model):
04      name = models.CharField(max_length=100)
05      tagline = models.TextField()
06
07      def save(self, *args, **kwargs):
08          do_something()
09          super().save(*args, **kwargs)  # Call the "real" save() method.
10          do_something_else()
11      #...
12      pass
```

【代码分析】

在第03行代码中，定义了一个描述博客的类Blog。

在第07～10行代码中，重写了save()方法，具体说明如下：

- 第09行代码中，通过super()方法调用了父类中原生的save()方法。
- 在第08行和第10行代码中，设计人员可以通过编写自己的代码来实现重写save()方法。

另外，还可以重写 save()方法来阻止该方法的执行，示例代码如下：

【代码3-14】

```
01  from django.db import models
02
03  class Blog(models.Model):
04      name = models.CharField(max_length=100)
05      tagline = models.TextField()
06
07      def save(self, *args, **kwargs):
```

```
08          if self.name == "King's blog":
09              return # King永远不应该有自己的博客
10          else:
11              super().save(*args, **kwargs)  # 调用原生的save()方法
12      #...
13      pass
```

【代码分析】

在第03行代码中，定义了一个描述博客的类Blog。

在第07～11行代码中，重写了save()方法，具体说明如下：

- 在第08～11行代码中，通过"if...else..."条件语句判断name属性值，然后根据判断条件来选择是否通过super()方法来调用父类中原生的save()方法。

Django模型会不时地扩展模型内置方法的功能，也会添加新参数。假如设计人员在重写的方法中使用了*args和**kwargs参数，则必须确保重写方法能够接收这些新添加的参数。

3.6 Django模型的继承

本节主要介绍Django模型的继承，包括模型的抽象基类、Meta继承、related_name和related_query_name属性、多表继承、Meta和多表继承、继承与反向关系、代理模型、代理模型继承和未托管模型，以及多重继承等内容。

3.6.1 关于模型继承

Django模型的继承与普通类的继承基本一致，在Python语言中的工作方式也几乎完全相同，同时也要遵循Django官方文档中关于模型的3点描述（参看3.1.2节）。Django模型继承的基类需要继承自django.db.models.Model。

设计人员在使用模型继承时，只需要决定父类模型是否需要拥有数据表，或者父类模型是否仅作为承载子类中可见的公共信息的载体。

Django模型的继承有以下3种可用的集成风格：

- 建议将父类设计为抽象基类来使用，仅用于作为子类的公共信息的载体，免去在每个子类中将这些代码都重复写一遍。
- 假如要继承一个模型，并且想要每个模型都有对应的数据表，则建议使用多表继承方式。
- 假如只想修改模型的Python级行为，而不是以任何形式修改模型字段，则建议使用代理模型方式。

3.6.2 抽象基类

在Django模型中，抽象基类在将公共信息放入很多模型时会非常有用。

　　如果要实现一个抽象基类，需要先编写好一个基类，然后在该基类中添加Meta类，并填入属性abstract=True。因为这个基类被设计为抽象基类，模型就不会创建任何数据表了。当这个抽象基类用作其他模型类的基类时，其自有字段会自动添加到子类之中。

　　关于抽象基类的使用方法，示例代码如下：

【代码3-15】

```
01  from django.db import models
02
03  class CommonInfo(models.Model):
04      name = models.CharField(max_length=100)
05      age = models.PositiveIntegerField()
06
07      class Meta:
08          abstract = True
09
10  class UserInfo(CommonInfo):
11      home_group = models.CharField(max_length=5)
12      #...
13      pass
```

【代码分析】

在第03～08行代码中，定义了一个描述通用信息的抽象基类CommonInfo。具体内容说明如下：

- 在第04、05行代码中，定义了name（姓名）和age（年龄）的字段属性。
- 在第07、08行代码中，在Meta类中添加了属性"abstract=True"，表明CommonInfo类为抽象基类。

在第10、11行代码中，定义了一个关于用户信息的子类UserInfo。具体内容说明如下：

- 在第10行代码中，定义了子类UserInfo继承自基类CommonInfo。
- 在第11行代码中，定义了一个关于家庭组的字段属性home_group。

　　子类UserInfo因为继承自基类CommonInfo，所以顺带继承了基类CommonInfo中的name和age属性，这样子类UserInfo就拥有了3个字段属性，即name、age和home_group。

> 🎮➕注意　因为基类CommonInfo是一个抽象基类，所以它不能作为普通的Django模型来使用。也就是说，基类CommonInfo不会生成数据表，也没有管理器，同时也不能被实例化和保存。

　　在Django模型中，从抽象基类继承来的字段可以被其他字段或值重写，或者使用"None"标识符进行删除。

　　对设计人员来讲，从抽象基类中继承是一种比较理想的方式。抽象基类继承方式提供了一种在Python级别中提取公共信息的方法，同时仍会在子类模型中创建数据表。

3.6.3　Meta 继承

在Django模型继承中，当一个抽象基类被设计完成后，它会将该基类中定义的Meta内部类以属性的形式提供给子类。另外，如果子类未定义自己的Meta类，那么它就会默认继承抽象基类的Meta类。

关于Meta类的继承，大致总结如下：

- 抽象基类中有的元数据属性，如果子模型没有，则子模型直接继承。
- 抽象基类中有的元数据属性，如果子模型也有，则子模型直接覆盖。
- 子模型可以额外添加元数据属性。
- 抽象基类中的abstract=True属性不会被子类继承。
- 有一些元数据属性（如db_table）对抽象基类是无效的。

首先，子类如果要设置自己的Meta属性，则必须扩展抽象基类的Meta类。示例代码如下：

【代码3-16】

```
01  from django.db import models
02
03  class CommonInfo(models.Model):
04      # ...
05      class Meta:
06          abstract = True
07          ordering = ['name']
08
09  class StudentInfo(CommonInfo):
10      # ...
11      class Meta(CommonInfo.Meta):    # 注意这里有个继承关系
12          db_table = 'student_info'
13      #...
14      pass
```

【代码分析】

在第03～07行代码中,定义了一个描述通用信息的抽象基类CommonInfo,具体内容说明如下：

- 在第05～07行代码中，在Meta类中添加了属性"abstract=True"，表明CommonInfo类为抽象基类。

在第09～14行代码中，定义了一个关于学生信息的子类StudentInfo，具体内容说明如下：

- 在第11行代码中，定义了自己的Meta类子类，并继承自基类的Meta类CommonInfo.Meta。
- 在第12行代码中，定义了一个字段属性db_table。注意，该属性就是子类StudentInfo所扩展的属于自己的Meta属性。

如前文所述，元数据属性db_table对抽象基类无效。首先，对于抽象基类本身而言，是不会创建数据表的；其次，所有子类也不会按照这个元数据属性来设置表名。

另外，如果想让一个抽象基类的子类也同样成为一个抽象基类，则必须显式地在该子类的Meta类中同样声明一个"abstract=True"属性。示例代码如下：

【代码3-17】

```
01  from django.db import models
02
03  class CommonInfo(models.Model):
04      # ...
05      class Meta:
06          abstract = True
07          ordering = ['name']
08
09  class UserInfo(CommonInfo):
10      # ...
11      class Meta(CommonInfo.Meta):        # 注意这里有个继承关系
12          abstract = True
13          ordering = ['username']
14
15  class StudentInfo(UserInfo):
16      # ...
17      class Meta(UserInfo.Meta):          # 注意这里有个继承关系
18          db_table = 'student_info'
19      #...
20      pass
```

【代码分析】

在第03～07行代码中，定义了一个描述通用信息的抽象基类CommonInfo，具体内容说明如下：

- 在第05～07行代码中，在Meta类中添加了属性"abstract=True"，表明CommonInfo类为抽象基类。
- 在第09～13行代码中，定义了一个继承自抽象基类CommonInfo的用户信息子类UserInfo，具体内容说明如下：

  - 在第11行代码中，定义了自己的Meta类子类，并继承自基类的Meta类CommonInfo.Meta。
  - 在第12行代码中，在Meta类中添加了属性"abstract=True"，表明子类UserInfo仍为抽象基类。

在第15～20行代码中，定义了一个继承自抽象基类UserInfo的学生信息子类StudentInfo，具体内容说明如下：

- 在第17行代码中，定义了自己的Meta类子类，并继承自基类的Meta类UserInfo.Meta。
- 在第18行代码中，定义了一个字段属性db_table。注意，该属性就是子类StudentInfo所扩展的属于自己的Meta属性。

最后，基于Python语法继承的工作机制，如果子类继承了多个抽象基类，则默认情况下仅继承第一个列出基类的Meta选项。如果要从多个抽象基类中继承Meta选项，则必须显式地声明Meta继承。示例代码如下：

【代码3-18】

```
01  from django.db import models
02
03  class CommonInfo(models.Model):
04      name = models.CharField(max_length=100)
05      age = models.PositiveIntegerField()
06
07      class Meta:
08          abstract = True
09          ordering = ['name']
10
11  class Unmanaged(models.Model):
12      class Meta:
13          abstract = True
14          managed = False
15
16  class StudentInfo(CommonInfo, Unmanaged):
17      home_group = models.CharField(max_length=5)
18
19      class Meta(CommonInfo.Meta, Unmanaged.Meta):
20          pass
21      #...
22      pass
```

【代码分析】

在第03～09行代码中，定义了第一个描述通用信息的抽象基类CommonInfo，具体内容说明如下：

- 在第07～09行代码中，在Meta类中添加了属性"abstract=True"，表明CommonInfo类为抽象基类。

在第11～14行代码中，定义了第二个抽象基类Unmanaged。在第12～14行代码中，在Meta类中添加了属性"abstract=True"，表明Unmanaged类为抽象基类。

在第16～20行代码中，定义了一个同时继承自抽象基类CommonInfo和Unmanaged的学生信息子类StudentInfo，具体内容说明如下：

- 在第19行代码中，定义了自己的Meta类子类，并继承自基类的Meta类CommonInfo.Meta和Unmanaged.Meta，该定义方式就是显式地声明Meta类继承。

3.6.4　related_name 和 related_query_name 属性

在 Django 模型继承中，假如在外键或多对多字段中使用了 related_name 属性或 related_query_name属性，则必须为该字段提供一个独一无二的反向名字和查询名字。但是，这样在抽象基类中一般会引发问题，因为基类中的字段都被子类继承并且保持了同样的值，这其中当然也包括related_name属性和related_query_name属性。

为了解决上述问题，当在抽象基类中（也只能是在抽象基类中）使用related_name属性和related_query_name属性时，部分值需要包含"%(app_label)s"和"%(class)s"，具体说明如下：

- %(class)s：用该字段子类的小写类名替换。
- %(app_label)s：用小写的、包含子类的应用名替换。每个安装的应用名必须唯一，应用内的每个模型类名也必须唯一，因此替换后的名字也是唯一的。

关于related_name属性或related_query_name属性的使用，示例代码如下：

【代码3-19】

```
01  # --- common app --- #
02  # common/models.py:
03
04  from django.db import models
05
06  class Base(models.Model):
07      m2m = models.ManyToManyField(
08          OtherModel,
09          related_name="%(app_label)s_%(class)s_related",
10          related_query_name="%(app_label)s_%(class)ss",
11      )
12
13      class Meta:
14          abstract = True
15
16  class ChildA(Base):
17      pass
18
19  class ChildB(Base):
20      pass
21
22  # --- another app --- #
23  # another/models.py:
24
25  from common.models import Base
26
27  class ChildB(Base):
28      pass
```

【代码分析】

在第01～20行代码中，定义了第一个Python应用common app，具体内容说明如下：

- 在第06～14行代码中，定义了一个抽象基类Base：

  - 在第07～11行代码中，定义了一个多对多属性m2m，并使用了related_name属性和related_query_name属性。

  - 在第13、14行代码中，在Meta类中添加了属性"abstract=True"，表明Base类为抽象基类。

- 在第16、17行和第19、20行代码中，定义了两个继承自抽象基类Base的子类ChildA和ChildB，具体内容说明如下：

- common.ChildA.m2m 字段的反转名是 common_childa_related，反转查询名是 common_childas。
- common.ChildB.m2m 字段的反转名是 common_childb_related，反转查询名是 common_childbs。

在第22~28行代码中，定义了第二个Python应用another app，具体内容说明如下：

- 在第27、28行代码中，定义了一个继承自抽象基类Base的子类ChildB。其中，another.ChildB.m2m字段的反转名是another_childb_related，反转查询名是another_childbs。

如何使用"%(class)s"和"%(app_label)s"构建关联名字和关联查询名，取决于设计人员。不过，如果在设计时忘了使用"%(class)s"和"%(app_label)s"，那么Django会在执行系统检查或运行迁移时抛出错误。如果设计时未指定抽象基类中的related_name属性，那么默认的反转名会是子类名后接"_set"。

3.6.5　多表继承

在Django模型继承中，支持的第二种模型继承方式是层次结构中的每个模型都是一个单独的模型。每个模型都指向分离的数据表，并且可以被独立查询和创建。在继承关系中，子类和父类之间通过一个自动创建的OneToOneField进行连接。示例代码如下：

【代码3-20】

```
01  from django.db import models
02
03  class Place(models.Model):
04      name = models.CharField(max_length=50)
05      address = models.CharField(max_length=80)
06
07  class Hotel(Place):
08      roomA = models.BooleanField(default=False)
09      roomB = models.BooleanField(default=False)
10      roomC = models.BooleanField(default=False)
11      #...
12      pass
```

【代码分析】

在第03~05行代码中，定义了一个用于表示地点的抽象基类Place。其中，第04行和第05行代码定义了两个属性name和address，分别用于表示名字和地址。

在第07~10行代码中，定义了一个继承自抽象基类Place的、用于表示酒店的子类Hotel。其中，第08~10行代码定义了3个属性roomA、roomB和roomC，分别用于表示3种酒店房间类型。

另外根据继承规则，抽象基类Place的所有属性在子类Hotel中也均是可以使用的。

因此，基于【代码3-20】的模型设计，可以进行如下操作：

```
>>> Place.objects.filter(name="King's Place")
>>> Hotel.objects.filter(name="King's Place ")
```

假如一个Place对象同时也是Hotel对象，就可以通过小写的模型名将Place对象转换为Hotel对象，示例代码如下：

```
>>> p = Place.objects.get(id=10)
# If p is a Hotel object, this will give the child class:
>>> p.hotel
<Hotel:...>
```

在上述例子中，如果p不是一个Hotel对象，而仅仅是一个Place对象（又或是其他类的父类对象），那么指向p.hotel就会抛出一个Hotel.DoesNotExist类型的异常。

在Hotel模型中自动创建的、连接至Place模型的OneToOneField看起来类似下面的代码：

【代码3-21】

```
01  place_ptr = models.OneToOneField(
02      Place, on_delete=models.CASCADE,
03      parent_link=True,
04  )
```

【代码分析】

设计时可以在Hotel中通过声明自己的OneToOneField，并在其中设置"parent_link=True"属性来重写该字段。

3.6.6　Meta 和多表继承

在Django模型多表继承中，子类不会继承父类中的Meta类。所有的Meta类属性已被应用至父类，在子类中再次应用则会导致行为冲突。因此，子类模型无法访问父类中的Meta类。

不过也有例外情况，若子类未指定ordering属性或get_latest_by属性，则子类会从父类继承这些属性；而如果父类有排序属性，而设计子类时并不期望有排序属性，则可以显式进行禁止。示例代码如下：

【代码3-22】

```
01  class ChildModel(ParentModel):
02      #...
03      class Meta:
04          # Remove parent's ordering effect
05          ordering = []
06      #...
07      pass
```

【代码分析】

在第01～07行代码中，定义了一个子类ChildModel，它继承自父类ParentModel，具体内容说明如下：

- 在第03～05行代码中，定义了子类ChildModel的Meta类。其中，第05行代码定义了一个为空的ordering属性，实现了显式地禁止ordering排序属性的操作。

3.6.7　继承与反向关系

在Django模型继承中，由于多表继承使用隐式的OneToOneField连接子类和父类，因此直接从父类访问子类是可能的。同时，使用的名字是ForeignKey和ManyToManyField关系的默认值。

但是，如果在继承父类模型的子类中添加了这些关联，则必须指定related_name属性。如果不小心遗漏了，Django框架就会抛出一个合法性错误。

例如，使用【代码3-20】中的Place基类创建另一个子类Restaurant，且包含一个ManyToManyField，示例代码如下：

【代码3-23】

```
01  class Restaurant(Place):
02    customers = models.ManyToManyField(Place)
03    #...
04    pass
```

【代码分析】

第01～04行代码中，定义了一个子类Restaurant，它继承自父类Place。其中，在第02行代码中定义了子类与父类的ManyToManyField关系。

注意，由于子类Restaurant中没有定义related_name属性，因此会出现异常。

如果想让【代码3-23】的错误异常不出现，就需要将related_name属性添加进ManyToManyField关系中，示例代码如下：

【代码3-24】

```
01  class Restaurant(Place):
02    customers = models.ManyToManyField(Place, related_name='provider')
03    #...
04    pass
```

【代码分析】

第02行代码在定义子类与父类的ManyToManyField关系中，添加了"related_name='provider'"属性。

3.6.8　代理模型

在Django模型中使用多表继承时，每个子类模型都会创建一张新表，这是因为子类需要一个地方存储基类中不存在的数据字段。但是，有时候如果只想修改模型的Python级行为（例如修改默认管理器或添加一个方法），这时就需要使用代理模型了。

使用代理模型继承的目标就是为原模型创建一个"代理"。在设计时可以创建、删除或更新代理模型的实例，全部数据都会存储成与使用原模型（未代理）一样的形式。这里稍微有些不同的是，在设计时可以修改代理默认的模型排序和管理器，而不需要修改原模型。

使用代理模型时就像使用普通模型一样进行声明，只需要告诉Django框架这是一个代理模型，通过将Meta类的proxy属性设置为True即可。

例如，如果打算为一个Person模型添加一个方法，可以参照下面的代码示例。

【代码3-25】

```
01  from django.db import models
02
03  class Person(models.Model):
04     first_name = models.CharField(max_length=30)
05     last_name = models.CharField(max_length=30)
06
07  class Child(Person):
08     class Meta:
09         proxy = True
10
11     def do_something(self):
12         # ...
13         pass
14  #...
15     pass
```

【代码分析】

在第03～05行代码中，定义了一个Person类，它是一个用于描述人的模型。其中，在第04、05行代码中定义了两个属性，即first_name和last_name。

在第07～15行代码中，定义了一个Child类，它继承自父类Person，是一个用于描述孩子的模型。具体内容说明如下：

- 在第08、09行代码中，通过Meta类定义了"proxy=True"属性，表明该类是一个代理类。
- 在第11～13行代码中，为Person模型添加了一个方法do_something。

根据上面的代码，子类Child与父类Person操作同一张数据表。另外，Person模型的实例能通过Child模型访问，反之亦然。

```
>>> p = Person.objects.create(first_name="king")
>>> Child.objects.get(first_name="king")
<Child: king>
```

使用代理模型还可以定义模型的另一种默认排序方法。比如在【代码3-25】中，也许不期望总是对Person进行排序，但在使用代理时总是会依据last_name属性进行排序，解决方法可参看下面的代码示例。

【代码3-26】

```
01  class OrderedPerson(Person):
02     class Meta:
03         ordering = ["last_name"]
04         proxy = True
05     #...
06     pass
```

【代码分析】

通过上面的定义，普通Person模型的查询结果就不会被排序了。而通过第03行代码的定义，OrderedPerson模型的查询结果会按照last_name属性排序。

再次回看一下【代码3-25】，当使用Person模型对象进行查询时，Django框架是不会返回Child模型对象的，对于Person模型对象的查询结果集，总是返回相对应的类型（QuerySet仍会返回请求的模型）。

代理对象存在的意义是帮设计人员复用原Person模型所提供的代码，以及自定义的功能代码（并未依赖其他代码）。对于代理模型，是不存在任何方法来保证在设计时创建完代理后，能够替换所有Person（或其他）模型。

在使用代理模型时，对于其继承的基类是有约束条件的。一个代理模型必须继承一个非抽象模型类，而不能继承多个非抽象模型类的。原因在于，代理模型无法在不同数据表之间提供任何行间连接。一个代理模型既可以继承任意数量的抽象模型类（假设它没有定义任何模型字段），也可以继承任意数量的代理模型（只需共享同一个非抽象父类）。

另外，如果未在代理模型中指定模型管理器，则默认会从父类模型中继承。而如果在代理模型中指定了管理器，则该管理器就会成为默认的管理器，同时父类中所定义的管理器也仍可使用。

基于【代码3-25】和【代码3-26】的示例，我们可以在查询Person模型时修改默认管理器，示例代码如下：

【代码3-27】

```
01   from django.db import models
02
03   class NewManager(models.Manager):
04       # ...
05       pass
06
07   class Child(Person):
08       objects = NewManager()
09
10       class Meta:
11           proxy = True
12       #...
13       pass
```

【代码分析】

在第03～05行代码中，在不替换已存在的默认管理器情况下，为代理模型添加了新管理器NewManager。

另外，官方文档中对"自定义管理器"介绍了一种技巧，即先创建一个包含新管理器的基类，然后在继承列表中的主类后追加这个新管理器的基类。不过，通常情况下可能是不需要这么做的。

3.6.9 代理模型继承和未托管模型

Django框架的代理模型继承看上去与创建未托管模型非常相似，未托管模型是通过在模型的Meta类中定义managed属性来实现的。

对于创建未托管模型的方法，主要是通过配置Meta.db_table项来实现的。未托管模型将对现有模型进行阴影处理，并添加一些Python方法。但是请注意，这个配置过程需要经常重复操作并且容易出错，主要原因是要在做任何修改时保持两个副本的同步，因此务必要谨慎小心。

相对于未托管模型，代理模型意在表现为与所代理的模型一样——总是与父模型保持一致。因为，代理模型将直接从父模型中继承字段和管理器。

关于代理模型继承和未托管模型的通用性规则，主要描述如下：

- 当克隆一个已存在模型或数据表并且不打算要全部的原数据表列时，请配置"Meta.managed=False"选项。这个选项在模型化未受Django框架控制的数据库视图和表格时很有用。
- 如果只想修改模型的Python级行为，同时要保留原有字段，请配置"Meta.proxy=True"选项。这个配置将使得代理模型在保存数据时，数据结构与原模型的保持一致。

3.6.10 多重继承

在Django模型中也支持使用多重继承，这点与Python语法中的继承是一致的。Django模型多重继承就是同时继承多个父类模型，父类中第一个出现的基类（如：Meta类）是默认被使用的。如果存在多个父类包含Meta类的情况，则只有第一个会被使用，其他的都会被忽略。

一般来讲，在设计时需要同时继承多个父类的情况并不多见。比较常见的应用场景是"混合"类，所谓"混合"就是为每个继承类添加额外的字段或方法，尽量保持继承层级的简单和直接。这样做的目的就是保证将来不会出现无法确认某段信息从何而来的困扰。

注意，在继承多个包含"id"主键的字段时会抛出错误。如果想避免出现此问题，可以通过在基类中显示地使用AutoField方法，从而正确地使用多重继承。示例代码如下：

【代码3-28】

```
01  class Article(models.Model):
02      article_id = models.AutoField(primary_key=True)
03      #...
04
05  class Book(models.Model):
06      book_id = models.AutoField(primary_key=True)
07      #...
08
09  class BookArticle(Book, Article):
10      pass
11  #...
12  pass
```

【代码分析】

在第01～03行代码中，定义了第一个类Article，它是一个用于描述文章的模型。其中，在第02行代码中定义了一个id属性article_id，该属性通过AutoField方法定义了主键（primary_key=True）。

在第05～07行代码中，定义了第二个类Book，它是一个用于描述书籍的模型。其中，在第06行代码中定义了一个id属性book_id，该属性通过AutoField方法定义了主键（primary_key=True）。

在第09～10行代码中，定义了一个子类BookArticle，它是一个用于描述书籍和文章的模型，同时继承自Article模型和Book模型。

除了上面显示地使用AutoField方法之外，还可以通过在公共祖先类中存储AutoField的方式来实现同时包含多个id属性的操作。该方式要求对每个父类模型和公共祖先类模型显式地使用OneToOneField方法，避免与子类自动生成或继承的字段发生冲突。示例代码如下：

【代码3-29】

```
01  class Piece(models.Model):
02      pass
03
04  class Article(Piece):
05      article_piece = models.OneToOneField(
06          Piece,
07          on_delete=models.CASCADE,
08          parent_link=True)
09      #...
10
11  class Book(Piece):
12      book_piece = models.OneToOneField(
13          Piece,
14          on_delete=models.CASCADE,
15          parent_link=True)
16      #...
17
18  class BookArticle(Book, Article):
19      pass
20  #...
21  pass
```

【代码分析】

在第01、02行代码中，定义了一个基类Piece。

在第04～09行代码中，定义了第一个继承自基类Piece的类Article，它是一个用于描述文章的模型。其中，在第05～08行代码中定义了一个属性article_piece，该属性通过OneToOneField方法获取。

在第11～16行代码中，定义了第二个继承自基类Piece的类Book，它是一个用于描述书籍的模型。其中，在第12～15行代码中定义了一个属性book_piece，该属性通过OneToOneField方法获取。

在第18、19行代码中，定义了一个子类BookArticle，它是一个用于描述书籍和文章的模型，同时继承自Article模型和Book模型。

3.7　通过包管理模型

在Django框架中，还可以通过一个包来管理模型。在使用manage.py startapp命令创建一个应用结构后，目录中会包含一个models.py文件，当目录中包含多个models.py文件时，使用独立的文件管理方式是比较实用的。

为了实现上述方式，需要创建一个独立的models包。具体方法是，先删除models.py文件，再创建一个myapp/models目录，该目录包含一个__init__.py文件和存储模型的文件，同时在__init__.py文件中导入这些模块。

下面举一个实例，如果在models目录下有organic.py和synthetic.py两个文件，则需要在models目录下的__init__.py文件中导入这些模块，具体代码如下：

【代码3-30】

```
# myapp/models/__init__.py
from .organic import Person
from .synthetic import Robot
```

上面的代码是通过显式地导入每个模块的方式来进行操作的，而没有使用"from .models import *"方式。这种方式不会打乱命名空间，保证了代码的可读性，有助于代码分析工具的使用。

3.8　本章小结

本章主要介绍了Django框架核心部分——模型的内容，具体包括了Django框架模型的基础知识、模型定义、模型字段、Meta类模型属性和模型继承等方面。Django框架模型是开发应用程序的基础，是构建和操作Web数据的媒介。Django模型不是直接创建并操作数据库的，而是通过模型类来关联数据库中的表和视图，以自己独有的方式在后端对数据库进行操作。

第 **4** 章
Django 框架视图与路由

本章主要介绍 Django 框架中视图层的内容，主要包括视图基础、URL 路由配置、快捷方式、视图函数、快捷函数、视图装饰器、内置视图、请求与响应对象、模板响应对象和文件上传等。Django 框架视图层是负责业务处理请求的核心代码，绝大多数的 Python 代码都会集中在视图层。因此，视图层是开发基于 Django 框架的 Web 应用程序的重要基础。

通过本章的学习可以掌握以下知识：

* Django框架视图的基础知识
* Django视图层的URL路由基础
* Django视图层的路由转发
* Django框架视图函数
* Django框架快捷函数
* Django视图装饰器
* Django视图层的请求/响应对象
* Django视图层的模板响应对象
* Django文件上传

4.1　Django框架视图基础

本节主要介绍Django框架视图的基础知识。Django视图层是负责处理请求的核心，是开发Web应用的重要组成部分。Django视图层代码可以放在应用目录下的任何位置，通常写在类似views.py这样的文件中。

在Django框架视图层的概念体系中，视图函数简称为视图，它是一个简单的Python函数，用于接收Web请求和返回Web响应。Web响应是一个很宽泛的概念，具体可以是一个HTML页面、

404错误页面、重定向页面、XML文档或一幅图片等。在Django框架中，无论视图层自身包含什么逻辑，都要返回Web响应。

在Django框架视图层中有两个重要的对象，分别是请求对象（HttpRequest）与响应对象（HttpResponse）。视图函数都负责返回一个HttpResponse对象，该对象中包含所生成的Web响应。

Django框架视图层对外负责接收用户请求，对内负责调度模型层与模板层，是连接用户前端页面和底层数据库的桥梁。Django框架的视图层还有一点特殊之处，就是它会根据业务逻辑将处理好的数据与前端进行整合后再返回给用户，从这方面来讲Django视图层更偏向于所谓的"后端"。

4.2 URL路由配置

本节主要介绍Django框架视图层中关于URL路由配置方面的内容，包括URL路由基础、如何处理请求、PATH转换器、正则表达式匹配等方面。它们是基于Django框架进行视图层开发的基础。

4.2.1 URL 路由基础

对于高质量的Web应用来讲，使用简洁、优雅的URL设计模式非常有必要。Django框架允许设计人员自由地设计URL模式，而不用受到框架本身的约束。对于URL路由来讲，其主要实现了Web服务的入口。用户通过浏览器发送过来的任何请求，都会解析到一个指定的URL地址上去，进而得到服务器端的响应，这是一个基本流程。

在Django项目中，配置URL路由通过目录中的urls.py文件来完成。虽然在一个Django项目中可以配置有多个urls.py文件（因为一个项目可以包含若干个App），但这些urls.py文件绝对不能放在同一目录下。一般情况下，在Django项目根目录下需要配置一个urls.py（根路由）文件，然后在每个App下分别定义一个自己的urls.py，这样就相当于是一种比较先进的解耦模式。

归根结底，URL路由就是相当于路径和视图函数之间的一个对应关系，起到了一个中间媒介的作用，URL路由原理如图4.1所示。

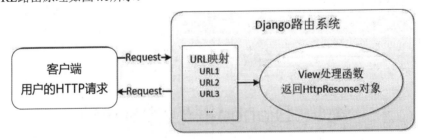

图 4.1　URL 路由原理图

在图4.1中，客户端用户发来的HTTP请求经过URL路由映射处理后，会发送到相应的View视图处理函数进行处理，View视图函数处理完成后，再通过HttpResponse对象返回具体信息到客户端进行显示。

一个urls.py文件的通用基本格式可参考下面的代码。

【代码4-1】

```
01  from django.contrib import admin
02  from django.urls import path
03
04  urlpatterns = [
05      path('admin/', admin.site.urls),
06      path('hello/', views.hello),
07      ...
08  ]
```

【代码分析】

在第01行代码中，通过调用django.contrib模块导入了admin（管理员）对象，这是一个Django框架自带的管理员模块。

在第02行代码中，通过调用django.urls模块导入了path（路径）对象，这是一个负责URL路由配置的模块。

在第04～08行代码中，通过urlpatterns对象定义了一个数组。其中，第05、06行代码通过path对象定义了具体的路径配置信息。通常，用户自定义的路由配置代码都是在这里完成的。

4.2.2 Django 如何处理请求

在Django框架中，当客户端用户发出一个页面请求时，URL路由基本会按照下面的逻辑（算法）执行操作。

（1）决定要使用的根URLconf模块。通常情况下，这是由ROOT_URLCONF所设置的值。但是，如果传入的HttpRequest对象具有urlconf属性（由中间件设置），则其值将被用于代替ROOT_URLCONF参数所设置的值。这也就是说，设计人员可以自行指定自定义项目的入口文件urls.py。

（2）加载这个URLconf模块并寻找可用的urlpatterns路由模式，它是django.urls.path()实例或django.urls.re_path()实例的一个列表。

（3）依次匹配每个URL模式，在找到与请求的URL模式相匹配的第一个模式上停止。这也就是说，URL模式匹配是从上往下的短路操作，因此每个URL在列表中的位置是比较关键的。

（4）继续导入并调用匹配行中给定的视图，该视图是一个简单的Python函数（被称为视图函数）或者是一个基于类的视图。另外，该视图将获得如下3类参数：

- 一个HttpRequest对象实例。
- 如果匹配的表达式返回了未命名的组，那么匹配的内容将作为位置参数提供给视图。
- 关键字参数由表达式匹配的命名组所组成，但是可以被 django.urls.path() 实例或 django.urls.re_path()实例的可选参数kwargs覆盖。

（5）如果没有匹配到任何表达式，或者过程中抛出异常，将调用一个适当的错误处理视图。

一个关于URLconf模块的代码实例如下所示。

【代码4-2】

```
01  from django.urls import path
02
03  from . import views
04
05  urlpatterns = [
06      path('articles/2023/', views.special_case_2023),
07      path('articles/<int:year>/', views.year_archive),
08      path('articles/<int:year>/<int:month>/', views.month_archive),
09      path('articles/<int:year>/<int:month>/<slug:slug>/',
views.article_detail),
10      ...
11  ]
```

【代码分析】

在第05～11行代码中，定义的就是urlpatterns数组列表，每一个列表项都是path()或re_path()的实例。具体说明如下：

- 在第06行代码中，将路径'articles/2023/'解析为视图 views.special_case_2023，且路径'articles/2023/'的年份（2023）为固定的。
- 在第07行代码中，将路径'articles/<int:year>/'解析为视图 views.year_archive，且路径中的年份（<int:year>）为任意的。
- 在第08行代码中，将路径'articles/<int:year>/<int:month>/'解析为视图 views.month_archive，且路径中的年份（<int:year>）和月份（<int:month>）均为任意的。
- 在第09行代码中，将路径'articles/<int:year>/<int:month>/<slug:slug>/'解析为视图 views.article_detail，且路径中新增了slug类型转换器。

在这段路径解析代码中，有以下5点要重点说明：

- 要捕获一段URL中的值，需要使用尖括号（< >）。
- 可以将捕获到的值转换为指定类型，比如上面代码中的int类型（整型）。
- 默认情况下，捕获到的结果保存为字符串类型，但是不包含"/"这个特殊字符的。
- 匹配模式的最开头不需要添加特殊字符"/"，因为默认情况下的每个URL地址的最前面都会带有这个特殊字符的。
- 每个匹配模式都建议以特殊字符"/"结尾。

下面，基于【代码4-2】讲解几个典型的、针对URL地址进行模式匹配的示例。具体内容如下：

（1）"/articles/2023/"：匹配第06行代码，并调用views.special_case_2023(request)视图。

（2）"/articles/2023"：无匹配结果，因为最后少了一个斜杠（/），而列表中的所有模式都以斜杠（/）结尾。

（3）"/articles/2050/"：匹配第07行代码，并调用views.year_archive(request)视图。

（4）"/articles/2023/12/"：匹配第08行代码，并调用views.month_archive(request, year=2023, month=12)视图。

（5）"/articles/2023/12/django-url-pattern/"：匹配第09行代码，并调用views.article_detail(request, year=2023, month=12, slug="django-url-pattern"视图。

4.2.3　PATH 路径转换器

在Django框架中，默认内置了一组PATH路径转换器，具体介绍如下：

- str类型转换器：匹配任何非空字符串，但是不包含特殊字符"/"；如果设计人员没有指定专门的转换器，默认就是使用该转换器。
- int类型转换器：匹配0和正整数，返回一个int类型。
- slug类型转换器：可理解为注释、后缀、附属等概念，主要是URL链接中置于最后一部分的解释性字符。该转换器匹配任何ASCII字符以及连接符和下画线。
- uuid类型转换器：匹配一个UUID格式的对象。为了防止冲突，规定必须使用中画线（-），并且所有字母必须小写，例如，下面这个UUID字符串01234567-8900-aacc-a8a8-987654321000将返回一个uuid对象。
- path类型转换器：匹配任何非空字符串，重点是可以包含路径分隔符（/）；这个转换器适用于匹配整个URL链接，而不是一段一段的URL字符串。同时，要注意区分path转换器和path()方法二者之间的区别。对于更复杂的匹配需求，设计人员可能就需要自定义path转换器了。其实，path转换器就是一个类，主要包含下面的成员和属性：

  - 类属性regex：一个字符串形式的正则表达式属性。
  - to_python(self, value)方法：一个用来将匹配到的字符串转换为目标数据类型并传递给视图函数的方法。注意，如果转换失败，则该方法必须弹出ValueError异常。
  - to_url(self, value)方法：一个将Python数据类型转换为一段URL地址的方法，为to_python(self, value)方法的反向操作。注意，如果转换失败，则该方法也会弹出ValueError异常。

下面介绍一个关于PATH路径转换器的代码实例。

首先，新建一个用于PATH路径转换的Python文件，定义一个用于转换4位正整数年份数值的类FourDigitYearConverter，具体代码如下：

【代码4-3】（详见本书配套下载资源中的源代码中的urlconverter.py）

```
01  class FourDigitYearConverter:
02      regex = '[0-9]{4}'
03
04      def to_python(self, value):
05          return int(value)
06
07      def to_url(self, value):
08          return '%04d' % value
```

【代码分析】

在第02行代码定义了类属性regex，格式为4位整数的正则表达式。

在第04、05行代码定义了类方法to_python()，用于将4位整数（value）转换为Python数据类型。

在第07、08行代码定义了类方法to_url()，用于将Python数据类型转换为URL地址，并进行了格式化操作（使用数字"0"从左填充的4位整数）。

然后，基于【代码4-3】进行修改，在URLconf模块中使用register_converter()方法进行注册，具体代码如下：

【代码4-4】（urlconf.py）

```
01  from django.urls import path
02
03  from . import urlconverter, views
04
05  register_converter(urlconverter.FourDigitYearConverter, 'yyyy')
06
07  urlpatterns = [
08      path('articles/2023/', views.special_case_2023),
09      path('articles/<yyyy:year>/', views.year_archive),
10      path('articles/<yyyy:year>/<int:month>/', views.month_archive),
11      path('articles/<yyyy:year>/<int:month>/<slug:slug>/',
views.article_detail),
12      ...
13  ]
```

【代码分析】

在第05行代码中，通过register_converter()方法注册了一个"yyyy"类型。

第07～13行代码定义了urlpatterns数组列表。其中，第09行、第10行和第11行中关于年份的类型使用了"yyyy"进行定义。

4.2.4　使用正则表达式

在Django框架的新版本（v2.0＋）中，URLconf模块虽然更改了配置方式，但它依然可以对老版本进行兼容，兼容的办法就是使用re_path()方法。

这个re_path()方法本质上就是以前的url()方法，只不过导入的位置变了。另外，re_path()方法与path()方法有以下两个不同点：

- re_path()方法捕获URL地址中的参数使用的是正则表达式方式，语法是(?P<name>pattern)格式，其中的< name>是组名，pattern是要匹配的模式。
- re_path()方法传递给视图的所有参数都是字符串类型，而不像path()方法那样可以指定转换成某种类型，因此在视图中接收参数时一定要小心。

使用正则表达式进行匹配的示例代码如下：

【代码4-5】

```
01  from django.urls import path, re_path
02
03  from . import views
04
```

```
05  urlpatterns = [
06      path('articles/2023/', views.special_case_2023),
07      re_path(
08          r'^articles/(?P<year>[0-9]{4})/$', views.year_archive
09      ),
10      re_path(
11          r'^articles/(?P<year>[0-9]{4})/(?P<month>[0-9]{2})/$',
views.month_archive
12      ),
13      re_path(
14      r'^articles/(?P<year>[0-9]{4})/(?P<month>[0-9]{2})/(?P<slug>[\w-]+)/$',
views.article_detail
15      ),
16  ]
```

【代码分析】

在第07～09行、第10～12行和第13～15行代码中，re_path()方法使用的就是正则表达式方式。

在第08行、第11行和第14行代码中，<year>组名严格匹配4位整数（如12345这样的整数是无法匹配的），这是由正则表达式?P<year>[0-9]{4})/$的规则所决定的。

另外，正则表达式?P<year>[0-9]{4})/$也可以简写成未命名的形式[0-9]{4}，但为了避免歧义，不建议这么做。

4.2.5　URLconf 在什么上查找

在Django框架中，客户端请求的URL地址会被当作一个普通的Python字符串来处理，URLconf模块将基于此进行查找并匹配。在查找和匹配时，将不包括域名、GET和POST请求方式或HEAD请求方法等。

举例来讲，在下面的请求URL地址中：

```
https://www.example.com/myapp/
```

URLconf模块将会查找"myapp/"字符串，不会对域名"www.example.com"进行查找。而在下面的请求URL地址中：

```
https://www.example.com/myapp/?page=1
```

URLconf模块仍将会查找"myapp/"字符串，既不会对域名"www.example.com"进行查找，也不会对参数"page=1"进行查找。

URLconf模块不会检查使用了哪种请求方法，即对于同一个URL地址，无论是GET请求、POST请求，还是HEAD请求方法等，均将路由到相同的函数。

4.2.6　指定视图参数的默认值

在Django框架中，对于URLconf有一个方便的小技巧是指定视图参数的默认值。可参看下面这个关于URLconf和视图的代码示例。

【代码4-6】

```
01  # URLconf
02  from django.urls import path
03
04  from . import views
05
06  urlpatterns = [
07      path('article/', views.page),
08      path('article/page<int:num>/', views.page),
09  ]
10
11  # View (in article/views.py)
12  def page(request, num=1):
13      # 根据num输出文章条目的适当页码
14      ...
```

【代码分析】

在第06～09行代码中，定义了urlpatterns数组列表。其中，第07、08行代码分别定义了两个URL路径模式。

在第12、13行代码中，定义了一个视图函数page。其中，在第12行代码中指定了num参数的默认值为1。

第07行和第08行代码定义的两个URL路径模式均指向同一个视图views.page，但第一个模式（第07行代码）是不会从URL地址中捕获任何值的。如果第一个模式匹配成功，则page()函数将使用num参数的默认值（1）；如果第二个模式匹配成功，则page()函数将使用num参数的实际值。

4.2.7　包含其他的 URLconf 模块

在Django框架中，还可以在一个URLconf模块中包含其他的URLconf模块，这实际上就是将一部分URL放置于其他URL的下面。该方式的具体操作方法是，在自己的urlpatterns数组列表中，通过include语法命令引入另一个URLconf模块，示例代码如下：

【代码4-7】

```
01  from django.urls import include, path
02
03  urlpatterns = [
04      # ... 包括其他URLconf ...
05      path('community/', include('community.urls')),
06      path('contact/', include('contact.urls')),
07      path('about/', include('about.urls')),
08      # ... include ...
09      # ...
10  ]
```

【代码分析】

在第01行代码中，首先引入了include模块。

在第05～07行代码中，通过include方式分别引入了3个URLconf模块community.urls、contact.urls和about.urls。这样，在该URLconf模块中就包含了另外3个URLconf模块。

通过include方式，还可以消除URLconf模块中的冗余URL路径。例如，当某个模式前缀被重复使用时，就可以使用include语法进行简化。示例代码如下：

【代码4-8】

```
01  from django.urls import path
02  from . import views
03
04  urlpatterns = [
05      path('<page_slug>-<page_id>/history/', views.history),
06      path('<page_slug>-<page_id>/edit/', views.edit),
07      path('<page_slug>-<page_id>/discuss/', views.discuss),
08      path('<page_slug>-<page_id>/permissions/', views.permissions),
09      path('<page_slug>-<page_id>/about/', views.about),
10  ]
```

【代码分析】

在第05～09行代码中，定义的一组（共5个）URL路径模式均包含了相同的前缀<page_slug>-<page_id>。

其实，可以通过include方式改进上面代码的写法，只需要声明一次共同的路径前缀，并将后面的部分进行分组即可。示例代码如下：

【代码4-9】

```
01  from django.urls import include, path
02  from . import views
03
04  urlpatterns = [
05      path('<page_slug>-<page_id>/', include([
06          path('history/', views.history),
07          path('edit/', views.edit),
08          path('discuss/', views.discuss),
09          path('permissions/', views.permissions),
10          path('about/', views.about),
11      ])),
12  ]
```

【代码分析】

在第01行代码中，首先引入了include模块。

在第05～11行代码中，先是声明了一次共同的路径前缀<page_slug>-<page_id>，再通过include方式将路径后面不同的部分进行了分组。这样，就消除了URLconf模块中的冗余URL路径。

4.2.8　传递额外参数给视图函数

在Django框架中，URLconf模块还支持一种传递额外参数给视图函数的方式，该参数为Python

字典类型。具体操作方法是，先在path()函数中包含Python字典类型的参数，然后将该参数传递给视图函数。

通过URLconf模块传递额外参数给视图函数的示例代码如下：

【代码4-10】

```
01  from django.urls import path
02  from . import views
03
04  urlpatterns = [
05      path('article/<int:year>/', views.year_archive, {'foo': 'bar'}),
06  ]
```

【代码分析】

在第05行代码中，通过path()函数包含了一个Python字典类型参数{'foo': 'bar'}，该参数将会传递给视图函数views.year_archive。

基于这段代码，如果客户端发来一个URL请求/article/2020/，那么Django服务器将会调用视图函数views.year_archive(request, year=2020, foo='bar')。这样，额外参数{'foo': 'bar'}就传递给视图函数了。

另外，通过include方式也可以实现传递额外参数给视图函数的操作，示例代码如下：

【代码4-11】

```
01  # main.py
02  from django.urls import include, path
03
04  urlpatterns = [
05      path('article/', include('inner'), {'article_id': 3}),
06  ]
07
08  # inner.py
09  from django.urls import path
10  from mysite import views
11
12  urlpatterns = [
13      path('archive/', views.archive),
14      path('about/', views.about),
15  ]
```

【代码分析】

在第05行代码中，在path()函数中通过include方式引入了inner模块，同时还包含了一个Python字典类型参数{'article_id': 3}。

在第12～15行代码中，定义了inner模块的URL路径模式。其中，第13行和第14行代码定义的path()函数将会自动获取mian模块传递过来的参数{'article_id': 3}，效果等同于下面的【代码4-12】。

【代码4-12】

```
01  # main.py
02  from django.urls import include, path
```

```
03  from mysite import views
04
05  urlpatterns = [
06      path('article/', include('inner')),
07  ]
08
09  # inner.py
10  from django.urls import path
11
12  urlpatterns = [
13      path('archive/', views.archive, {'article_id': 3}),
14      path('about/', views.about, {'article_id': 3}),
15  ]
```

【代码分析】

本例中第13行和第14代码中定义的path()函数的效果，等价于【代码4-11】传递参数的效果。

4.2.9　反向解析

在Django项目实际开发中，经常需要获取某个具体对象的URL，为生成的内容配置URL链接。

例如下面这样一个很常见的场景，在页面中展示一个文章标题列表，且每个标题都被设计成一个超链接，单击该链接就进入对应文章的详细页面。通常情况下，我们首先会简单地将URLconf模块设计成类似【代码4-13】的形式。

【代码4-13】

```
01  from django.urls import path
02  from . import views
03
04  urlpatterns = [
05      path('article/<int:pk>/', views.article_pk),
06  ]
```

【代码分析】

在第05行代码中，通过path()函数包含了一个URL请求（'article/<int:pk>/'）对应的视图函数（views.article_pk）。

然后在前端HTML页面中，超链接<a>标签的href属性会被定义为类似"http://www.domain.com/article/1/"的值。当然，其中的域名部分（www.domain.com）将会由Django框架负责处理，设计人员只需要关注路径（/article/1/）的部分。

上述这样的设计当然也能够行得通，但存在巨大隐患，即将来既难以维护，又难以修改。因为，当URLconf模块被修改后，设计人员势必将手动修改HTML页面中的每一个超链接<a>标签中硬编码的href属性值，其工作量是可想而知的。

于是，设计人员就需要一种既安全又可靠，还能具有自适应功能的机制。该机制能够实现当修改URLconf模块中的代码后，无须在项目源码中大范围手动修改全部失效的硬编码URL地址。

Django框架恰好提供了一种解决方案——在URL地址中提供一个name参数，并赋值一个自定义的、便于标记的字符串。通过这个name参数，可以反向解析URL链接、反向URL链接匹配或反向URL链接查询。

Django框架在需要解析URL链接地址的地方，对不同层级提供了不同的工具，用于URL链接反查，具体有以下3种方式：

- 写前端HTML网页时，在模板语言中使用url模板标签。
- 写视图函数时，使用Python语法的reverse()函数。
- 写模型（model）实例时，使用get_absolute_url()方法。

上面的3种方式都依赖于首先在path()函数中为URL链接地址添加name属性。

下面，我们继续完善这个在页面中展示一个文章标题列表的实例。首先，需要重新定义URLconf模块，具体代码如下：

【代码4-14】

```
01  from django.urls import path
02
03  from . import views
04
05  urlpatterns = [
06      #...
07      path('articles/<int:year>/', views.year_archive,
name='article-year-archive'),
08      #...
09  ]
```

【代码分析】

在第07行代码中，在path()函数中新增了一个name参数（name='article-year-archive'），该参数主要在模板中使用。

然后，通过在模板（HTML页面）中引用上面的name参数，实现对文章标题列表的获取，具体代码如下：

【代码4-15】

```
01  <a href="{% url 'article-year-archive' 2023 %}">
02      2023 Archive
03  </a>
04
05  {# 或者使用for循环变量 #}
06  <ul>
07      {% for year in year_list %}
08          <li>
09              <a href="{% url 'article-year-archive' year %}">
10                  {{ year }} Archive
11              </a>
12          </li>
13      {% endfor %}
14  </ul>
```

【代码分析】

在第07~13行代码中，通过在HTML页面中使用for循环语句，实现了文章标题列表的显示。具体说明如下：

- 在第09行代码中，在模板中通过引用上面定义的name参数（name='article-year-archive'），实现了文章标题链接的反向解析。

最后，在视图函数中编写实现URL链接地址反向解析的Python代码，具体如下：

【代码4-16】

```
01  from django.http import HttpResponseRedirect
02  from django.urls import reverse
03
04  def redirect_to_year(request):
05      # ...
06      year = 2023
07      # ...
08      return HttpResponseRedirect(
09          reverse('article-year-archive', args=(year,))
10      )
```

【代码分析】

在第02行代码中，引入了反向解析模块reverse。

在第04~10行代码中，定义了反向解析视图函数redirect_to_year()。其中关键的是第09行代码，通过调用reverse()方法实现了name='article-year-archive'与URLconf模块中的该PATH路径的反向解析操作。

在URL链接地址中使用name参数时，可以包含任何自定义的字符串，但稍不注意可能就会出现重名冲突的问题。于是，为了解决这个问题，引出了"命名空间"的概念。

4.2.10　命名空间

在URLconf模块中定义PATH路径时，通过添加name参数可以实现反向URL地址解析与软编码解耦。不过，在出现下面的情况时又会很麻烦。

- 应用appA定义了一条path路由A，其name参数的值为index。
- 应用appB定义了一条path路由B，其name参数的值为index。

当出现上述这种情况时，如果在某个视图中使用reverse('index', args=(...))，或在模板中使用{% url 'index' ... %}，那么最终生成的URL地址到底是路由A还是路由B呢？

造成上述这种情况出现的原因，根本上是各个应用之间没有进行统一的路由管理（实际上也不可能有）。于是，Django框架设计了一个app_name属性来解决上述问题，这就是应用级别的命名空间。具体代码如下：

【代码4-17】

```
01  from django.urls import path
02
03  from . import views
04
05  app_name = 'your_app_name'    # 关键代码
06
07  urlpatterns = [
08      ...
09  ]
```

【代码分析】

在第05行代码中，引入的app_name属性就是关键代码，其属性值就是应用的命名空间。

具体添加方法很简单，只需要在app自身的urls.py文件内添加app_name属性即可。

在实际项目中的使用也很简单，具体代码如下：

【代码4-18】

```
# 视图中
reverse('your_app_name:index',args=(...))

# 模板中
{% url 'your_app_name:index' ... %}
```

【代码分析】

无论是在视图中还是模板中，都将app_name属性值与对应的name参数值一起使用（'your_app_name:index'）就可以了。

在Django框架中，要实现对URL链接地址的反向解析，除了应用级别的命名空间方式之外，还支持一种实例命名空间（namespace）方式。

这种实例命名空间方式，是通过在path()函数中添加一个namespace属性实现的，具体代码如下：

【代码4-19】（项目根urls.py文件）

```
01  #--- 根urls.py ---#
02
03  from django.urls import include, path
04
05  urlpatterns = [
06      path('author/', include('app.urls', namespace='author')),
07      path('article/', include('app.urls', namespace='article')),
08  ]
```

【代码分析】

在第06行和第07行代码中，在ptah()函数中新定义了一个namespace属性，属性值就是实例命名空间。

然后，在应用级别的urls.py文件中定义具体路由，具体代码如下：

【代码4-20】（应用urls.py文件）

```
01  #--- app/urls.py ---#
02
03  from django.urls import path
04
05  from . import views
06
07  app_name = 'app'          # 关键代码
08
09  urlpatterns = [
10      path('index/', views.index, name='index'),
11      path('detail/', views.detail, name='detail'),
12  ]
```

【代码分析】

在第07行代码中，还是要添加app_name属性的定义。

在第10行和第11行代码中，在ptah()函数中定义了URL链接对应的视图函数及name参数。

最后，定义具体的视图函数，代码如下：

【代码4-21】（应用views.py文件）

```
01  #--- app/views.py ---#
02
03  from django.shortcuts import render, HttpResponse
04
05  def index(request):
06      return HttpResponse('Current namespace is %s.' %
request.resolver_match.namespace)
07
08  def detail(request):
09      if request.resolver_match.namespace == 'author':
10          return HttpResponse('This is author page.')
11      elif request.resolver_match.namespace == 'article':
12          return HttpResponse('This is article page.')
13      else:
14          return HttpResponse('Hello, Django!')
```

【代码分析】

在第05、06行代码中，定义了视图函数index，它将不同的URL路径解析成不同的内容。例如：

- 当访问URL路径author/index/时，会得到字符串内容"Current namespace is author."。
- 当访问URL路径article/index/时，会得到字符串内容"Current namespace is article."。

在第08~14行代码中，定义了视图函数detail，它同样也会将不同的URL路径解析成不同的内容。例如：

- 当访问URL路径author/detail/时，会得到字符串内容"This is author page."。
- 当访问URL路径article/detail/时，会得到字符串内容"This is article page."。
- 当URL路径无法匹配时，会得到字符串内容"Hello, Django!"。

另外，在使用实例命名空间时要注意以下4点：

（1）namespace属性参数要定义在include之中。

（2）整个项目中所有应用（app）中的namespace属性不能重名，也就是必须全局唯一。

（3）使用实例命名空间功能的前提是要设置app_name属性，如果不设置则会弹出异常。

（4）如要在视图中获取namespace属性值，则必须通过request.resolver_match.namespace参数。

4.3 视 图 函 数

本节主要介绍Django框架视图层中视图函数方面的内容，包括视图函数的基本概念、简单视图函数、映射URL至视图和异步视图等。视图函数是基于Django框架进行视图层开发的基础。

4.3.1 什么是视图函数

所谓视图函数（简称视图），本质上就是一个Python函数，用于接收Web请求并且返回Web响应。

Web响应可以包含很多种类的内容，比较常见的有HTML网页、重定向和404错误，也可以是XML文档和图像文件等。另外，无论视图函数的具体处理逻辑如何定义，建议都返回某种类型的Web响应。

对于视图函数的代码而言，可以写在项目的任何Python目录下面。但是，对于基于Django框架的Web项目而言，通常约定将视图函数写在项目或应用目录中名称为"views.py"的文件中。

4.3.2 简单视图函数

在本小节中，我们设计一个基于Django框架的Web项目应用，实现将当前日期和时间编码为HTML文档并返回的简单视图函数。

首先，将该Web项目应用的名称定义为"ViewDjango"，实现返回当前日期和时间的简单视图函数应用的名称定义为"SimpleView"，具体文件结构如图4.2所示。

在图4.2中，ViewDjango为项目根目录，SimpleView为具体的应用目录。

然后，重新定义ViewDjango项目根目录下的路由文件urls.py，实现到SimpleView应用的路由路径，具体代码如下：

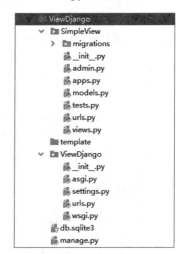

图 4.2　ViewDjango 项目应用结构

【代码4-22】（ViewDjango\ViewDjango\urls.py文件）

```
01  #---  root urls.py  ---#
02
03  from django.contrib import admin
04  from django.urls import include, path
05
```

```
06   # 定义URLconf
07   urlpatterns = [
08      path('simple/', include ('SimpleView.urls')),
09      path('admin/', admin.site.urls),
10   ]
```

【代码分析】

在第07～10行代码中，定义了ViewDjango项目应用的根URLconf模块。其中，第08行代码中，通过path()函数定义了一个路由路径'simple/'，该路径对应通过include方式包括的SimpleView应用的URLconf模块'SimpleView.urls'。

接下来，定义SimpleDjango应用目录中的路由文件urls.py，具体代码如下：

【代码4-23】（ViewDjango\SimpleView\urls.py文件）

```
01   #---  SimpleView urls.py  ---#
02
03   from django.urls import include, path
04   from . import views
05
06   # define URLconf
07   urlpatterns = [
08      path("", views.index, name='index'),
09      path("curdatetime/", views.current_datetime),
10   ]
```

【代码分析】

在第07～10行代码中，定义了SimpleDjango应用的URLconf模块。详细说明如下：

- 第08行代码中，通过path()函数将SimpleDjango应用的默认路径（""）解析为视图函数views.index。
- 第09行代码中，通过path()函数将路径"curdatetime/"解析为视图函数views.current_datetime。

最后，定义SimpleDjango应用中的视图函数文件views.py，具体代码如下：

【代码4-24】（ViewDjango\SimpleView\views.py文件）

```
01   #---  SimpleView views.py  ---#
02
03   from django.http import HttpResponse
04   from django.shortcuts import render
05
06   # Create your default views.
07
08   def index(request):
09      return HttpResponse("Hello, SimpleView App!")
10
11   # Create your datetime views.
12   import datetime
13   def current_datetime(request):
16      now = datetime.datetime.now()
```

```
15      html = "<html><body>It is now %s.</body></html>" % now
16      return HttpResponse(html)
```

【代码分析】

在第08、09行代码中，定义了默认视图函数views.index。其中，第09行代码通过HttpResponse()方法返回信息"Hello, SimpleView App!"。

在第12行代码中，导入了日期和时间类型对象datetime。

在第13～16行代码中，定义了日期视图函数views.current_datetime。详细说明如下：

- 在第16行代码中，通过日期和时间类型对象datetime调用now()方法，获取当前时间（now）。
- 在第17行代码中，定义了一段HTML页面代码（html），并将当前时间（now）传递到这段页面代码中。
- 在第18行代码中，通过HttpResponse()方法返回页面代码。

下面，通过FireFox浏览器测试一下SimpleView简单视图应用。首先，通过Django服务器运行ViewDjango项目应用，并在浏览器中输入SimpleView应用默认路由地址"http://localhost:8000/ simple/"，结果如图4.3所示。页面中显示了第09行代码通过HttpResponse()方法返回的信息"Hello, SimpleView!"。

然后，继续在浏览器中输入SimpleView应用简单视图的路由地址"http://localhost:8000/simple/curdatetime/"，结果如图4.4所示。页面中显示了第18行代码通过HttpResponse()方法返回的当前时间信息（now）。

图 4.3 SimpleView 应用默认路由

图 4.4 SimpleView 简单视图路由

4.3.3 返回错误视图

在Django框架中返回HTTP错误代码是非常简单的。HttpResponse类的许多子类对应着一些常用的 HTTP 状态码，例如HttpResponseNotFound子类对应的HTTP 404错误，当然这里面不包括200状态码（表示"OK"）。Django为了标识一个错误，直接返回那些子类中的一个实例，而不是普通的HttpResponse对象。

在本小节中，我们通过HttpResponseNotFound子类设计一个返回错误视图的应用，用来模拟返回404错误状态。

首先，将返回错误视图函数应用的名称定义为"ErrorView"，具体文件结构如图4.5所示。

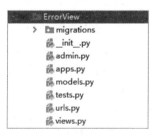

图 4.5 ErrorView 返回错误
视图应用的结构

然后，重新定义ViewDjango项目根目录下的路由文件urls.py，实现到ErrorView应用的路由路径，具体代码如下：

【代码4-25】（ViewDjango\ViewDjango\urls.py文件）

```
01  #---   root urls.py   ---#
02
03  from django.contrib import admin
04  from django.urls import include, path
05
06  # 定义URLconf
07  urlpatterns = [
08      path('simple/', include('SimpleView.urls')),
09      path('error/', include('ErrorView.urls')),
10      path('admin/', admin.site.urls),
11  ]
```

【代码分析】

在第07～11行代码中，重新定义了ViewDjango项目应用的根URLconf模块。详细说明如下：

- 在第09行代码中，通过path()函数新增了一个路由路径error/'，该路径对应通过include方式包括的ErrorView应用的URLconf模块'ErrorView.urls'。

接下来，定义ErrorView应用目录中的路由文件urls.py，具体代码如下：

【代码4-26】（ViewDjango\ErrorView\urls.py文件）

```
01  #---   ErrorView urls.py   ---#
02
03  from django.urls import include, path
04  from . import views
05
06  # 定义URLConf
07  urlpatterns = [
08      path("", views.index, name='index'),
09      path("pagenotfound/<int:p>/", views.error_view),
10  ]
```

【代码分析】

在第07～10行代码中，定义了ErrorView应用的URLconf模块。详细说明如下：

- 在第08行代码中，通过path()函数将ErrorView应用的默认路径（""）解析为视图函数views.index。
- 在第09行代码中，通过path()函数将路径"pagenotfound/<int:p>/"解析为视图函数views.error_view。其中，添加了一个路由参数<int:p>，参数值p用于选择不同的视图返回值。

最后，定义ErrorView应用中的视图函数文件views.py，具体代码如下：

【代码4-27】（ViewDjango\ErrorView\views.py文件）

```
01  #---   ErrorView views.py   ---#
02
03  from django.http import HttpResponse, HttpResponseNotFound
04  from django.shortcuts import render
```

```
05
06  # 在此处创建视图
07
08  # 定义视图
09  def index(request):
10      return HttpResponse("Hello, ErrorView App!")
11
12  # error view
13  def error_view(request, p):
14      print('p=', p)
15      if p:
16          return HttpResponse("Page not found!")
17      else:
18          return HttpResponseNotFound("HttpResponseNotFound --- Page not
found!")
```

【代码分析】

第09、10行代码中，定义了默认视图函数views.index。

第13~18行代码中，定义了错误视图函数views.error_view。其中，第15~18行代码通过if条件语句判断参数p的布尔值，选择是使用HttpResponse()方法，还是HttpResponseNotFound()方法返回信息。

下面，通过FireFox浏览器测试一下ErrorView返回错误视图应用。首先，通过Django服务器运行ViewDjango项目应用，并在浏览器中输入ErrorView应用默认路由地址"http://localhost:8000/error/"，结果如图4.6所示。

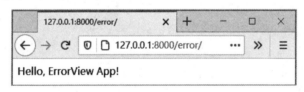

图 4.6　ErrorView 应用默认路由

然后，在浏览器中输入ErrorView应用返回错误视图的路由地址"error/pagenotfound/1/"（注意，增加了整型路由参数1），结果如图4.7所示。打开路由地址"error/pagenotfound/1/"后，页面中显示了第16行代码通过HttpResponse()方法返回的信息。

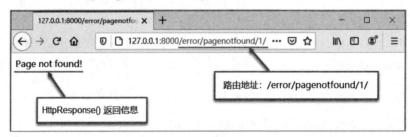

图 4.7　ErrorView 返回错误视图路由（1）

再通过FireFox浏览器控制台查看一下返回的HTTP状态码，结果如图4.8所示。HTTP状态码显示为"Status：200 OK"。

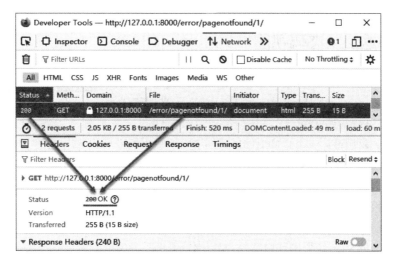

图 4.8　ErrorView 返回错误视图路由（2）

继续在浏览器中输入ErrorView应用返回错误视图的路由地址"error/pagenotfound/0/"（注意，整型路由参数更改为0），结果如图4.9所示。打开路由地址"error/pagenotfound/0/"后，页面中显示了第18行代码通过HttpResponseNotFound()方法返回的信息。

图 4.9　ErrorView 返回错误视图路由（3）

再通过FireFox浏览器控制台查看一下返回的HTTP状态码，结果如图4.10所示。HTTP状态码显示为"Status：404 Not Found"，这说明HttpResponseNotFound子类直接返回了HTTP 404错误。

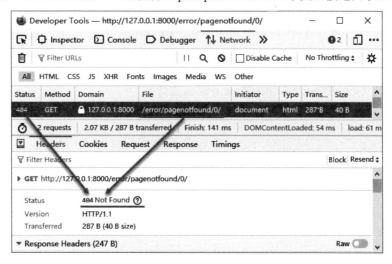

图 4.10　ErrorView 返回错误视图路由（4）

4.3.4 直接返回状态码视图

在Django框架中，还支持直接返回HTTP状态码的操作。可以通过向HttpResponse子类的构造器传递HTTP状态码来创建任何想要的HTTP状态码的返回类。

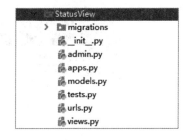

在本小节中，我们设计一个直接返回HTTP状态码视图的应用，用来模拟返回任意HTTP状态码。

首先，将直接返回状态码视图函数应用的名称定义为StatusView，文件结构如图4.11所示。

然后，重新定义ViewDjango项目根目录下的路由文件urls.py，实现到StatusView应用的路由路径，具体代码如下：

图 4.11 StatusView 直接返回
状态码视图应用的结构

【代码4-28】（ViewDjango\ViewDjango\urls.py文件）

```
01  # ---  root urls.py  ---#
02
03  from django.contrib import admin
04  from django.urls import include, path
05
06  # define URLconf
07  urlpatterns = [
08      path('simple/', include('SimpleView.urls')),
09      path('error/', include('ErrorView.urls')),
10      path('status/', include('StatusView.urls')),
11      path('admin/', admin.site.urls),
12  ]
```

【代码分析】

在第07～12行代码中，重新定义了ViewDjango项目应用的根URLconf模块。详细说明如下：

- 在第10行代码中，通过path()函数新增了一个路由路径status/，该路径对应通过include方式包括的StatusView应用的URLconf模块StatusView.urls。

接下来，定义StatusView应用目录中的路由文件urls.py，具体代码如下：

【代码4-29】（ViewDjango\StatusView\urls.py文件）

```
01  #---  StatusView urls.py  ---#
02
03  from django.urls import include, path
04  from . import views
05
06  # define URLConf
07  urlpatterns = [
08      path("", views.index, name='index'),
09      path("statuscode/<int:scode>/", views.status_code_view),
10  ]
```

【代码分析】

在第07～10行代码中，定义了StatusView应用的URLconf模块。详细说明如下：

- 在第08行代码中，通过path()函数将StatusView应用的默认路径""""解析为视图函数 views.index。
- 在第09行代码中，通过path()函数将路径"statuscode/<int:scode>/"解析为视图函数 views.status_code_view。其中，添加了一个路由参数<int:scode>，参数值scode用于选择不 同的视图返回值。

最后，定义StatusView应用中的视图函数文件views.py，具体代码如下：

【代码4-30】（ViewDjango\StatusView\views.py文件）

```
01  #---   StatusView views.py   ---#
02
03  from django.http import HttpResponse
04  from django.shortcuts import render
05
06  # 在此处创建视图
07
08  # 默认视图
09  def index(request):
10      return HttpResponse("Hello, StatusView App!")
11
12  # 状态码视图
13  def status_code_view(request, scode):
14      print("status coce : ", scode)
15      # 返回一个HTTP响应码
16      return HttpResponse(status=scode)
```

【代码分析】

在第09、10行代码中，定义了默认视图函数views.index。

在第13～16行代码中，定义了直接返回状态码的视图函数views.status_code_view。其中，第16 行代码通过在HttpResponse()方法中添加参数status=scode，直接将通过URL传递过来的HTTP状态码 scode返回。

下面，通过FireFox浏览器测试一下StatusView直接返回状态码视图应用。首先，通过Django 服务器运行ViewDjango项目应用，并在浏览器中输入StatusView应用默认路由地址 "http://localhost:8000/status/"，结果如图4.12所示。

图 4.12　StatusView 应用默认路由

然后，在浏览器中输入StatusView应用直接返回状态码视图的路由地址"status/statuscode/201/"， （注意，增加了整型路由参数201），如图4.13所示。

图 4.13　StatusView 直接返回状态码视图路由（1）

打开路由地址"status/statuscode/201/"后，再通过FireFox浏览器控制台查看一下返回的HTTP状态码，结果如图4.14所示。HTTP状态码显示为"Status：201 Created"，状态码201与URL地址中输入的数值是对应的。

图 4.14　StatusView 直接返回状态码视图路由（2）

如果觉得状态码201比较常见，不具备一定的代表性，那么我们尝试在浏览器中输入路由地址"status/statuscode/250/"（注意，这里的整型路由参数250不是常见的HTTP状态码），结果如图4.15所示。

图 4.15　StatusView 直接返回状态码视图路由（3）

打开路由地址"status/statuscode/250/"后，再通过FireFox浏览器控制台查看一下返回的HTTP状态码，结果如图4.16所示。HTTP状态码显示为"Status：250 Unknown Status Code"，状态码250与URL地址中输入的数值是对应的，并且还提示了该状态码为未知（无预定义）的HTTP状态码。

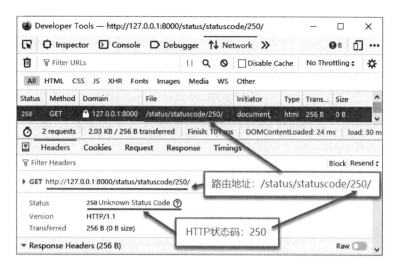

图 4.16　StatusView 直接返回状态码视图路由（4）

4.3.5　HTTP 404 异常视图

在Django框架中，当返回错误（如：HttpResponseNotFound）时，一般需要定义错误页面的HTML模板。为了方便设计人员开发，Django框架内置了Http404异常（仅定义了该异常，没有类似Http400、Http403等的异常）。

假如Django代码在视图的任意一个地方引发了Http404异常，那么Django框架就会捕捉到该异常，并且返回标准的错误页面（连同HTTP错误状态代码404）。不过要记住，只有在Django项目设置中将DEBUG参数设置为FALSE才能实现上述功能，DEBUG参数默认是设置为TRUE的。

在本小节中，我们设计一个Http404异常视图的应用，用来实现HTTP 404错误的异常捕捉。

首先，将Http404异常视图应用的名称定义为Http404View，具体文件结构如图4.17所示。然后，重新定义ViewDjango项目根目录下的路由文件urls.py，实现到Http404View应用的路由路径，具体代码如下：

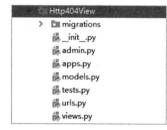

图 4.17　Http404View 异常视图应用的结构

【代码4-31】（ViewDjango\ViewDjango\urls.py文件）

```
01  # ---  root urls.py  ---#
02
03  from django.contrib import admin
04  from django.urls import include, path
05
06  # 定义URLconf
07  urlpatterns = [
08      path('simple/', include('SimpleView.urls')),
09      path('error/', include('ErrorView.urls')),
10      path('status/', include('StatusView.urls')),
11      path('http404/', include('Http404View.urls')),
```

```
12      path('admin/', admin.site.urls),
13  ]
```

【代码分析】

在第07～13行代码中，重新定义了ViewDjango项目应用的根URLconf模块。详细说明如下：

- 在第11行代码中，通过path()函数新增了一个路由路径"http404/"，该路径对应通过include方式包括的Http404View应用的URLconf模块Http404View.urls。

接下来，定义Http404View应用目录中的路由文件urls.py，具体代码如下：

【代码4-32】（ViewDjango\Http404View\urls.py文件）

```
01  #---   Http404View urls.py   ---#
02
03  from django.urls import include, path
04  from . import views
05
06  # define URLconf
07  urlpatterns = [
08      path("", views.index, name='index'),
09      path("zeroexp/", views.zero_exp),
10  ]
```

【代码分析】

在第07～10行代码中，定义了Http404View应用的URLconf模块。详细说明如下：

- 在第08行代码中，通过path()函数将Http404View应用的默认路径（""）解析为视图函数views.index。
- 在第09行代码中，通过path()函数将路径"zeroexp/"解析为视图函数views.zero_exp。

最后，定义Http404View应用中视图函数文件，具体代码如下：

【代码4-33】（ViewDjango\Http404View\views.py文件）

```
01  #---   Http404View views.py   ---#
02
03  from django.http import HttpResponse
04  from django.http import Http404
05  from django.shortcuts import render
06
07  # 创建默认视图
08
09  # 默认视图
10  def index(request):
11      return HttpResponse("Hello, Http404View App!")
12
13  # 视图
14  def zero_exp(request):
15    try:
16        r = 1 / 0
17    except:
```

```
18          raise Http404("1 / 0 does not exist")        # 注意是raise, 不是return
19      return render(request, 'template/arithm.html', {'r': r})
```

【代码分析】

在第04行代码中，导入了Http404模块。

在第10、11行代码中，定义了默认的视图函数views.index。

在第14～19行代码中，定义了直接返回状态码的视图函数views.zero_exp。详细说明如下：

- 在第15～18行代码中，通过try…except…语句块尝试捕获异常。其中，第16行代码定义了一个"除0"算术异常，第18行代码通过raise语句（注意不是return语句）触发Http404异常。

- 在第19行代码中，通过render()方法将参数r导向了HTML模板（arithm.html）页面。

下面，通过FireFox浏览器测试一下Http404异常视图应用。首先，通过Django服务器运行ViewDjango项目应用，并在浏览器中输入Http404View应用默认路由地址"http://localhost:8000/http404/"，结果如图4.18所示。

图 4.18　Http404View 应用默认路由

然后，在浏览器中输入Http404View应用异常视图的路由地址"http404/zeroexp/"，结果如图4.19所示。页面中显示出了第18行代码中通过Http404()方法定义的异常信息。

图 4.19　Http404View 异常视图路由（1）

不过，图4.19中显示的是调试信息，主要在开发阶段中使用。如果想显示标准的404错误页面，需要在Django项目设置中将DEBUG参数设置为FALSE，运行效果如图4.20所示。

实际上，当通过raise语句触发了Http404异常后，会执行下面的流程：

（1）Django 框架会读取 django.conf.urls.handler404 的值，默认为 django.views.defaults. page_not_found()视图。

（2）执行page_not_found()视图。

图 4.20　Http404View 异常视图路由（2）

（3）判断是否自定义了 404.html，如果有则输出该 HTML 文件。

（4）如果没有，则输出默认的 404 提示信息。

上面的流程就给设计人员留下了两个可以自定义 404 页面的钩子：

- 第 1 个是在 urls 中重新指定 handler404 的值，也就是用哪个视图来处理 404 页面。
- 第 2 个是在 page_not_found() 视图中使用自定义的 404.html。

上面的两种方式，一个是自定义处理视图，另一个是自定义展示 404 页面。自定义的 404.html 页面应当位于模板引擎可以搜索到的路径中。

4.3.6　自定义错误页面

在 Django 框架中，当找不到与请求匹配的 URL 路由地址时，或者当抛出一个异常时，将会调用一个错误处理视图。Django 框架默认自带的错误视图包括 400、403、404 和 500，分别表示请求错误、拒绝服务、页面不存在和服务器错误。

这几个错误视图分别位于 Django 框架的如下位置：

- handler400：django.conf.urls.handler400。
- handler403：django.conf.urls.handler403。
- handler404：django.conf.urls.handler404。
- handler500：django.conf.urls.handler500。

这几个错误视图又分别对应下面的内置视图：

- handler400：django.views.defaults.bad_request()。
- handler403：django.views.defaults.permission_denied()。
- handler404：django.views.defaults.page_not_found()。
- handler500：django.views.defaults.server_error()。

设计人员可以在根 URLconf 模块中设置上面这些错误视图。注意，在其他二级应用内部的 URLconf 模块中设置这些变量是无效的。

在Django框架中其实定义了内置的HTML模板，用于返回错误页面给用户，但是这些403、404页面不够美观，通常设计人员会根据项目需要自定义错误页面。示例如下：

首先，在根URLconf模块中额外增加一组handler对象，并依次导入views视图模块，代码如下：

【代码4-34】（项目的根urls.py文件）

```
01  #---   root urls.py   ---#
02
03  from django.contrib import admin
04  from django.urls import path
05  from app import views
06
07  urlpatterns = [
08      path('admin/', admin.site.urls),
09  ]
10
11  # add handlerxxx to views
12  handler400 = views.bad_request
13  handler403 = views.permission_denied
14  handler404 = views.page_not_found
15  handler500 = views.error
```

【代码分析】

在第12～15行代码中，添加了一组handler对象，分别为handler400、handler403、handler404和handler500，并依次导入相对应的视图函数 views.bad_request、views.permission_denied、views.page_not_found和views.error。

然后，在相应的应用视图文件app/views.py中，依次增加相对应的视图处理函数，代码如下：

【代码4-35】（app/views.py文件）

```
01  #---   app views.py   ---#
02
03  from django.shortcuts import render
04  from django.views.decorators.csrf import requires_csrf_token
05
06  @requires_csrf_token
07  def bad_request(request, exception):
08      return render(request, '400.html')
09
10  @requires_csrf_token
11  def permission_denied(request, exception):
12      return render(request, '403.html')
13
14  @requires_csrf_token
15  def page_not_found(request, exception):
16      return render(request, '404.html')
17
18  @requires_csrf_token
19  def error(request):
20      return render(request, '500.html')
```

【代码分析】

在第06～08行、第10～12行、第14～16行和第18～20行代码中，分别实现了视图函数bad_request、permission_denied、page_not_found和error，并指向了各自的HTML模板文件400.html、403.html、404.html和500.html。

设计人员根据项目的实际需求，分别创建对应的HTML页面文件（400.html、403.html、404.html和500.html）即可。另外，要注意HTML模板文件的引用方式和视图文件的放置位置等。

在Django项目开发中，只有当项目配置文件的DEBUG参数设置为False时，这些错误视图才会被自动使用；而当DEBUG参数设置为True时（表示开发模式），Django框架会展示详细的错误信息页面，而不是有针对性的错误页面（这点可以参考上一小节中应用实例的测试结果）。

4.3.7　异步视图

在Django框架最新的v3.1版本中，已经开始支持异步视图函数的开发了。编写异步视图代码，只需要用Python语言中的async def关键字语法即可，Django框架将自动探测和运行视图在同一个异步上下文环境中。

另外，为了让Django异步视图发挥其性能优势，设计人员需要启动一个基于ASGI的异步服务器。Django v3.0+ 版本的框架默认已经配置好了基于ASGI的异步功能。

简单的异步视图示例代码如下：

【代码4-36】（ViewDjango\AsyncView\views.py文件）

```
01  #---   AsyncView views.py   ---#
02
03  from django.http import HttpResponse
04  from django.shortcuts import render
05
06  # 在此处创建视图
07
08  # 异步视图
09  async def async_current_datetime(request):
10      now = datetime.datetime.now()
11      html = "<html><body>It is now %s.</body></html>" % now
12      return HttpResponse(html)
```

【代码分析】

在第09～12行代码中，定义了异步视图函数async_current_datetime。这个异步函数与普通函数的定义方法基本一致，关键是在通过def定义函数之前，通过async关键字来声明该函数为异步视图函数。

另外，关于异步函数还要说明以下6点：

（1）异步功能同时支持WSGI（同步）和ASGI（异步）模式。

（2）在WSGI模式下，使用异步功能会有性能损失。

（3）可以混用异步/同步视图或中间件，Django框架会自动处理其上下文。

（4）建议主要使用同步模式，在有特殊需求的场景才使用异步功能。

（5）对于Django框架的ORM系统、缓存层和其他的一些需要长时间进行网络IO调用的代码，目前依然不支持异步访问，在未来的Django版本中将会逐步实现支持。

（6）异步功能不会影响同步代码的执行速度，也不会对目前已有的项目产生明显的影响。

4.4　快 捷 函 数

本节主要介绍Django框架视图层中快捷函数的内容，包括其基本概念、重定向及参数介绍等方面。快捷函数也是基于Django框架进行视图层开发的基础。

4.4.1　快捷函数介绍

所谓快捷函数（shortcuts），其实是内置于Django框架中django.shortcuts模块的一组方便快捷的类和方法。因为其方便快捷的特性，快捷函数在实际开发中的使用频率是非常高的。

快捷函数主要包括以下方法：

- render()方法：用于渲染视图。
- redirect()方法：用于重定向视图。
- get_object_or_404()方法：用于查询指定对象，根据查询结果选择继续执行或返回404页面。
- get_list_or_404()方法：get_object_or_404()方法的多值列表版本。

4.4.2　render()快捷函数

在本小节中，我们主要介绍render()快捷函数的使用方法，包括其语法和实例应用。

方法名称：render()。

功能描述：结合一个给定的模板和一个给定的上下文字典，返回一个渲染后的HttpResponse对象。

语法格式：render(request, template_name, context=None, content_type=None, status=None, using=None)。

必需参数：

- request：视图函数正在处理的当前请求，封装了请求头（Header）的所有数据，其实就是视图请求参数。
- template_name：视图要使用的模板的完整名称或者模板名称的列表。如果是一个列表，将使用其中能够查找到的第一个模板。

可选参数：

- context：将要添加到模板上下文中的字典类型值。默认情况下，这是一个空的字典值。如果字典中的值是可调用的，则视图将在渲染模板之前调用该参数。

- content_type：用于结果文档的MIME类型值，默认设置为"text/html"。具体设置方法为"DEFAULT_CONTENT_TYPE=需要设置的值"。
- status：响应的状态代码，默认值为"200"。
- using：用于加载模板的模板引擎名称。

关于render()快捷函数的使用方法，可参考下面的使用MIME类型定义模板的代码实例。

【代码4-37】

```
01  from django.shortcuts import render
02
03  def my_view(request):
04      # 此处是视图码
05      return render(
06          request,
07          'app/index.html',
08          {
09              'foo': 'bar',
10          },
11          content_type='application/xhtml+xml'
12      )
```

【代码分析】

在第01行代码中，通过调用django.shortcuts模块（快捷函数）导入了render对象。

在第05～11行代码中，通过调用render()方法返回了一个渲染后的HttpResponse对象。详细说明如下：

- 在第06行代码中，定义了视图函数的请求参数request。
- 在第07行代码中，定义了视图模板名称app/index.html。
- 在第08～10行代码中，定义了视图模板上下文中的字典类型值'foo': 'bar'。
- 在第11行代码中，定义了用于结果文档的MIME类型值content_type='application/xhtml+xml'。

其实，【代码4-37】中使用render()快捷函数所实现的功能，相当于替代了传统方式中使用HttpResponse对象的方法。下面，我们通过HttpResponse对象来实现相同的功能，具体代码如下：

【代码4-38】

```
01  from django.http import HttpResponse
02  from django.template import loader
03
04  def my_view(request):
05      # 此处是视图码
06      v_template = loader.get_template('app/index.html')
07      v_content = {'foo': 'bar'}
08      return HttpResponse(
09          v_template.render(v_content, request),
10          content_type='application/xhtml+xml'
11      )
```

【代码分析】

在第06行代码中，定义了视图模板名称app/index.html。

在第07行代码中，定义了视图模板上下文中的字典类型值'foo': 'bar'。

在第08～11行代码中，通过返回HttpResponse对象实现了与【代码4-37】相同的功能。

4.4.3 redirect()快捷函数

在本小节中，我们主要介绍redirect()快捷函数的使用方法，包括其语法和实例应用。

方法名称： redirect()。

功能描述： 返回一个HttpResponseRedirect对象，并通过传递参数到适当的URL地址上。

语法格式： redirect(to, *args, permanent=False, **kwargs)。

传递的参数：

- 一个模型：通过模型对象的get_absolute_url()函数进行调用。
- 一个视图名称（可能带有参数）：通过reverse()方法来进行反向解析的名称。
- 一个目前将要被重定向位置的绝对或相对URL地址。

提示　默认情况下（permanent=False），该方法定义一个临时的重定向操作；而当定义参数permanent=True后，该方法定义一个永久的重定向操作。

关于redirect()快捷函数的使用方法，可参考下面几个代码实例。

（1）通过在一些模型对象上调用get_absolute_url()方法，获得重定向的URL地址，代码如下：

【代码4-39】

```
01  from django.shortcuts import redirect
02
03  def my_view(request):
04      # 调用对象的get_absolute_url()方法
05      obj = MyModel.objects.get_absolute_url(...)
06      return redirect(obj)
```

【代码分析】

在第05行代码中，通过在模型对象obj上调用get_absolute_url()方法，获得重定向的URL地址。

在第06行代码中，通过调用redirect()方法返回重定向地址对象。

（2）通过视图的名称和一些可选的关键字参数，结合reverse()方法反向解析URL重定向地址，代码如下：

【代码4-40】

```
01  def my_view(request):
02      # 通过视图名称和一些参数返回重定向URL
03      return redirect('some-view-name', foo='bar')
```

【代码分析】

在第03行代码中，通过视图名称some-view-name和参数foo = 'bar'，调用redirect()方法返回重定向地址对象。

（3）通过硬编码绝对URL地址返回重定向的URL地址，代码如下：

【代码4-41】

```
01  def my_view(request):
02      # 通过硬编码返回重定向URL
03      return redirect('https://www.redirect-url.com/')
```

【代码分析】

在第03行代码中，通过硬编码绝对URL地址（https://www.redirect-url.com/），调用redirect()方法返回重定向地址对象。

（4）通过硬编码相对URL地址，返回重定向的URL地址，代码如下：

【代码4-42】

```
01  def my_view(request):
02      # 通过硬编码返回重定向URL
03      return redirect('/page/content/detail/')
```

【代码分析】

在第03行代码中，通过硬编码相对URL地址（/page/content/detail/），调用redirect()方法返回重定向地址对象。

另外，redirect()方法默认返回一个临时的重定向地址。上面的几个代码示例均返回一个临时的重定向地址，如果想返回一个永久的重定向地址，则需要设置参数permanent=True，示例代码如下：

【代码4-43】

```
01  from django.shortcuts import redirect
02
03  def my_view(request):
04      # 调用对象的get_absolute_url()方法
05      obj = MyModel.objects.get_absolute_url(...)
06      return redirect(obj, permanent=True)
```

【代码分析】

在第06行代码中，通过定义参数permanent=True，调用redirect()方法返回一个永久的重定向地址对象。

4.4.4 get_object_or_404()快捷函数

在本小节中，我们主要介绍get_object_or_404()快捷函数的使用方法，包括其语法和实例应用。

方法名称：get_object_or_404()。

功能描述：在一个给定的模型管理对象上调用get()方法，同时该方法会通过触发Http404异常来替代模型的DoesNotExist异常。

语法格式：get_object_or_404(klass, *args, **kwargs)。

必需参数：

- klass：通过对象获取的一个模型类、一个管理对象或者一个QuerySet对象实例。
- **kwargs：定义查询参数，格式必须是get()方法和filter()方法所能接收的。

在下面的代码实例【代码4-44】中，通过get_object_or_404()方法获取MyModel模型中主键（pk=1）的对象。

【代码4-44】

```
01  from django.shortcuts import get_object_or_404
02
03  def my_view(request):
04      # get_object_or_404()
05      obj = get_object_or_404(MyModel, pk=1)
```

【代码分析】

在第05行代码中，通过调用get_object_or_404()方法，获取了MyModel模型中主键（pk=1）的对象。

【代码4-44】的功能等同于下面的代码实例【代码4-45】。

【代码4-45】

```
01  from django.http import Http404
02
03  def my_view(request):
04      try:
05          obj = MyModel.objects.get(pk=1)
06      except MyModel.DoesNotExist:
07          raise Http404("No MyModel matches the given query.")
```

【代码分析】

在第05行代码中，通过调用get()方法获取了MyModel模型中主键（pk=1）的对象。

在第07行代码中，通过raise操作触发了Http404异常。

另外，还可以通过QuerySet对象实例来调用get_object_or_404()方法，获取指定的模型对象，代码示例如下：

【代码4-46】

```
01  queryset = MyModel.objects.filter(title__startswith='M')
02  get_object_or_404(queryset, pk=1)
```

【代码分析】

在第01行代码中，通过在MyModel对象上调用filter()方法，获取了queryset查询结果。

在第02行代码中，借助queryset对象来调用get_object_or_404()方法，获取了MyModel模型中主键（pk=1）的对象。

上面【代码4-46】的功能等同于下面的代码实例【代码4-47】。

【代码4-47】

```
01 get_object_or_404(MyModel, title__startswith='M', pk=1)
```

【代码分析】

在第01行代码中，先定义了MyModel对象、title__startswith='M'和pk=1参数，然后通过调用get_object_or_404()方法获取了指定的对象。

此外，还可以使用管理对象来调用get_object_or_404()方法，从而获取指定的模型对象，代码示例如下：

【代码4-48】

```
01 get_object_or_404(MyModel, title_startswith='M', pk=1)
```

【代码分析】

在第01行代码中，先定义了MyModel对象、title_startswith='M'和pk=1这两个参数，然后调用get_object_or_404()方法获取了指定的对象。

最后，可以使用关联管理对象来调用get_object_or_404()方法，从而获取指定的模型对象，代码示例如下：

【代码4-49】

```
01 author = Author.objects.get(name='King Martin')
02 get_object_or_404(author.book_set, title='Dream-is-dream')
```

【代码分析】

在第01行代码中，通过Author对象的get()方法获取了name='King Martin'的对象author。

在第02行代码中，先定义了author.book_set和title='Dream-is-dream'参数，然后调用get_object_or_404()方法获取了指定的对象。

4.4.5 get_list_or_404()快捷函数

在本小节中，我们主要介绍get_list_or_404()快捷函数的使用方法，包括其语法和实例应用。

方法名称：get_list_or_404()。

功能描述：获取在一个给定的模型管理对象上通过调用filter()方法返回的结果，当列表为空时会触发Http404异常。

语法格式：get_list_or_404(klass, *args, **kwargs)。

必需参数：

- klass：通过列表获取的一个模型类、一个管理对象或者一个QuerySet对象实例。
- **kwargs：定义查询参数，格式必须是get()方法和filter()方法所能接收的。

在下面的代码实例【代码4-50】中，通过get_list_or_404()方法获取MyModel模型中published字段为True的对象列表。

【代码4-50】

```
01  from django.shortcuts import get_list_or_404
02
03  def my_view(request):
04      # get_list_or_404()
05      objs = get_list_or_404(MyModel, published=True)
```

【代码分析】

在第05行代码中，通过调用get_list_or_404()方法，获取了MyModel模型中published=True的对象列表。

上面【代码4-50】的功能等同于下面的代码实例【代码4-51】。

【代码4-51】

```
01  from django.http import Http404
02
03  def my_view(request):
04      objs = list(MyModel.objects.filter(published=True))
05      if not objs:
06          raise Http404("No MyModel matches the given query.")
```

【代码分析】

在第04行代码中，通过调用filter()方法获取了MyModel模型中published=True的全部对象，并通过list()方法返回了对象列表objs。

在第05、06行代码中，通过raise操作触发了Http404异常。

4.5　视图装饰器

本节主要介绍Django框架视图层中装饰器的内容。视图装饰器用来对视图函数进行相关的控制操作，实现了对各种HTTP特性的支持功能。

4.5.1　允许 HTTP 方法

在Django框架中，位于django.views.decorators.http模块的装饰器被用来限制可以访问该视图的HTTP请求方法。如果请求的HTTP方法不是指定的方法之一，则返回django.http.HttpResponseNotAllowed响应。

装饰器语法：require_http_methods(request_method_list)。

功能描述：获取该视图仅能接收的独特请求方式。

关于require_http_methods()装饰器的使用方法，可参考下面的代码实例。

【代码4-52】

```
01  from django.views.decorators.http import require_http_methods
02
03  # 请求方法应该是大写
04  @require_http_methods(["GET", "POST"])
05  def my_view(request):
06      # 现在可以假设只有GET或POST请求才能到达这里
07      # ...
08      pass
```

【代码分析】

在第01行代码中，通过调用django.views.decorators.http模块（装饰器）导入了require_http_methods对象。

在第04行代码中，通过注入字符@拼接require_http_methods对象的操作，定义了请求方式参数"["GET", "POST"]"。注意，请求方式参数必须为大写字母。

在第05～08行代码中，定义了一个视图方法my_view()。由于第04行代码中注入语法的定义，只有GET请求方式和POST请求方式可以访问该视图方法。

此外，在django.views.decorators.http模块中还定义了几个关于装饰器require_http_methods()方法的简化版本，具体说明如下：

1）require_GET()方法

该方法是require_http_methods()的简化版本，功能上只允许GET请求方式的访问。在django.views.decorators.http模块中定义。

2）require_POST()方法

该方法是require_http_methods()的简化版本，功能上只允许POST请求方式的访问。在django.views.decorators.http模块中定义。

3）require_safe()方法

该方法只允许安全的请求类型，也就是GET请求方式和HEAD请求方式的访问。在django.views.decorators.http模块中定义。

4.5.2 gzip_page()方法

在浏览器支持的情况下，gzip_page()装饰器方法用于对视图的响应内容进行gzip视图压缩，该方法在django.views.decorators.gzip模块中定义。

装饰器语法：gzip_page()。

功能描述：该方法依据不同的响应头（header）进行缓存设置，从而保证基于在Accept-Encoding响应头上的存储。

4.5.3　其他装饰器

1. Vary headers装饰器

Vary headers 装 饰 器 用 于 控 制 基 于 特 定 请 求 头 （ header ） 上 的 缓 存 ， 该 方 法 在 django.views.decorators.vary模块中定义。具体包括以下两个方法：

装饰器语法：vary_on_cookie(func)。
装饰器语法：vary_on_headers(*headers)。

2. Caching装饰器

Caching装饰器用于控制服务器端和客户端上的缓存，该方法在django.views.decorators.cache模块中定义。具体包括以下两个方法：

装饰器语法：cache_control(**kwargs)。
该装饰器方法通过添加关键字参数来弥补HTTP响应的Cache-Control请求头。

装饰器语法：never_cache(view_func)。
该装饰器方法通过为Cache-Control请求头添加一组参数（max-age=0, no-cache, no-store, must-revalidate, private），来表明视图页面永远不会被缓存。

3. Conditional view processing装饰器

Conditional view processing装饰器用于控制特定视图函数上的缓存行为，该方法在 django.views.decorators.cache模块中定义。具体包括以下3个方法：

装饰器语法：condition(etag_func=None, last_modified_func=None)。
装饰器语法：etag(etag_func)。
装饰器语法：last_modified(last_modified_func)。

4.6　内　置　视　图

本节主要介绍Django框架视图层中内置视图的内容，包括serve视图文件和错误视图等方面。内置视图是基于Django框架进行视图层开发的基础。

4.6.1　serve 视图文件

在Django项目的开发阶段，有时可能会需要项目自身静态资源之外一些文件，为了方便本地开发，就要用到serve视图文件的功能了。serve视图文件的优势就是它支持在服务器端的任何目录中使用文件。注意，serve视图文件仅在项目开发阶段的服务器中有效，而在项目发布后就无效了，因为此时使用的是真实的Web服务器。

serve视图文件的语法如下：

```
static.serve(request, path, document_root, show_indexes=False)
```

参数说明：

- request：HTTP请求。
- path：路径。
- document_root：Web项目的根目录（绝对路径）。
- show_indexes=False：显示索引设置。

在Django框架中，django.contrib.staticfiles模块适用于上传静态资源文件，而不适用于上传服务器内置处理文件。这时，通过serve视图文件在URLconf模块中配置MEDIA_ROOT参数就可以解决上述问题。

【代码4-52】演示的是serve视图文件的使用方法，通过在URLconf模块配置MEDIA_ROOT参数实现服务器内置资源上传功能，具体代码如下：

【代码4-53】

```
01  from django.conf import settings
02  from django.urls import re_path
03  from django.views.static import serve
04
05  # ... URLconf的其余部分在这里 ...
06
07  if settings.DEBUG:
08      urlpatterns += [
09          re_path(
10              r'^media/(?P<path>.*)$',
11              serve,
12              {
13                  'document_root': settings.MEDIA_ROOT,
14              }
15          ),
16      ]
```

【代码分析】

在第01行代码中，通过调用django.conf模块导入了settings对象。

在第02行代码中，通过调用django.urls模块导入了re_path对象。

在第03行代码中，通过调用django.views.static模块导入了serve对象。

在第07行代码中，通过settings对象的DEBUG参数来判断当前项目是否处于开发调试阶段。

在第08～16行代码中，通过调用re_path()方法补充定义了urlpatterns对象参数的内容。具体说明如下：

- 在第10行代码，假定MEDIA_URL参数值为'/media/'。
- 在第11行代码，调用了serve()视图。
- 在第12～14行代码，通过调用settings对象中的MEDIA_ROOT参数（settings.MEDIA_ROOT），定义了项目路径document_root。

4.6.2　HTTP 404 错误视图

Django框架为设计人员内置了一组用户自定义错误视图,其中最常用的就是HTTP 404错误(简称404错误)视图。所谓404错误,就是文件未发现(page not found)错误,是一种最常见的HTTP请求错误。

404错误视图的语法如下:

```
defaults.page_not_found(request, exception, template_name='404.html')
```

参数说明:

- request: HTTP请求。
- exception: HTTP异常。
- template_name: HTML模板路径设置(设计人员可以进行自定义)。

在Django框架中,当在视图中通过raise操作触发404错误时,框架后台会加载一个特定的视图来处理404错误。默认该特定的视图为django.views.defaults模块中的page_not_found()视图。page_not_found()视图同时会产生一个"Not Found"消息,并加载404.html模板页面(前提是已经在项目的根模板目录中配置了该页面)。

默认的404错误视图将传递两个参数给模板:第1个参数request_path是通过URL地址导致的错误;第2个参数exception是通过异常触发的错误视图(例如:将任意信息传递给一个特定的404实例)。

关于404错误视图还有以下3点说明:

- 当Django框架通过URLconf模块定义正则表达式查询后,如果没有找到一个匹配的视图,就会自动调用404错误视图。
- 404错误视图被用来传递一个RequestContext对象和利用模板上下文提供的变量(例如MEDIA_URL)。
- 当DEBUG参数被设置为True时,404错误视图将永远不会被使用;同时,404错误视图将被URLconf模块替代,显示一些相关的调试信息。

4.6.3　HTTP 500 错误视图

所谓HTTP 500错误(简称505错误),就是服务器错误(server error),这也是一种常见的HTTP请求错误。

500错误视图的语法如下:

```
defaults.server_error(request, template_name='500.html')
```

参数说明:

- request: HTTP请求。
- template_name: HTML模板路径设置(设计人员可以进行自定义)。

同样地,在执行视图代码过程中,当Django框架遇到运行时错误(runtime errors)时,会执行特定情况行为。如果一个视图在一个异常中,Django框架默认会调用django.views.defaults模块中的

server_error()视图，该视图会产生一个"Server Error"消息并加载500.html模板页面（前提是在项目中配置了根模板路径目录）。

默认的500错误视图是不传递任何参数给500.html模板的，它会传递一个空的模板上下文环境预备给额外错误的出现。

此外，当DEBUG参数被设置为True时，500错误视图将永远不会被使用，它会向前回溯显示一些相关的调试信息。

4.6.4 HTTP 403 错误视图

Django框架的内置视图中，还定义了一个HTTP 403错误视图。所谓HTTP 403错误（简称403错误），就是服务器禁止（HTTP forbidden），这也是一种常见的HTTP请求错误。

403错误视图的语法如下：

```
defaults.permission_denied(request, exception, template_name='403.html')
```

参数说明：

- request：HTTP请求。
- exception：HTTP异常。
- template_name：HTML模板路径设置（设计人员可以进行自定义）。

403错误视图与404错误视图和500错误视图一样，Django框架内置了403错误视图去处理HTTP 403服务器禁止错误。假如有一个位于django.views.defaults模块中的视图导致了一个403异常错误，则Django框架默认调用permission_denied()服务器来拒绝访问该视图。这个服务器还会加载并渲染项目根模板目录中的403.html模板页面，如果该模板页面文件不存在，则会显示类似"403 Forbidden"的文本。

上述的django.views.defaults.permission_denied视图是由PermissionDenied异常触发的。如果打算在一个视图中去拒绝访问，可以使用类似如下的代码实例。

【代码4-54】

```
01  from django.core.exceptions import PermissionDenied
02
03  def edit(request, pk):
04    if not request.user.is_staff:
05      raise PermissionDenied
06    # ...
```

【代码分析】

在第01行代码中，通过调用django.core.exceptions模块导入了PermissionDenied对象。

在第04、05行代码中，通过if条件语句判断request对象中的user.is_staff是否存在，如果不存在，则通过raise操作触发PermissionDenied异常。

4.6.5　HTTP 400 错误视图

与HTTP 404错误视图类似的，还有一个就是HTTP 400错误视图。所谓HTTP 400错误（简称400错误），就是请求无效（bad request），这也是一种常见的HTTP请求错误。

400错误视图的语法如下：

```
defaults.bad_request(request, exception, template_name='400.html')
```

参数说明：

- request：HTTP请求。
- exception：HTTP异常。
- template_name：HTML模板路径设置（设计人员可以进行自定义）。

在Django框架中，当通过raise操作触发一个SuspiciousOperation异常时，这个异常可能会被Django框架的一个相关组件来处理（例如重置会话数据）。而如果这个异常没有被组件进行处理，那么Django框架会考虑将当前请求定义为一个无效请求，从而替代服务器错误异常。

在 Django 框 架 中， django.views.defaults.bad_request 视 图 类 似 于 前 面 介 绍 的 django.views.defaults.server_error()视图。如果返回HTTP 400错误状态码，则表明错误是由客户端请求引起的。默认情况下，在触发异常视图时，与之无关的信息是不会传递给模板上下文的，因为异常消息可能包含文件系统路径等敏感内容。

另外，bad_request视图只有在DEBUG参数设置为False时，才能够被Django框架使用。

4.7　请求与响应对象

本节主要介绍Django框架视图层中请求对象与响应对象，Django框架通过请求对象与响应对象来实现HTTP状态信息传递功能。请求与响应对象是Django框架中视图功能的核心。

4.7.1　概述

在Django框架中，是通过使用请求对象与响应对象来完成HTTP状态信息传递操作的。其中，请求对象通过HttpRequest类来定义，响应对象通过HttpResponse类来定义。

当服务器的一个视图页面被请求时，Django框架首先会创建一个包含元数据信息的HttpRequest对象。然后，Django框架在加载适当的视图函数时，会将HttpRequest对象作为该视图函数的第一个参数（request）进行传递。相应地，每一个视图负责返回一个HttpResponse对象作为响应。

另外，HttpRequest类和HttpResponse类均是在django.http模块中进行定义的。

4.7.2　请求对象

在Django框架中，HttpRequest对象是由HttpRequest类来定义的。HttpRequest对象是组成HTTP数据包的核心部件之一，其中包含了非常多的、十分重要的信息和数据。

　　每当一个客户端请求发送过来时，Django框架负责将HTTP数据包中的相关内容打包成为一个HttpRequest对象，并传递给相关视图函数作为第一位置参数（request）来调用。

　　HttpRequest类的属性有3类：由Django框架自身设置的属性、由应用代码设置的属性和由中间件设置的属性。

1. 由Django框架自身设置的属性

　　HttpRequest类的大部分属性均是只读（readonly）的，除非特别注明的属性。该类属性的详细内容介绍如下：

　　（1）HttpRequest.scheme：字符串类型，表示请求的协议种类，通常为"http"或"https"。

　　（2）HttpRequest.body：Bytes类型，表示原始HTTP请求的正文。该属性对于处理非HTML形式的数据（例如二进制图像、XML等）非常有用。注意，如果要处理常规的表单数据，应该使用下面将要介绍的HttpRequest.POST。

　　另外，还可以使用类似读写文件的方式从HttpRequest中读取数据，参见下面将要介绍的HttpRequest.read()。

　　（3）HttpRequest.path：字符串类型，表示当前请求页面的完整路径，但是不包括协议名和域名（例如"/article/authors/python/"）。

　　该属性非常有用，常用于在进行某项操作时，如果执行不通过就返回用户先前浏览的页面。

　　（4）HttpRequest.path_info：在某些Web服务器的配置中，主机名后的URL部分会被分成脚本前缀和路径信息这两个部分。path_info属性的作用是，不论使用的Web服务器是什么，该属性将始终包含路径信息部分。因此，使用该属性代替path可以保证代码在测试和开发环境中更容易地进行切换。

　　举例来讲，如果Web服务器配置中的WSGIScriptAlias参数设置为"/mydb"，那么当HttpRequest.path为"/article/authors/python/"时，HttpRequest.path_info则为"/mydb/article/authors/python/"。

　　（5）HttpRequest.method：字符串类型，表示请求使用的HTTP方法，默认为大写。具体使用方法如【代码4-55】所示。

【代码4-55】

```
01  if request.method == 'GET':
02      do_something()
03  elif request.method == 'POST':
04      do_something_else()
```

【代码分析】

　　通过HttpRequest对象的method属性判断请求的方法，然后根据请求方法的不同，在视图中执行不同的代码。

　　（6）HttpRequest.encoding：字符串类型，表示提交数据的编码方式（如果属性值为None，则表示使用DEFAULT_CHARSET设置）。

　　该属性是可写（编辑）的，可以通过修改该属性来改变表单数据的编码。另外，对于任何随后的属性访问（例如GET或POST），将会使用新的编码方式。

　　（7）HttpRequest.content_type：表示从CONTENT_TYPE头解析的请求的MIME类型。

（8）HttpRequest.content_params：包含在CONTENT_TYPE头标题中的键－值对参数字典。

（9）HttpRequest.GET：一个类似于字典的对象，包含GET请求中的所有参数。

举例来讲，在链接地址"http://example.com/?name=jack&age=18"中，"name=jack"和"age=18"就是字典对象类型的键－值对参数。

（10）HttpRequest.POST：包含所有POST表单数据的字典对象类型的键－值对参数。如果需要访问请求中的原始或非表单数据，可以使用HttpRequest.body属性。

注意，使用if条件语句通过判断"request.method=="POST""来甄别一个请求是否为POST类型，而不要直接使用request.POST进行判断。

此外，POST中不包含上传的文件数据。

（11）HttpRequest.COOKIES：该属性包含所有Cookie信息的字典，键－值对均为字符串。可以使用类似字典类型的方式在Cookie中读写数据。注意，Cookie是不安全的，因此不要写敏感重要的信息。

（12）HttpRequest.FILES：该属性为一个类似于字典的对象，包含所有上传的文件数据。HttpRequest.FILES中的每个键为"<input type="file" name="" />"中的name属性值，对应的每个值为一个UploadedFile对象。

在Django框架中，实现文件上传功能主要依靠该属性。如果请求方式是POST且请求的<form>中带有"enctype="multipart/form-data""属性，则HttpRequest.FILES属性将包含上传的文件数据；否则，HttpRequest.FILES将为一个空的类似于字典的对象，属于被忽略、无用的情形。

（13）HttpRequest.META：该属性为一个包含所有HTTP头部信息的字典。可用的头部信息取决于客户端和服务器，具体示例如下：

- CONTENT_LENGTH：请求正文的长度（以字符串计）。
- CONTENT_TYPE：请求正文的MIME类型。
- HTTP_ACCEPT：可接收的响应Content-Type。
- HTTP_ACCEPT_ENCODING：可接收的响应编码类型。
- HTTP_ACCEPT_LANGUAGE：可接收的响应语言种类。
- HTTP_HOST：客服端发送的HOST头部。
- HTTP_REFERER：Referring页面。
- HTTP_USER_AGENT：客户端的"user-agent"字符串。
- QUERY_STRING：查询字符串。
- REMOTE_ADDR：客户端的IP地址，可以获取客户端的IP信息。
- REMOTE_HOST：客户端的主机名。
- REMOTE_USER：服务器认证后的用户，前提是用户可用。
- REQUEST_METHOD：表示请求方式的字符串，例如"GET"或"POST"。
- SERVER_NAME：服务器的主机名。
- SERVER_PORT：服务器的端口（字符串）。

> 提示 以上介绍的是比较重要和比较常用的头部信息，完整详细的信息请参考官方文档。

根据上述内容可知，除CONTENT_LENGTH和CONTENT_TYPE之外，请求中的任何HTTP头部键在转换为META键时，都会将所有字母转为大写并将连接符替换为下画线最后加上"HTTP_"前缀。因此，一个叫作X-Bender的头部将转换成META中的HTTP_X_BENDER键。

（14）HttpRequest.headers：该属性是一个不区分大小写的、类似dict的对象，包含请求中HTTP头部的所有信息。

（15）HttpRequest.resolver_match：该属性用于对请求中的URL地址进行解析，获取一些相关的信息（例如namespace等）。

在视图中通过request.resolver_match.namespace的方式来访问。

1）由应用代码设置的属性

这类属性不由Django框架自身进行设置，而使用应用代码进行设置。该类属性的详细内容介绍如下：

（1）HttpRequest.current_app：该属性表示当前应用（app）的名字。在url模板标签中，将使用该属性值作为reverse()方法的current_app参数。

（2）HttpRequest.urlconf：该属性设置当前请求的根URLconf模块，用于指定不同的URL路由入口，这将覆盖settings配置中ROOT_URLCONF参数的设置。将该属性值修改为None，将可恢复对ROOT_URLCONF参数的设置。

（3）HttpRequest.exception_reporter_filter：该属性用于替代当前请求中的DEFAULT_EXCEPTION_REPORTER_FILTER。

（4）HttpRequest.exception_reporter_class：该属性用于替代当前请求中的DEFAULT_EXCEPTION_REPORTER。

2）由中间件设置的属性

这类属性是在Django框架中由contrib应用中包含的一些中间件在请求上设置的。如果在请求中没有看到这些属性，那么需确认正确的中间件类名是否在MIDDLEWARE列表中。该类属性的详细内容介绍如下：

（1）HttpRequest.session：该属性来自SessionMiddleware中间件，是一个可读写的、类似字典的对象，表示当前会话。如果要保存用户状态、回话过程等，需要的就是这个中间件和这个属性。

（2）HttpRequest.site：该属性来自CurrentSiteMiddleware中间件，是get_current_site()方法返回的Site对象或RequestSite对象的实例，代表当前具体站点。

另外，Django框架是支持多站点的。如果同时上线了几个站点，就需要为每个站点设置一个站点id。

（3）HttpRequest.user：该属性来自AuthenticationMiddleware中间件，表示当前登录的用户的AUTH_USER_MODEL实例。该模型是Django框架内置的Auth模块下的User模型。如果用户当前未登录，则user将被设置为AnonymousUser对象的实例。

在实际应用中，可以通过is_authenticated方法判断当前用户是否为合法用户，示例代码如下：

【代码4-56】

```
01  if request.user.is_authenticated:
02      ... # 为已登录用户执行某些操作
03  else:
04      ... # 为匿名用户执行某些操作
```

【代码分析】

通过HttpRequest对象中user属性的is_authenticated方法判断当前用户是否为合法用户，然后根据登录用户或匿名用户在视图中执行不同的代码。

2. 方法

（1）HttpRequest.get_host()方法：该方法返回根据HTTP_X_FORWARDED_HOST（前提是被允许）和HTTP_HOST头部信息获取的请求的原始主机。如果这两个头部信息没有提供相应的值，则使用SERVER_NAME和SERVER_PORT头部信息。

举例来讲，当主机位于多个代理的后面时，get_host()方法将会失败。解决办法之一就是使用中间件重写代理的头部，示例代码如下：

【代码4-57】

```
01  class MultipleProxyMiddleware:
02      FORWARDED_FOR_FIELDS = [
03          'HTTP_X_FORWARDED_FOR',
04          'HTTP_X_FORWARDED_HOST',
05          'HTTP_X_FORWARDED_SERVER',
06      ]
07
08      def __init__(self, get_response):
09          self.get_response = get_response
10
11      def __call__(self, request):
12          """
13          Rewrites the proxy headers so that only the most
14          recent proxy is used.
15          """
16          for field in self.FORWARDED_FOR_FIELDS:
17              if field in request.META:
18                  if ',' in request.META[field]:
19                      parts = request.META[field].split(',')
20                      request.META[field] = parts[-1].strip()
21          return self.get_response(request)
```

【代码分析】

这段代码中定义的中间件MultipleProxyMiddleware，将在其他中间件（从get_host()方法的返回值中获取的，例如CommonMiddleware中间件或CsrfViewMiddleware中间件）之前被定位。

（2）HttpRequest.get_port()方法：该方法使用META中的HTTP_X_FORWARDED_PORT（前提是被允许）和SERVER_PORT的信息返回请求的始发端口。

（3）HttpRequest.get_full_path()方法：该方法返回包含完整参数列表的路径path，例如"/article/authors/python/?print=true"。

（4）HttpRequest.build_absolute_uri(location)方法：该方法返回location的绝对URI形式。如果location没有提供，则使用request.get_full_path()方法获取的值。例如"https://example.com/article/authors/python/?print=true"。

> 🔧提示 一般不建议在同一站点上混合部署HTTP和HTTPS，如果需要将用户重定向到HTTPS，最好使用Web服务器将所有HTTP流量重定向到HTTPS。

（5）HttpRequest.get_signed_cookie(key,default=RAISE_ERROR,salt='',max_age=None)方法：该方法从已签名的Cookie中获取值，如果签名不合法则返回django.core.signing.BadSignature对象。其中，可选参数salt用来为密码提供额外保护，从而提高安全系数；max_age参数用于检查Cookie对应的时间戳是否超时。官方文档给出的应用实例如下：

```
>>> request.get_signed_cookie('name')
'Tony'
>>> request.get_signed_cookie('name', salt='name-salt')
'Tony' # 假设使用相同的salt设置了Cookie
>>> request.get_signed_cookie('non-existing-cookie')
...
KeyError: 'non-existing-cookie'
>>> request.get_signed_cookie('non-existing-cookie', False)
False
>>> request.get_signed_cookie('cookie-that-was-tampered-with')
...
BadSignature: ...
>>> request.get_signed_cookie('name', max_age=60)
...
SignatureExpired: Signature age 1677.3839159 > 60 seconds
>>> request.get_signed_cookie('name', False, max_age=60)
False
```

（6）HttpRequest.is_secure()方法：如果使用的是HTTPS，则该方法返回True，表示链接是安全的。

（7）HttpRequest.accepts(mime_type)方法：如果请求头部接收的类型匹配mime_type参数，则该方法返回True，否则返回False。该方法是Django v3.1版本的新增功能。官方文档给出的应用实例如下：

```
>>> request.accepts('text/html')
True
```

> 🔧提示 大多数浏览器默认的Accept头部信息设置为"Accept: */*"，也就是说使用上面的accepts方法进行测试，基本都会返回True。

（8）HttpRequest.read(size=None)方法、HttpRequest.readline()方法、HttpRequest.readlines()方法和HttpRequest.__iter__()方法：这4个方法都是从HttpRequest实例读取文件数据的方法，可以将HttpRequest实例直接传递到XML解析器。请看下面关于解析ElementTree（元素树）的代码实例。

【代码4-58】

```
01  import xml.etree.ElementTree as ET
02  for element in ET.iterparse(request):
03      process(element)
```

4.7.3　查询字典对象

在Django框架中，一个HttpRequest对象中的GET属性和POST属性均是django.http.QueryDict模块的对象实例，这个QueryDict就被称为查询字典对象。

QueryDict是一个类似字典样式的类，被用来处理一种复式键值（一键对应多值）数据。QueryDict对于一些HTML元素（例如复选<select>标签）是非常有必要的，因为可能需要为同一个键传递多个值。

对于request.POST和request.GET中的QueryDict对象，当它位于"请求/响应（request/response）"周期中时是不可变的。如果想获得一个可变的QueryDict对象版本，设计人员需要使用QueryDict.copy()方法获取其副本，然后直接修改该副本即可。

QueryDict与QuerySet看似是类似的两个类，实则二者区别很大。QueryDict类是对HTTP请求数据包中携带的数据的封装，QuerySet则是对从数据库中查询出来的数据进行的封装。

QueryDict类实现了Python字典数据类型（Dictionary）的所有标准方法，因为它是Python字典类型的子类。同时，QueryDict类实现了更多的方法，具体说明如下：

（1）QueryDict.__init__(query_string=None,mutable=False,encoding=None)方法：

- 该方法是QueryDict类基于query_string参数的实例化方法。
- 如果没有传递query_string数据，那么QueryDict的查询结果将会为空（没有键和值）。
- 对于大多数的初始化QueryDict对象，尤其是在request.POST和request.GET之中的，均是不可变的。不过，如果在__init__()方法中设置了mutable=True参数，则QueryDict对象就是可变的了。
- 如果设置了encoding参数，那么"键－值"将被从encoding参数转换为String类型。如果未设置encoding参数，则会默认设置为DEFAULT_CHARSET。

初始化QueryDict对象的示例代码如下：

【代码4-59】

```
>>>QueryDict('a=1&a=2&c=3')
<QueryDict: {'a': ['1', '2'], 'c': ['3']}>
```

【代码分析】

这段代码表明，QueryDict对象的键值是可以重复的。

（2）QueryDict.fromkeys(iterable,value='',mutable=False,encoding=None)方法：该方法是将循环可迭代对象中的每个元素作为键，并赋予同样的值（等于value参数）。

循环迭代QueryDict对象的示例代码如下：

【代码4-60】

```
>>>QueryDict.fromkeys(['a', 'a', 'b'], value='val')
<QueryDict: {'a': ['val', 'val'], 'b': ['val']}>
```

【代码分析】

这段代码演示了如何循环迭代QueryDict对象的键值val。

（3）QueryDict.__getitem__(key)方法：该方法根据所提供的key参数，返回对应的值。如果有多个值，则返回最后那个；如果key参数不存在，则弹出异常。

（4）QueryDict.__setitem__(key, value)方法：该方法用于设置键-值对。注意，该方法只能用于可变的QueryDict对象。

（5）__contains__(key)方法：如果QueryDict对象中有key存在，则返回True，否则返回False。

（6）get(key, default=None)方法：该方法和QueryDict.__getitem__(key)方法的作用一样，不同之处在于，如果key参数不存在，则返回default。

（7）QueryDict.setdefault(key, default=None)方法：该方法类似字典中的dict.setdefault()方法。

（8）QueryDict.update(other_dict)方法：该方法使用新的QueryDict对象或字典更新当前QueryDict对象，类似于字典中的dict.update()方法。该方法主要使用的是追加内容的方式，而不是更新并替换的方式。

更新QueryDict对象的示例代码如下：

【代码4-61】

```
>>> q = QueryDict('a=1', mutable=True)
>>> q.update({'a': '2'})
>>> q.getlist('a')
['1', '2']
>>> q['a']    # 返回最近的
'2'
```

（9）QueryDict.items()方法：该方法类似字典中的dict.items()，如果有重复项目，则返回最近的一个，而不是全部返回。

使用QueryDict.items()方法的示例代码如下：

【代码4-62】

```
>>> q = QueryDict('a=1&a=2&a=3')
>>> list(q.items())
[('a', '3')]
```

【代码分析】

从这段代码的运行结果来看，如果存在重复项目，则返回最近的一个，而不是全部返回。

（10）QueryDict.values()方法：该方法类似字典中dict.values()方法，但是只返回最近的值。

使用QueryDict.values()方法的示例代码如下：

【代码4-63】

```
>>> q = QueryDict('a=1&a=2&a=3')
>>> q.values()
['3']
```

【代码分析】

从这段代码的运行结果来看，如果存在重复项目，则返回最近的一个，而不是全部返回。

（11）copy()方法：该方法使用copy.deepcopy()返回一个QueryDict对象的拷贝副本，且此拷贝副本是可变的。

（12）getlist(key, default=None)方法：该方法返回键所对应的值的列表。如果该键不存在并且未提供该键的默认值，则返回一个空列表。

（13）setlist(key, list_)方法：该方法为参数list_设置给定的键。

（14）appendlist(key, item)方法：该方法将键追加到内部与键相关联的列表中。

（15）setlistdefault(key, default_list=None)方法：该方法类似setdefault()方法，不同之处在于它需要的是一个值的列表而不是单个的值。

（16）QueryDict.lists()方法：该方法类似items()方法，不同之处只是将其中的每个键的值作为列表放在一起。

使用QueryDict.lists()方法的示例代码如下：

【代码4-64】

```
>>> q = QueryDict('a=1&a=2&a=3')
>>> q.lists()
[('a', ['1', '2', '3'])]
```

（17）pop(key)方法：该方法返回给定键值的列表，并从QueryDict对象中移除该键。如果键不存在，将引发KeyError错误。

使用QueryDict.pop()方法的示例代码如下：

【代码4-65】

```
>>> q = QueryDict('a=1&a=2&a=3', mutable=True)
>>> q.pop('a')
['1', '2', '3']
```

（18）popitem()方法：该方法删除QueryDict对象中的任意一个键，并返回二值元组，包含键和键的所有值的列表。该方法在一个空字典上调用时将引发KeyError错误。

使用QueryDict.popitem()方法的示例代码如下：

【代码4-66】

```
>>> q = QueryDict('a=1&a=2&a=3', mutable=True)
```

```
>>> q.popitem()
('a', ['1', '2', '3'])
```

（19）dict()方法：该方法将QueryDict对象转换为Python字典数据类型，并返回该字典。如果出现重复的键，则将所有的值打包成一个列表，作为新字典中键的值。

使用QueryDict.dict()方法的示例代码如下：

【代码4-67】

```
>>> q = QueryDict('a=1&a=3&a=5')
>>> q.dict()
{'a': '5'}
```

（20）urlencode(safe=None)方法：该方法返回URL链接中已编码格式的数据字符串。

使用QueryDict.urlencode()方法的示例代码如下：

【代码4-68】

```
>>> q = QueryDict('a=2&b=3&b=5')
>>> q.urlencode()
'a=2&b=3&b=5'
```

对于传递safe参数，不需要编码的字符，示例代码如下：

【代码4-69】

```
>>> q = QueryDict(mutable=True)
>>> q['next'] = '/a&b/'
>>> q.urlencode(safe='/')
'next=/a%26b/'
```

4.7.4 响应对象

在Django框架中，HttpResponse对象是由HttpResponse类来定义的，而HttpResponse类同样定义在django.http模块中。

HttpRequest对象是浏览器发送过来的请求数据的封装，HttpResponse对象则是将要返回给浏览器的数据的封装。HttpRequest对象由Django自动解析HTTP数据包而创建，而HttpResponse对象则由程序员手动创建。

通常由设计人员负责编写的每个视图都要实例化、填充和返回一个HttpResponse对象。

1. HttpResponse类的使用方法

1）返回字符串

使用HttpResponse类最典型的方式用作构造函数，将string、bytes或者memoryview（Python 3.8+版本新增的一种类型）类型的值作为页面的内容传递给HttpResponse类。示例代码如下：

【代码4-70】

```
>>> from django.http import HttpResponse
>>> response = HttpResponse("Here's the text of the Web page.")
```

```
>>> response = HttpResponse("Text only, please.", content_type="text/plain")
>>> response = HttpResponse(b'Bytestrings are also accepted.')
>>> response = HttpResponse(memoryview(b'Memoryview as well.'))
```

另外，还可以将response看作一个类文件对象，使用wirte()方法不断地往里面增加内容。示例代码如下：

【代码4-71】

```
>>> response = HttpResponse()
>>> response.write("<p>Here's the text of the Web page.</p>")
>>> response.write("<p>Here's another paragraph.</p>")
```

2）传递可迭代对象

设计人员可以传递一个可迭代的对象给HttpResponse对象（例如StreamingHttpResponse），HttpResponse类会立即处理这个迭代器，并将其内容保存为字符串，最后废弃这个迭代器。

例如，在读取文件后，会立刻调用close()方法关闭这个文件。

3）设置头部字段

设计时可以把HttpResponse对象当作一个字典，在其中增加和删除头部字段，示例代码如下：

【代码4-72】

```
>>> response = HttpResponse()
>>> response['Age'] = 120
>>> del response['Age']
```

注意，如果要删除的头部字段不存在，则del操作不会抛出KeyError异常，这与字典是不一样的；因为HTTP头部字段中不能包含换行符，所以如果提供的头部字段值中包含换行符（CR或者LF），则将会抛出BadHeaderError异常。

4）附件形式

让浏览器以文件附件的形式处理响应，需要声明content_type类型和设置Content-Disposition头信息。

例如，给浏览器返回一个Excel电子表格，示例代码如下：

【代码4-73】

```
>>> response = HttpResponse(my_data, content_type='application/vnd.ms-excel')
>>> response['Content-Disposition'] = 'attachment; filename="excel.xls"'
```

2. HttpResponse类属性

（1）content属性：该属性表示响应的内容（bytes类型）。

（2）charset属性：该属性表示编码的字符集。如果没指定，将会从content_type中解析出来。

（3）status_code属性：该属性表示响应的状态码，例如200。

（4）reason_phrase：该属性表示响应的HTTP原因短语，一般使用HTTP标准的默认原因短语。另外，除非明确设置，否则该属性将由status_code的值决定。

（5）streaming：该属性的值总是False。由于该属性的存在，使得中间件能够区别对待流式响应和常规响应。

（6）closed：如果响应已关闭，那么该属性的值为True。

3. HttpResponse类方法

（1）HttpResponse.__init__(content=b'',content_type=None,status=200,reason=None,charset=None)方法：该方法为HttpResponse类的初始化方法，通过使用content和content-type参数来实例化一个HttpResponse对象。具体参数介绍如下：

- content参数通常是一个迭代器、bytestring、memoryview或字符串类型。如果是其他类型，则将通过编码转换为bytestring类型；如果是迭代器，那么这个迭代器返回的应该是字符串，并且这些字符串连接起来形成response的内容。
- content_type参数是可选的，用于填充HTTP的Content-Type头部。如果未指定，默认情况下由DEFAULT_CONTENT_TYPE和DEFAULT_CHARSET设置组成，例如"text/html;charset=utf-8"。
- status参数表示响应的状态码。
- reason参数是HTTP响应短语。
- charset参数是编码方式。

（2）HttpResponse.__setitem__(header, value)方法：该方法用于设置头部的键-值对。其中的两个参数都必须为字符串类型。

（3）HttpResponse.__delitem__(header)方法：该方法用于删除头部的某个键，如果键不存在也不会报错。该方法不区分字母大小写。

（4）HttpResponse.__getitem__(header)方法：该方法用于返回对应键的值。该方法不区分字母大小写。

（5）HttpResponse.get(header, alternate=None)方法：该方法用于返回给定的头部的值，当头部不存在时返回一个alternate参数。

（6）HttpResponse.has_header(header)方法：该方法用于检查头部中是否有给定的名称（不区分字母大小写），结果返回布尔值（True或False）。

（7）HttpResponse.items()方法：该方法的行为类似于Python字典中的dict.items()方法，用于获取HTTP响应中的头部。

（8）HttpResponse.setdefault(header, value)方法：该方法用于设置一个头部，除非该头部已经设置过了。

（9）HttpResponse.set_cookie(key,value='',max_age=None,expires=None,path='/',domain=None, secure=False, httponly=False,samesite=None)方法：该方法用于设置一个Cookie。其中的参数与Python标准库中的Morsel.Cookie对象相同。具体参数介绍如下：

- max_age参数：用于定义生存周期，以秒为单位。如果设置为None，则在浏览器开启期间该Cookie一直保持，浏览器关闭后该Cookie一同删除。
- expires参数：用于定义到期时间。
- domain参数：用于设置跨域的Cookie。例如domain="example.com"将设置一个www.example.com和blogs.example.com等都可读的Cookie。否则，Cookie将只能被设置成其域可读取。
- secure参数：secure=True表明支持HTTPS安全协议，secure=False表明不支持HTTPS安全协议。

- httponly=True：阻止客户端的Java Script代码访问Cookie。
- samesite参数：使用samesite='Strict'或samesite='Lax'通知浏览器在执行跨源请求时不要发送此Cookie。并非所有浏览器都支持samesite参数，因此该参数不是Django框架的CSRF保护的替代品，而是一种深度防御措施。使用samesite='None'（string）（Django v3.1版本新增的内容）显式声明此Cookie与所有相同站点和跨站点请求一起发送。

（10）HttpResponse.set_signed_cookie(key,value,salt='',max_age=None,expires=None,path='/', domain= None, secure=False,httponly=False,samesite=None)方法：该方法与set_cookie()方法类似，但是在设置之前将对Cookie进行加密签名。该方法通常与HttpRequest.get_signed_cookie()一起使用。其中samesite=None参数也是Django v3.1版本新增的内容。

（11）HttpResponse.delete_cookie(key,path='/',domain=None,samesite=None)方法：该方法用于删除Cookie中指定的key。由于Cookie的工作方式，路径（path）和域名（domain）应该使用与set_cookie()方法中相同的值，否则Cookie不会被删掉。

（12）HttpResponse.close()方法：在请求结束后WSGI服务器会调用此方法来关闭连接。

（13）HttpResponse.write(content)方法：该方法会将HttpResponse实例看作类似文件的对象，往里面添加内容。

（14）HttpResponse.flush()方法：该方法用于清空HttpResponse实例的内容。

（15）HttpResponse.tell()方法：该方法将HttpResponse实例看作类似文件的对象，移动位置指针。

（16）HttpResponse.getvalue()方法：该方法返回HttpResponse.content的值。同时，该方法将HttpResponse实例看作一个类似流的对象。

（17）HttpResponse.readable()方法：该方法返回的值始终为False，判断是否可读。

（18）HttpResponse.seekable()方法：该方法返回的值始终为False，判断指针是否可以移动。

（19）HttpResponse.writable()方法：该方法返回的值始终为True，判断是否可写。

（20）HttpResponse.writelines(lines)方法：该方法将一个包含行的列表写入响应对象中，不添加分行符。

4. HttpResponse子类

Django还包含了一系列的HttpResponse的衍生类（子类），用来处理不同类型的HTTP响应。与HttpResponse类相同，这些子类存在于django.http模块之中。同时，这些子类并不算复杂，代码也很简单，主要区别就是响应码的不同。

HttpResponse衍生类（子类）的具体说明如下：

- HttpResponseRedirect类：重定向，返回302状态码。目前，已经被redirect()方法替代。
- HttpResponsePermanentRedirect类：永久重定向，返回301状态码。
- HttpResponseNotModified类：未修改的页面，返回304状态码。
- HttpResponseBadRequest类：错误的请求，返回400状态码。
- HttpResponseNotFound类：页面不存在，返回404状态码。
- HttpResponseForbidden类：禁止访问，返回403状态码。
- HttpResponseNotAllowed类：禁止访问，返回405状态码。
- HttpResponseGone类：响应过期，返回405状态码。

- HttpResponseServerError类：服务器错误，返回500状态码。

同时，设计人员还可以自定义HttpResponse的子类，示例代码如下：

【代码4-74】

```
01  from http import HTTPStatus
02  from django.http import HttpResponse
03
04  class HttpResponseNoContent(HttpResponse):
05      status_code = HTTPStatus.NO_CONTENT
```

4.7.5 JsonResponse 对象

在Django框架中，还定义了一个HttpResponse类的子类——JsonResponse类，是用于创建JSON编码类型响应的快捷类。

JsonResponse类的定义如下：

```
class JsonResponse(
data,
encoder=DjangoJSONEncoder,
safe=True,
json_dumps_params=None,
**kwargs
)
```

该类从父类HttpResponse中继承大部分行为，并增加了一部分功能，具体说明如下：

- 默认Content-Type头部设置为application/json。
- data参数应该为一个字典数据类型。如果后面的safe参数设置为False，则该参数可以为任意JSON-serializable（序列化）对象。
- encoder参数默认设置为django.core.serializers.json.DjangoJSONEncoder，用于序列化数据。
- safe参数只有设置为False时，才可以将任何可JSON序列化的对象作为data参数的值。如果safe参数设置为True，则同时将一个非字典型对象传递给data参数时，会触发一个TypeError错误。
- json_dumps_params参数通过将一个字典类型关键字参数传递给json.dumps()方法，来生成一个响应。

关于JsonResponse类的典型使用方法，示例代码如下：

```
>>> from django.http import JsonResponse
>>> response = JsonResponse({'foo': 'bar'})
>>> response.content
b'{"foo": "bar"}'
```

若要序列化非dict对象，则必须将safe参数设置为False，示例代码如下：

```
>>> response = JsonResponse([1, 2, 3], safe=False)
```

如果不传递safe=False，将抛出一个TypeError。

如果需要使用不同的JSON编码器类，可以传递encoder参数给构造函数，示例代码如下：

```
>>> response = JsonResponse(data, encoder=MyJSONEncoder)
```

4.7.6 StreamingHttpResponse 对象

在Django框架中，StreamingHttpResponse类被用来从Django响应一个流式对象到浏览器。当生成的响应太长或者是占用的内存较大时，这样做更有效率。一个典型的使用场景就是生成大型的CSV文件。

StreamingHttpResponse类不是HttpResponse的子类，而是一个兄弟类，但是，除了几个明显不同的地方之外，两者几乎完全相同。具体说明如下：

- StreamingHttpResponse类接收一个迭代器作为参数，这个迭代器返回bytes类型的字符内容。
- StreamingHttpResponse类的内容是一个整体的对象，不能直接访问和修改。
- StreamingHttpResponse类新增了一个streaming_content属性。

设计人员不能在StreamingHttpResponse类上使用类似文件操作的tell()和write()方法。

由于StreamingHttpResponse类的内容无法访问，因此许多中间件无法正常工作。例如，不能为流式响应生成ETag和Content-Length头。

StreamingHttpResponse对象具有下面的属性：

- streaming_content属性：表示一个包含响应内容的迭代器，通过HttpResponse.charset编码为bytes类型。
- status_code属性：响应的状态码。
- reason_phrase属性：响应的原语。
- streaming属性：总是设置为True。

4.7.7 FileResponse 对象

在Django框架中，FileResponse类定义为文件类型响应，通常用于给浏览器返回一个文件附件。FileResponse类是StreamingHttpResponse的子类，为二进制文件专门做了优化。

FileResponse类的定义如下：

```
class FileResponse(open_file, as_attachment=False, filename='', **kwargs)
```

对于FileResponse类而言，如果提供了WSGI服务器，则使用wsgi.file_wrapper，否则会将文件分成小块进行传输。具体说明如下：

如果设置as_attachment=True，则Content-Disposition被设置为attachment，通知浏览器这是一个以文件形式下载的附件；否则Content-Disposition会被设置为inline（浏览器默认行为）。

如果open_file参数传递的类文件对象没有名字，或者名字不合适，那么可以通过filename参数为文件对象指定一个合适的名字。

FileResponse对象接收任意文件形式的以二进制格式定义的对象，例如像下面这样的以二进制方式打开文件的操作。

```
>>> from django.http import FileResponse
>>> response = FileResponse(open('myfile.png', 'rb'))
```

在上面的代码中，文件会被自动打开，因此不需要在上下文管理器中打开。

4.8 模板响应对象

本节主要介绍Django框架视图层中模板响应对象的内容，具体包括TemplateResponse对象与SimpleTemplateResponse对象。模板响应对象是Django框架中视图功能的核心部分。

4.8.1 概述

在Django框架中，标准的HttpResponse对象具有静态结构，其内容由一大块预提交内容构成。虽然HttpResponse对象的内容可以被修改，但其形式不容易被执行改变。

不过在有些情况下，HttpResponse对象允许视图装饰器或中间件在视图构造完成后修改响应。例如，可能打算更改要使用的模板，或将其他数据放入上下文中。

由Django框架提供的TemplateResponse类提供了一种能做到这一点的方法。TemplateResponse对象与基本HttpResponse对象不同，TemplateResponse对象保留由视图提供的模板和上下文的详细信息，主要用以计算响应。而响应的最终输出直到响应过程需要时才会进行响应计算。

4.8.2 SimpleTemplateResponse 对象

在Django框架中，SimpleTemplateResponse类用于定义简单模板响应对象。该类包含有一组属性和方法，具体说明如下。

1. 属性

1）SimpleTemplateResponse.template_name 属性

该属性表示将要被SimpleTemplateResponse对象渲染的模板名称。该属性接收一个后端依赖的模板对象（如get_template()方法的返回值），该对象为一个模板类型名称或一组模板名称的列表。

例如：['foo.html', 'path/to/bar.html']。

2）SimpleTemplateResponse.context_data 属性

该属性表示上下文数据，当渲染到模板时使用。注意，该属性必须是字典类型。

例如：{'foo': 123}。

3）SimpleTemplateResponse.rendered_content 属性

该属性表示当前被渲染响应内容的值，使用当前模板和上下文数据（context_data）属性。

4）SimpleTemplateResponse.is_rendered 属性

该属性为一个布尔类型的标记，用于判断响应内容是否已经被渲染。

2. 方法

1）SimpleTemplateResponse.__init__(template,context=None,content_type=None,status=None, charset=None,using=None)方法

该方法表示实例化一个SimpleTemplateResponse对象，通过给定的模板、上下文、内容类型、HTTP状态和字符集来实现。

参数说明：

- template：一个依赖后台的模板对象（例如通过get_template()方法返回的对象）名称，或者模板对象名称的列表。
- Context：一个被添加到模板上下文中的字典类型值。默认该参数为一个空的字典值。
- content_type：该参数被包括在HTTP的Content-Type头中，包括特定的MIME类型和字符编码。如果content_type被指定，则其值被使用；否则，text/html会被使用。
- status：该参数表示响应的HTTP状态码。
- charset：该参数表示响应中的字符编码集。如果该参数未指定，则会从content_type中获取，假若获取失败，则使用DEFAULT_CHARSET字符集。
- using：该参数表示用于加载模板的模板引擎名称。

2）SimpleTemplateResponse.resolve_context(context)方法

该方法表示预处理将要被用于渲染模板的上下文数据。

参数说明：

- context：一个字典类型的上下文数据。默认会返回一个相同的字典类型数据。重写覆盖该方法是为了自定义上下参数。

3）SimpleTemplateResponse.resolve_template(template)方法

该方法实现使用模板实例去渲染的操作。

参数说明：

- template：一个依赖后台的模板对象（例如通过get_template()方法返回的对象）名称，或者模板对象名称的列表。
- 该方法返回将要被渲染的依赖后台的模板对象实例。
- 重写覆盖该方法是为了自定义加载模板。

4）SimpleTemplateResponse.add_post_render_callback()方法

该方法添加一个回调函数，会在渲染操作发生时被调用。如果确定渲染操作已经发生了，那么该方法可用于推迟某些操作过程（例如缓存操作）。

- 如果SimpleTemplateResponse已经被渲染，则回调函数会立即被调用。
- 如果该方法被调用，则会传递一个SimpleTemplateResponse实例作为参数。
- 如果该方法返回一个值（一定不能为None），则该返回值将会替代原始的响应对象（同时该对象会被传递给下一个回调函数）。

5）SimpleTemplateResponse.render()方法

该方法通过SimpleTemplateResponse类的rendered_content属性来设置response.content对象，运行所有渲染后的回调函数，然后返回响应对象的结果。

注意，该方法只会在第一次调用时起作用，在随后的调用中，该方法将返回从第一次调用所获得的结果。

4.8.3　TemplateResponse 对象

在Django框架中，TemplateResponse类被定义为SimpleTemplateResponse类的子类，用于获取当前的HttpRequest对象。该类仅包含一个初始化方法：

```
TemplateResponse.__init__(request,template,context=None,content_type=None,status=None,charset=None,using=None)
```

该方法表示实例化一个TemplateResponse对象，通过给定的模板、上下文、内容类型、HTTP状态和字符集来实现。

参数说明：

- request：一个HttpRequest实例。
- template：一个依赖后台的模板对象（例如通过get_template()方法返回的对象）的名称，或者模板对象名称的列表。
- context：一个被添加到模板上下文中的字典类型值。默认该参数为一个空的字典值。
- content_type：该参数被包括在HTTP的Content-Type头中，包括特定的MIME类型和字符编码。如果content_type被指定，则其值被使用；否则，text/html会被使用。
- status：该参数表示响应的HTTP状态码。
- charset：该参数表示响应中的字符编码集。如果该参数未指定，则会从content_type中获取，假若获取失败，则使用DEFAULT_CHARSET字符集。
- using：该参数表示用于加载模板的模板引擎名称。

下面，介绍一下如何使用TemplateResponse对象实现渲染操作。

一个TemplateResponse实例在被返回给客户端之前，必须先要被渲染。渲染过程采用模板和上下文的中间表示，并将其转换为可以提供给客户端的最终字节流。

在以下3种情况下，TemplateResponse实例将会被渲染完成。

- 当TemplateResponse实例被显式渲染时（注意使用SimpleTemplateResponse.render()方法）。
- 当响应内容通过分配response.content属性被显式设置时。
- 在通过模板响应中间件传递之后，同时在通过响应中间件传递之前。

对于一个TemplateResponse实例而言，它只能被渲染一次。在第一次调用SimpleTemplateResponse.render()方法设置响应的内容后，随后的渲染调用不会更改响应内容。

然而，当显式地分配response.content属性时，该更改将始终被应用。如果要强制重新渲染内容，则可以重新评估渲染的内容，然后手动分配响应的内容。示例代码如下：

```
# 设置渲染的TemplateResponse
>>> from django.template.response import TemplateResponse
>>> t = TemplateResponse(request, 'original.html', {})
>>> t.render()
>>> print(t.content)
Original content

# 重新渲染并不会改变内容
>>> t.template_name = 'new.html'
>>> t.render()
>>> print(t.content)
Original content

# 分配内容会改变，不需要调用render()方法
>>> t.content = t.rendered_content
>>> print(t.content)
New content
```

对于渲染后的回调操作，一些类似缓存的操作是无法在未渲染的模板上执行的，这些操作必须在完整的渲染响应中去执行。

如果设计时使用的是中间件，则可以这样做。中间件为处理视图退出时的响应提供了多种机会。如果设计时将行为放在响应中间件中，则可以确保该行为在模板渲染完成后执行。

然而，如果实际使用的是装饰器，则不会存在这样的情况。因为，在装饰器中定义的任何行为都将立即进行处理。为了能够弥补上述问题（包括任何其他类似的用例），TemplateResponse类允许在渲染完成时注册将被调用的回调函数。使用这个回调函数，可以将关键处理推迟到可以保证渲染的内容可用的时候。

如果要定义渲染后的回调函数，就定义一个带有单个响应参数（response）的函数，并使用模板响应（TemplateResponse）注册该函数，示例代码如下：

【代码4-75】

```
01  from django.template.response import TemplateResponse
02
03  def my_render_callback(response):
04      # 进行敏感内容的处理
05      do_post_processing()
06
07  def my_view(request):
08      # 创建一个响应
09      response = TemplateResponse(request, 'mytemplate.html', {})
10      # 注册回调函数
11      response.add_post_render_callback(my_render_callback)
12      # 返回响应
13      return response
```

【代码分析】

在上面的代码中，my_render_callback()方法将在渲染模板mytemplate.html之后被调用，并将提供完整渲染的TemplateResponse实例作为参数。如果模板已经渲染，则立即调用该方法。

4.8.4 使用 TemplateResponse

在Django框架中，TemplateResponse对象可以在允许使用普通django.http.HttpResponse模块的任何地方来使用。另外，TemplateResponse也可以用作调用render()的替代方法。

例如，【代码4-75】中的视图返回一个TemplateResponse对象实例，其中包含一个模板和一个包含queryset的上下文。

【代码4-76】

```
01  from django.template.response import TemplateResponse
02
03  def blog_index(request):
04      return TemplateResponse(
05          request,
06          'entry_list.html',
07          {
08              'entries': Entry.objects.all()
09          }
10      )
```

4.9 文 件 上 传

本节主要介绍Django框架视图层中文件上传的内容，具体包括简单文件上传、文件对象、存储API与管理文件等内容。

Django框架在处理文件上传时，文件最终会位于" :attr:request.FILES<django.http.HttpRequest.FILES>"。这里考虑使用一个简单的表单，表单中包含一个":class:`~django.forms.FileField`"字段，具体代码如下：

【代码4-77】（ViewDjango\FileUploadView\forms.py文件）

```
01  from django import forms
02
03  class UploadFileForm(forms.Form):
04      title = forms.CharField(max_length=64)
05      file = forms.FileField()
```

【代码分析】

在第01行代码中，通过import导入forms（表单）模块。

在第03~05行代码中，定义了一个简单的文件上传类。详细说明如下：

- 在第04行代码中，定义了一个CharField字段。
- 在第05行代码中，定义了一个FileField文件上传字段。

处理上面表单的视图将在request.FILES中接收到文件数据，可以使用request.FILES['file']来获取上传文件的具体数据，其中的键值"file"是根据"file = forms.FileField()"的变量名而来的。

另外需要注意，request.FILES只有在请求方法为POST，并且提交请求的表单<form>具有enctype="multipart/form-data"属性时才有效；否则，request.FILES将为空。

在大多数情况下，只需要简单地将文件数据从request对象中传入表单就可以了。接收上传文件的视图代码示例如下：

【代码4-78】（ViewDjango\FileUploadView\views.py文件）

```
01  def upload_file(request):
02      if request.method == 'POST':
03          form = UploadFileForm(request.POST, request.FILES)
04          if form.is_valid():
05              handle_uploaded_file(request.FILES['file'])
06              return HttpResponseRedirect('#')
07      else:
08          form = UploadFileForm()
09      return render(request, 'upload.html', {'form': form})
10
11  def handle_uploaded_file(f):
12      with open('name.txt', 'wb+') as destination:
13          for chunk in f.chunks():
14              destination.write(chunk)
```

【代码分析】

在第05行代码中，必须将request.FILES传入表单的构造方法中，只有这样文件数据才能绑定到表单中。

在第13行代码中，使用UploadedFile.chunks()方法而不是File类的read()方法，是为了确保即使是大文件也不会将系统的内存占满。

接下来就是页面表单模板的代码示例：

【代码4-79】（ViewDjango\FileUploadView\templates\upload.html文件）

```
01  <!DOCTYPE html>
02  <html lang="en">
03  <head>
04      <meta charset="UTF-8">
05      <title>Upload File View</title>
06  </head>
07  <body>
08
09  <h3>Upload File Form</h3>
10  <form action="#" method="post">
11      {% csrf_token %}
12      {{ form.as_p }}
13      <input type="submit" value="Submit" /><br>
14  </form>
15
16  </body>
17  </html>
```

最后，在浏览器中输入FileUploadView文件上传应用的路由地址"http://localhost:8000/fileupload/upload/"，结果如图4.21所示。

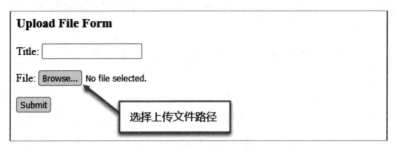

图 4.21　文件上传视图

4.10　本 章 小 结

本章主要介绍了Django框架中视图层的内容，包括视图基础、URL路由配置、快捷方式、视图函数、快捷函数、视图装饰器、内置视图、请求与响应对象、模板响应对象和文件上传等。Django视图本身就是一个定义在views.py中python函数，负责接收Web请求并进行HTTP响应。希望本章中介绍的关于Django框架视图层的知识点和业务代码，能够帮助读者进一步理解Django框架视图的原理与应用。

第 5 章
Django 框架模板

本章主要介绍 Django 框架中模板层的内容，主要包括配置模板引擎、模板引擎语法、自定义模板标签和和过滤器等。Django 框架模板层提供了一个设计友好的语法，用于渲染向用户展现的信息，是开发基于 Django 框架的 Web 应用程序的重要基础。

通过本章的学习可以掌握以下知识:

* ❉ Django框架模板引擎的配置
* ❉ Django框架模板引擎的语法
* ❉ Django框架模板的自定义标签
* ❉ Django框架模板的过滤器

5.1 Django框架模板基础

本节主要介绍Django框架模板层的基础知识。模板层提供了一个设计友好的语法，用于渲染向用户展现的信息，是开发Web应用的重要组成部分。Django框架模板层的配置通常写在根目录下的settings.py配置文件中。

Django作为一个比较流行的Web框架，自然需要一种动态生成HTML页面的便捷方法（流行Web框架所必备的功能）。而对于动态生成HTML页面，最常用的方法就是依赖于模板系统。模板通常包含HTML所需输出的静态部分，以及通过插入方式所展现的动态内容（依赖于特有的模板语法）。简单来讲，模板就是往HTML文件中插入动态内容的工具。

基于Django框架的Web项目可以配置一个、多个或零个（不使用模板的情况）模板引擎，具有很强的灵活性。Django框架后端内置了一个自己的模板系统，定义了自己的模板语言（语法），被称为DTL（Django Template Language）。另外，Django框架后端还包含一个Jinja2语言，作为DTL的替代品。同时，Django框架后端也可以使用第三方提供的其他可用模板语言。

　　Django框架定义了一个标准的API，用于加载和渲染模板，而不用考虑后端的模板系统。加载包括查找给定标识符的模板并对其进行预处理，通常将其编译的结果保存在内存中。渲染工具将上下文数据插入模板并返回结果字符串。Django框架定义了一个标准的API，用来加载和渲染模板，并且无需关注后端的模板系统。加载模板时，Django框架会根据给定的标识查找模板文件，并对其进行预处理，通常将其编译的结果保存在内存中。渲染模板时，Django框架将上下文数据插入预处理后的模板，并返回结果字符串。

　　DTL作为Django框架原生的模板系统，是一个非常优秀的模板库。一直到Django 1.8版本，DTL都是Django框架唯一的内置模板系统。如果没有特别重要的理由（必须选择另外一种模板系统），建议直接使用DTL，特别是在编写可插拔的应用并打算发布模板的时候，更是推荐使用DTL作为模板系统。在Django框架的很多内部组件中（例如最常见的django.contrib.admin模块），都使用的是DTL模板系统。

　　由于历史原因，对于模板引擎的通用支持以及Django模板语言的实现都位于django.template模块的命名空间之中。

5.2　配置模板引擎

　　本节主要介绍Django框架模板层中关于配置方面的内容，包括添加模板引擎支持、模板引擎用法、内置后端和自定义后端等方面。配置模板引擎是基于Django框架进行模板层开发的基础。

5.2.1　添加模板引擎支持

　　Django框架的模板引擎设置是使用TEMPLATES选项进行配置的。TEMPLATES选项是一个配置列表，每个模板引擎都需配置一个。在通过startproject命令创建的项目目录中，会自动生成一个名称为"settings.py"的设置文件，里面为设计人员默认配置好了一个TEMPLATES选项。

　　TEMPLATES选项的配置代码如下：

【代码5-1】

```
01  TEMPLATES = [
02      {
03          'BACKEND': 'django.template.backends.django.DjangoTemplates',
04          'DIRS': [],
05          'APP_DIRS': True,
06          'OPTIONS': {
07              # ... some options here ...
08          },
09      },
10  ]
```

【代码分析】

在第01行代码中，通过TEMPLATES定义了一个配置列表。

在第03行代码中，配置参数BACKEND定义了实现模板引擎类的后台路径。内置的模板引擎类后台路径为"django.template.backends.django.DjangoTemplates"和"django.template.backends.jinja2.Jinja2"。

在第04行代码中，配置参数DIRS定义了目录列表，引擎应在目录中按搜索顺序查找模板源文件。

在第05行代码中，配置参数APP_DIRS通知模板引擎是否应在已安装的应用程序内查找模板。每个后端应该为在内部存储其模板的应用程序中的子目录定义一个常规名称。另外，虽然不常见，但可以使用不同的选项配置同一后端的多个实例。在这种情况下，应该为每个引擎定义一个唯一的名称（Name）。

在第06行代码中，配置参数OPTIONS包含了一些特殊的后台配置。

下面，通过新建一个Django框架模板的项目（TmplSite），来查看项目默认配置的TEMPLATES模板参数的情况。

【代码5-2】

```
01  TEMPLATES = [
02      {
03          'BACKEND': 'django.template.backends.django.DjangoTemplates',
04          'DIRS': [],
05          'APP_DIRS': True,
06          'OPTIONS': {
07              'context_processors': [
08                  'django.template.context_processors.debug',
09                  'django.template.context_processors.request',
10                  'django.contrib.auth.context_processors.auth',
11                  'django.contrib.messages.context_processors.messages',
12              ],
13          },
14      },
15  ]
```

【代码分析】

这段实际的TEMPLATES模板配置参数与【代码5-1】基本吻合，区别就是在OPTIONS配置中添加了一些额外的参数。

5.2.2　模板引擎用法

在Django框架模板引擎的加载模块中，定义了两个函数来实现模板的加载功能，具体介绍如下：

1. get_template(template_name, using=None)函数

该函数的说明如下：

● 该函数通过给定的名称实现模板的加载，同时返回一个模板对象。其返回值的确切类型取决于加载模板的后端，每个后端都有自己模板类。

- 该函数按顺序使用每个模板引擎去查找指定模板，直到成功为止。如果找不到模板，则会引发TemplateDoesNotExist异常。如果模板被找到了却包含了无效语法，则会引发TemplateSyntaxError异常。
- 该函数搜索和加载模板的方式，依赖于每个引擎的后端和配置。

如果想将搜索限制在特定的模板引擎中，可在using参数中传递引擎的名称。

2. select_template(template_name_list, using=None)函数

该函数的说明如下：

- 该函数与get_template()函数基本一样，只不过它需要一个模板名称列表。
- 该函数会按给定的模板名称列表顺序查找模板，并返回找到的第一个存在的模板。
- 如果加载模板失败，则可能会引发django.template模块中定义的以下两个异常。

  - TemplateDoesNotExist(msg, tried=None, backend=None, chain=None)异常：当找不到模板时，会引发此异常。其接收以下用在调试页面上的可选参数。

    - backend参数：表示来源自异常的模板后端实例。
    - tried参数：表示在查找模板时尝试过的来源列表。其格式为包含来源（origin）、状态（status）的元组列表，其中来源（origin）是一个类似origin的对象，而状态（status）是一个找不到模板原因的字符串。
    - chain参数：表示一个在尝试加载一个模板时被立即引发的TemplateDoesNotExist异常列表。其被诸如get_template()之类的函数所使用，这些函数尝试从多个引擎加载给定的模板。

  - TemplateSyntaxError(msg)异常，当找到模板但包含错误时会引发此异常。

通过get_template()函数和select_template()函数返回的模板对象，必须提供具有以下签名的render()方法。

方法名称：Template.render(context=None, request=None)

方法说明：该方法使用给定的上下文渲染此模板。如果提供了上下文，则必须是一个字典类型；如果未提供上下文，则引擎将使用空的上下文呈现模板；如果提供了请求，则其必须是一个HttpRequest对象。然后，模板引擎必须使其自身以及CSRF令牌在模板中可用。至于如何实现这一点，则取决于每个后端。

这里有一个关于搜索算法的代码示例，在该代码示例中将"TEMPLATES"选项设置如下：

【代码5-3】

```
01  TEMPLATES = [
02      {
03          'BACKEND': 'django.template.backends.django.DjangoTemplates',
04          'DIRS': [
05              '/home/html/example.com',
06              '/home/html/default',
07          ],
08      },
```

```
09      {
10          'BACKEND': 'django.template.backends.jinja2.Jinja2',
11          'DIRS': [
12              '/home/html/jinja2',
13          ],
14      },
15  ]
```

【代码分析】

如果尝试调用get_template('story_detail.html')方法，则Django框架模板引擎将按如下顺序查找文件：

```
/home/html/example.com/story_detail.html ('django' engine)
/home/html/default/story_detail.html ('django' engine)
/home/html/jinja2/story_detail.html ('jinja2' engine)
```

如果尝试调用"select_template(['story_123_detail.html', 'story_detail.html'])"方法，则Django框架模板引擎将按如下顺序查找文件：

```
/home/html/example.com/story_123_detail.html ('django' engine)
/home/html/default/story_123_detail.html ('django' engine)
/home/html/jinja2/story_123_detail.html ('jinja2' engine)
/home/html/example.com/story_detail.html ('django' engine)
/home/html/default/story_detail.html ('django' engine)
/home/html/jinja2/story_detail.html ('jinja2' engine)
```

当Django框架发现存在的模板时，将停止继续往下查找。

在每个包含模板的目录内，在其子目录中组织模板是可能的，或许也是更好的选择。在设计架构时采用的常规做法是，为每个Django框架应用创建一个子目录，并根据需要在这些子目录内创建下一级子目录。这样的做法其实是很明智的，因为将所有的模板存储在单个目录的根目录中是会很麻烦的。

例如下面的代码示例，打算加载子目录中的模板（注意使用"/"）。

【代码5-4】

```
get_template('news/story_detail.html')
```

【代码分析】

使用与【代码5-3】相同的TEMPLATES选项，将尝试加载以下模板：

```
/home/html/example.com/news/story_detail.html ('django' engine)
/home/html/default/news/story_detail.html ('django' engine)
/home/html/jinja2/news/story_detail.html ('jinja2' engine)
```

另外，为了减少加载和渲染模板时的重复性，Django框架提供了使该过程自动化的快捷功能——使用render_to_string()函数。

render_to_string()函数的语法如下：

```
render_to_string(template_name, context=None, request=None, using=None)
```

函数说明：该函数加载类似get_template()函数的模板，并立即调用其render()方法。

参数说明：

- template_name：表示要加载和渲染的模板名称。如果是模板名称列表，则Django框架会使用select_template()函数（注意不是get_template()函数）来查找模板。
- context：表示一个被用于模板上下文渲染的字典。
- request：表示一个可选的HttpRequest对象，将在模板的展现过程中被使用。
- using：表示一个可选的模板引擎名称。对于搜索模板而言，其将仅限于该模板引擎。

关于render_to_string()函数的使用方法，参看下面的代码示例。

【代码5-5】

```
01  from django.template.loader import render_to_string
02
03  rendered = render_to_string(
04      'my_template.html',
05      {
06          'foo': 'bar'
07      }
08  )
```

【代码分析】

在第03～08行代码中，使用了render_to_string()函数加载了一个模板。具体说明如下：

- 在第04行代码中，定义了模板名称"my_template.html"。
- 在第05～07行代码中，定义了一个字典类型的上下文参数。

另外，请读者参见render()快捷方式。在该快捷方式中调用了render_to_string()函数，并将结果反馈到适合从视图返回的HttpResponse对象中。

最后，还可以直接使用已配置的模板引擎，且该引擎在django.template.engines模块中可用。具体代码示例如下：

【代码5-6】

```
01  from django.template import engines
02
03  django_engine = engines['django']
04  template = django_engine.from_string("Hello {{ name }}!")
```

【代码分析】

在第03、04行代码中，查找了模板引擎的名称关键字，其关键字定义为django。

5.2.3 内置后端（Built-in backends）

在Django框架中，默认设置了两个模板引擎的内置后端，分别定义为DjangoTemplates和Jinja2。

1. DjangoTemplates

DjangoTemplates通过将BACKEND属性定义为django.template.backends.django.DjangoTemplates来配置Django模板引擎。

当APP_DIRS属性为True时，DjangoTemplates引擎会在已安装的应用程序的templates子目录中查找模板。注意，保留"templates"这个通用名称，是为了向后进行兼容。

DjangoTemplates引擎接收下面的OPTIONS参数：

- autoescape：一个布尔值，用于控制是否启用HTML自动转义。其默认值为True。
- context_processors：一个指向可调用对象的Python路径列表，这些模板用于在使用请求展现模板时填充上下文。这些可调用对象以请求对象为参数，并返回要合并到上下文中的字典。其默认值为一个空的列表。
- debug：一个布尔值，用于开启/关闭模板调试模式。如果其值为True，则错误页面将显示有关模板渲染期间引发的任何异常的详细报告。此报告包含模板的相关摘要，并突出显示了相应的行。其默认值为DEBUG设置的值。
- loaders：一个模板加载器类的Python路径列表。每个Loader类都知道如何从特定来源导入模板。还可以使用元组代替字符串。元组中的第一项应该是Loader类的名称，随后的项将在初始化期间传递给Loader类。其默认值取决于DIRS和APP_DIRS属性的值。
- string_if_invalid：一个字符串输出，模板系统应将其以字符串形式用于无效（例如拼写错误）变量。其默认值为一个空的字符串。
- file_charset：用于读取磁盘上的模板文件的字符集。其默认值为FILE_CHARSET。
- libraries：一个字典类型，用于向模板引擎注册模板标签模块和Python路径的模板标签模块。该参数能添加新库或为现有库提供备用标签。请看下面的代码示例：

```
OPTIONS={
    'libraries': {
        'myapp_tags': 'path.to.myapp.tags',
        'admin.urls': 'django.contrib.admin.templatetags.admin_urls',
    },
}
```

- builtins：一个用于模板标记模块的Python路径列表，可以添加到内置模块中。请看下面的代码示例：

```
OPTIONS={
    'builtins': ['myapp.builtins'],
}
```

2. Jinja2

Jinja2通过将BACKEND属性定义为django.template.backends.jinja2.Jinja2来配置Django模板引擎。

当APP_DIRS属性为True时，Jinja2引擎在已安装应用程序的jinja2子目录中查找模板。

在OPTIONS中，最重要的入口是"环境"，这是返回Jinja2环境的可调用对象的Python路径，其默认值为"jinja2.Environment"。Django框架调用该可调用对象并将其他选项作为关键字参数传递。此外，Django框架在一些选项中添加了如下与Jinja2不同的默认值：

- autoescape：True。
- loader：一个为DIRS和APP_DIRS属性配置的加载程序。
- auto_reload：settings.DEBUG。
- undefined：DebugUndefined if settings.DEBUG else Undefined。

另外，Jinja2引擎还接收以下OPTIONS参数：

- context_processors：一个指向可调用对象的Python路径列表，这些模板用于在使用请求展现模板时填充上下文。这些可调用对象以请求对象为参数，并返回要合并到上下文中的字典。其默认值为一个空的列表。

默认配置被有意地保持为最小配置，如果模板是通过请求展现的（例如使用render()函数时），则Jinja2后端会将全局请求csrf_input和csrf_token添加到上下文中。除此之外，此后端不会创建Django风格的环境，且不了解Django过滤器和标签。为了使用特定于Django框架的API，必须将其配置到环境中。

请看下面的例子，首先使用以下内容创建myproject/jinja2.py文件。

【代码5-7】

```
01  from django.contrib.staticfiles.storage import staticfiles_storage
02  from django.urls import reverse
03
04  from jinja2 import Environment
05
06  def environment(**options):
07      env = Environment(**options)
08      env.globals.update({
09          'static': staticfiles_storage.url,
10          'url': reverse,
11      })
12      return env
```

然后，将"环境"选项设置为myproject.jinja2.environment，并在Jinja2模板中使用以下代码进行构造：

【代码5-8】

```
01  <img src="{{ static('path/to/company-logo.png') }}" alt="Company Logo">
02  <a href="{{ url('admin:index') }}">Administration</a>
```

在Django框架中，标签和过滤器的概念在Django模板语言和Jinja2中都存在，但是用法不同。由于Jinja2支持将参数传递给模板中的可调用对象，因此只需在Jinja2模板中调用一个函数，即可实现许多需要Django模板中的模板标签或过滤器的功能（如上例所示）。另外，Django模板语言没有等效的Jinja2测试。

5.2.4　自定义后端（Custom backends）

在Django框架中，还设置了一种自定义后端。一个自定义后端是一个继承自django.template.backends.base.BaseEngine的类，必须实现get_template()函数方法和可选的from_string()函数方法。

下面，请看一个自定义的foobar模板库的示例。

【代码5-9】

```
01  from django.template import TemplateDoesNotExist, TemplateSyntaxError
02  from django.template.backends.base import BaseEngine
03  from django.template.backends.utils import csrf_input_lazy, csrf_token_lazy
04
05  import foobar
06
07  class FooBar(BaseEngine):
08
09      # 包含该模板引擎的模板的子目录名称
10      # 在已安装的应用程序内
11      app_dirname = 'foobar'
12
13      def __init__(self, params):
14          params = params.copy()
15          options = params.pop('OPTIONS').copy()
16          super().__init__(params)
17
18          self.engine = foobar.Engine(**options)
19
20      def from_string(self, template_code):
21          try:
22              return Template(self.engine.from_string(template_code))
23          except foobar.TemplateCompilationFailed as exc:
24              raise TemplateSyntaxError(exc.args)
25
26      def get_template(self, template_name):
27          try:
28              return Template(self.engine.get_template(template_name))
29          except foobar.TemplateNotFound as exc:
30              raise TemplateDoesNotExist(exc.args, backend=self)
31          except foobar.TemplateCompilationFailed as exc:
32              raise TemplateSyntaxError(exc.args)
33
34  class Template:
35
36      def __init__(self, template):
37          self.template = template
38
39      def render(self, context=None, request=None):
40          if context is None:
41              context = {}
42          if request is not None:
43              context['request'] = request
44              context['csrf_input'] = csrf_input_lazy(request)
45              context['csrf_token'] = csrf_token_lazy(request)
46          return self.template.render(context)
```

5.2.5　自定义模板引擎的集成调试

在Django框架中的调试页面上设置钩子，可以在发生模板错误时提供详细信息。自定义模板引擎可以使用这些钩子来增强向用户显示的回溯信息。

下面是可以使用的钩子：

- Template postmortem：引发TemplateDoesNotExist异常后，便会显示事后检验。其列出了尝试查找给定模板时使用的模板引擎和加载程序。
- Contextual line information：如果在模板解析或渲染期间发生错误，则Django框架可以显示发生错误的行。
- Origin API and 3rd-party integration：Django模板具有可以通过template.origin属性使用的Origin对象。这样，便可使调试信息显示在模板和第三方库（例如：Django Debug Toolbar）中。自定义引擎可以通过创建以下指定的属性对象，来提供自己的template.origin信息：

  - name属性：模板的完整路径。
  - template_name属性：传递到模板加载方法中的模板相对路径。
  - loader_name属性：一个可选字符串，用于标识用于加载模板的函数或类（例如django.template.loaders.filesystem.Loader）。

5.3　模板引擎语法

本节主要介绍Django框架模板层中关于模板引擎语法的内容，包括语法基础、变量、标签、过滤器、算术运算、注释等方面。这些内容是基于Django框架进行模板层开发的基础。

5.3.1　语法基础

Django框架的模板引擎语法是设计模板的语言基础，Django模板只是使用Django模板语言标记的文本文档或Python字符串。Django模板语言的设计目标是在功能与便捷之间取得平衡。

对于Django模板而言，其是与上下文一起展现的。在渲染时用变量的值替换变量，并在上下文中查找变量并执行标签，其他所有内容均按原样进行输出。Django模板的设计方式会让那些熟悉使用HTML文档的人感到很舒服。

Django模板引擎可以识别和解释的主要是变量和标签这类构造体。如果读者接触过其他基于文本的模板语言（例如Smarty或Jinja2），则会对Django模板语言的语法感到十分熟悉。

Django模板语言的语法主要涉及4个构造：变量、标签、过滤器和注释。下面我们将逐一进行详细介绍。

5.3.2 变量

在Django框架模板语言的语法中，变量从上下文中输出一个值，这个值是一个类似字典类型的对象。当模板引擎遇到变量时，它将评估该变量并将其替换为对应的结果。

变量需要使用两对花括号（{{ }}）进行包裹，语法形式如下：

语法： {{ variables name }}

变量名称由字母、数字和下画线（_）的任意组合组成，但注意不能以下画线开头。另外，变量名称中还不能包含空格或标点符号（"."除外，其具有特殊含义）。

下面，演示一个在Django框架模板中使用变量的代码实例，视图文件代码如下：

【代码5-10】（详见源代码TmplSite项目的gramapp/view.py文件）

```
01  def grammar(request):
02      context = {}
03      context['title'] = "Django Template Grammar"
04      context['gram'] = "grammar"
05      template = loader.get_template('gramapp/grammar.html')
06      return HttpResponse(template.render(context, request))
```

【代码分析】

在第02～04行代码中，定义了一个用于传递上下文对象的变量context，具体说明如下：

- 在第03行代码中，在变量context中添加了第一个属性title，并进行了赋值。
- 在第04行代码中，在变量context中添加了第二个属性gram，并进行了赋值。

在第05代码中，通过调用get_template()函数加载了HTML模板（grammar.html），并保存在模板对象template中。

在第06行代码中，通过模板对象template调用了render()函数，将上下文对象context传递到HTML模板grammar.html中进行渲染。

下面，演示一下HTML模板的代码实例，具体代码如下：

【代码5-11】（详见源代码TmplSite项目的gramapp/template/grammar.html模板文件）

```
01  <!DOCTYPE html>
02  <html lang="en">
03  <head>
04      <meta charset="UTF-8">
05      <link rel="stylesheet" type="text/css" href="/static/css/style.css"/>
06      <title>{{ title }}</title>
07  </head>
08  <body>
09
10  <p>
11      Hello, this is a <b>{{ gram }}</b> page!
12  </p>
```

```
13
14  </body>
15  </html>
```

【代码分析】

在第06行代码中，通过双花括号（{{ }}）引用了【代码5-10】中定义的第一个属性"{{ title }}"。

在第11行代码中，通过双花括号（{{ }}）引用了【代码5-10】中定义的第二个属性"{{ gram }}"。

下面，通过FireFox浏览器测试一下TmplSite项目中定义的gramapp模板应用，具体如图5.1中的箭头和标识所示，HTML模板grammar.html中显示了从视图文件（views.py）中传递过来上下文内容。

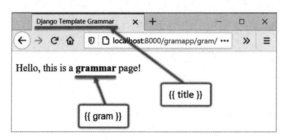

图 5.1　测试 gramapp 模板应用（1）

在Django框架模板语言的语法中，可以使用特殊符号"."来访问变量的属性。另外，从语法上讲，当在模板系统遇到"."时，将会按以下顺序尝试进行查找：

- 字典类型（Dictionary）查找。
- 属性或方法查找。
- 数值索引查找。

如果结果值是可调用的，则可不带参数地调用它，调用的结果会成为模板值。

下面，演示一个在Django框架模板中使用变量对象属性的代码实例，在视图文件（【代码5-10】）中添加如下代码：

【代码5-12】（详见源代码TmplSite项目的gramapp/view.py文件）

```
01  def grammar(request):
02      context = {}
03      context['title'] = "Django Template Grammar"
04      context['gram'] = "grammar"
05      context['author'] = {'first_name': 'King', 'last_name': 'Wang'}
06      template = loader.get_template('gramapp/grammar.html')
07      return HttpResponse(template.render(context, request))
```

【代码分析】

第02～05行代码中，定义了一个用于传递上下文对象的变量context，具体说明如下：

- 第05行代码中，在变量context中追加了一个属性author，并赋值为一个字典类型。

下面，演示一下HTML模板grammar.html的代码实例，具体代码如下：

【代码5-13】（详见源代码TmplSite项目的gramapp/template/grammar.html模板文件）

```
01  <!DOCTYPE html>
02  <html lang="en">
03  <head>
04      <meta charset="UTF-8">
05      <link rel="stylesheet" type="text/css" href="/static/css/style.css"/>
06      <title>{{ title }}</title>
07  </head>
08  <body>
09
10  <p>
11      Hello, this is a <b>{{ gram }}</b> page!
12  </p>
13  <p>
14      Author: <b>{{ author.first_name }} {{ author.last_name }}</b>
15  </p>
16
17  </body>
18  </html>
```

【代码分析】

在第14行代码中，通过"."引用了【代码5-12】中定义的属性"{{ author.first_name }}"和"{{ author.last_name }}"。

下面，再次通过FireFox浏览器测试一下TmplSite项目中定义的gramapp模板应用，具体如图5.2中的箭头和标识所示，HTML模板grammar.html中显示了从视图文件views.py中传递过来上下文内容。

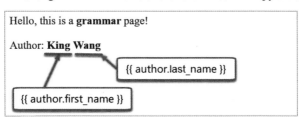

图 5.2　测试 gramapp 模板应用（2）

最后，演示一个在Django框架模板中使用变量显示列表的代码实例，在视图文件（【代码5-12】）中继续添加如下代码：

【代码5-14】（详见源代码TmplSite项目的gramapp/view.py文件）

```
01  def grammar(request):
02      context = {}
03      context['title'] = "Django Template Grammar"
04      context['gram'] = "grammar"
05      context['author'] = {'first_name': 'King', 'last_name': 'Wang'}
06      context['languages'] = ['Python', 'Django', 'Jinja2']
07      template = loader.get_template('gramapp/grammar.html')
08      return HttpResponse(template.render(context, request))
```

【代码分析】

在第02～06行代码中，定义了一个用于传递上下文对象的变量context，具体说明如下：

- 在第06行代码中，在变量context中追加了一个属性languages，并赋值为一个列表类型。

下面，演示一下HTML模板grammar.html的代码实例，具体代码如下：

【代码5-15】 （详见源代码TmplSite项目的gramapp/template/grammar.html模板文件）

```
01  <!DOCTYPE html>
02  <html lang="en">
03  <head>
04      <meta charset="UTF-8">
05      <link rel="stylesheet" type="text/css" href="/static/css/style.css"/>
06      <title>{{ title }}</title>
07  </head>
08  <body>
09
10  <p>
11      Hello, this is a <b>{{ gram }}</b> page!
12  </p>
13  <p>
14      Author: <b>{{ author.first_name }} {{ author.last_name }}</b>
15  </p>
16  <p>
17      Languages:<br>
18      <ul>
19          {% for lang in languages %}
20              <li>{{ lang }}</li>
21          {% endfor %}
22      </ul>
23  </p>
24
25  </body>
26  </html>
```

【代码分析】

在第18～22行代码中，定义了一个<ul>列表元素。具体说明如下：

- 在第19～21行代码中，通过在模板中嵌入for语句标签，遍历了Languages（列表）属性。
- 在第20行代码中，通过在<li>元素中插入列表项"{{ lang }}"，将Languages（列表）属性的每一项值显示在页面中。

下面，再次通过FireFox浏览器测试一下TmplSite项目中定义的gramapp模板应用，具体如图5.3中的箭头和标识所示，HTML模板grammar.html中显示了从视图文件views.py中传递过来上下文内容。

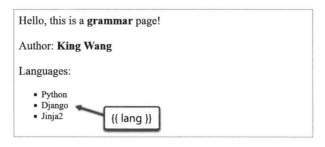

图 5.3　测试 gramapp 模板应用（3）

5.3.3　标签

在Django框架模板语言的语法中，标签在渲染过程中提供了任意语法逻辑。具体来讲，标签可以通过任意控制结构输出指定内容。例如，通过if语句或for循环语句，可以从数据库中获取内容，甚至启用对其他模板标签的访问。

标签使用起来像这样：{% tag %}。

标签比变量在使用上更加复杂：有些标签可以在输出中创建文本，有些标签可以通过执行循环或逻辑来控制流，有些标签可以将外部信息加载到模板中以供以后的变量使用，还有一些标签（例如if和for）需要同时使用开头和结尾的标签，具体如下：

```
{%tag%} content {%endtag%}
```

Django模板中比较常用的语法标签如下：

- if标签：逻辑条件判断。
- for标签：循环对象。
- autoescape标签：自动转义。
- cycle标签：循环对象的值。
- ifchanged标签：判断一个值是否在上一次的迭代中被改变了。
- regroup标签：用于重组对象。
- resetcycle标签：用于重置通过cycle标签操作的循环对象。
- url标签：定义链接的标签。
- templatetag标签：用于输出模板标签字符。
- widthratio标签：用于计算比率。
- now标签：用于显示当前时间。

下面具体介绍几个常用标签的使用方法。

1. 用于进行选择判断的{% if-elif-else-endif %}标签

一个在模板中使用{% if-elif-else-endif %}标签进行选择判断的代码实例，视图文件代码如下：

【代码5-16】（详见源代码TmplSite项目的gramapp/view.py文件）

```
01  def grammar(request):
02      context = {}
```

```
03      context['title'] = "Django Template Grammar"
04      context['gram'] = "grammar"
05      context['t'] = "true"
06      context['f'] = "false"
07      template = loader.get_template('gramapp/grammar.html')
08      return HttpResponse(template.render(context, request))
```

【代码分析】

在第02～06行代码中，定义了一个用于传递上下文对象的变量context，具体说明如下：

- 在第05行代码中，在变量context中添加了第一个属性t，并赋值为字符串"true"。
- 在第06行代码中，在变量context中添加了第二个属性f，并赋值为字符串"false"。

下面，看一下HTML模板的代码实例，具体代码如下：

【代码5-17】（详见源代码TmplSite项目的gramapp/template/grammar.html模板文件）

```
01  <!DOCTYPE html>
02  <html lang="en">
03  <head>
04      <meta charset="UTF-8">
05      <link rel="stylesheet" type="text/css" href="/static/css/style.css"/>
06      <title>{{ title }}</title>
07  </head>
08  <body>
09
10  <p>
11      Hello, this is a <b>{{ gram }}</b> page!
12  </p>
13  <p>
14      <b>if-elif-else-endif</b><br><br>
15      True:
16      {% if t == 'true' %}
17          This is a true condition.
18      {% elif t == 'false' %}
19          This is a false condition.
20      {% else %}
21          No condition.
22      {% endif %}
23      <br><br>
24      False:
25      {% if f == 'true' %}
26          This is a true condition.
27      {% elif f == 'false' %}
28          This is a false condition.
29      {% else %}
30          No condition.
31      {% endif %}
32      <br><br>
33      No Else:
34      {% if f == 'true' %}
35          This is a true condition.
```

```
36        {% elif t == 'false' %}
37            This is a false condition.
38        {% else %}
39            No condition.
40        {% endif %}
41        <br><br>
42    </p>
43
44    </body>
45    </html>
```

【代码分析】

在第16～22行、第25～31行和第34～40行代码中，分别通过{% if-elif-else-endif %}标签进行选择判断，根据判断结果选择输出不同的文本信息。

下面，通过FireFox浏览器测试一下TmplSite项目中定义的gramapp模板应用，具体如图5.4中的箭头和标识所示，HTML模板grammar.html根据条件判断语句选择输出了不同内容。

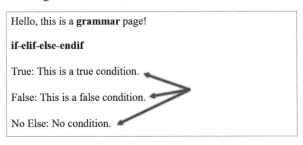

图 5.4　测试{% if-elif-else-endif %}标签

2. 关于循环对象的{% for-endfor %}标签

下面讲解一个在模板中综合使用{% if-elif-else-endif %}标签和{% for-endfor %}标签进行输出的代码实例。其视图文件代码如下：

【代码5-18】（详见源代码TmplSite项目的gramapp/view.py文件）

```
01    def grammar(request):
02        context = {}
03        context['title'] = "Django Template Grammar"
04        context['gram'] = "grammar"
05        context['flag'] = "even"
06        context['even'] = [0, 2, 4, 6, 8]
07        context['odd'] = [1, 3, 5, 7, 9]
08        template = loader.get_template('gramapp/grammar.html')
09        return HttpResponse(template.render(context, request))
```

【代码分析】

在第02～07行代码中，定义了一个用于传递上下文对象的变量context，具体说明如下：

- 在第05行代码中，在变量context中添加了第一个属性flag，并赋值为"even"。

- 在第06行代码中，在变量context中添加了第二个属性even，并赋值为一个偶数列表（数字10以内）。
- 在第07行代码中，在变量context中添加了第三个属性odd，并赋值为一个奇数列表（数字10以内）。

下面，看一下HTML模板的代码实例，具体如下：

【代码5-19】（详见源代码TmplSite项目的gramapp/template/grammar.html模板文件）

```
01  <!DOCTYPE html>
02  <html lang="en">
03  <head>
04      <meta charset="UTF-8">
05      <link rel="stylesheet" type="text/css" href="/static/css/style.css"/>
06      <title>{{ title }}</title>
07  </head>
08  <body>
09
10  <p>
11      Hello, this is a <b>{{ gram }}</b> page!
12  </p>
13  <p>
14      Numbers:
15      <ul>
16        {% if flag == 'even' %}
17            {% for num in even %}
18                <li>{{ num }}</li>
19            {% endfor %}
20        {% elif flag == 'odd' %}
21            {% for num in odd %}
22                <li>{{ num }}</li>
23            {% endfor %}
24        {% else %}
25            No print.
26        {% endif %}
27      </ul>
28  </p>
29
30  </body>
31  </html>
```

【代码分析】

在第16～26行代码中，通过{% if-elif-else-endif %}标签进行选择判断，根据判断结果选择输出奇数数列或偶数数列。

在第17～19行和第21～23行代码中，分别通过{% for-endfor %}标签循环对象even和odd，输出奇数数列和偶数数列。

下面，通过FireFox浏览器测试一下TmplSite项目中定义的gramapp模板应用，具体如图5.5中的箭头和标识所示，HTML模板grammar.html中显示了从视图文件views.py中传递过来的偶数数列。

下面，尝试将【代码5-18】中第05行代码的属性flag重新赋值为odd，然后刷新一下页面，结果如图5.6中的箭头和标识所示，HTML模板grammar.html中显示了从视图文件views.py中传递过来的奇数数列。

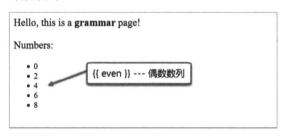

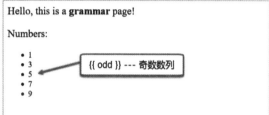

图 5.5　测试 for 标签（1）　　　　　　　图 5.6　测试 for 标签（2）

3. 关于自动转义的{% autoescape-endautoescape %}标签

这是一个在模板中使用{% autoescape-endautoescape %}标签进行超链接地址自动转义的代码实例，视图文件代码如下：

【代码5-20】（详见源代码TmplSite项目的gramapp/view.py文件）

```
01  def grammar(request):
02      context = {}
03      context['title'] = "Django Template Grammar"
04      context['gram'] = "grammar"
05      context['site'] = "<a href='https://www.djangoproject.com/'>Django Home
Page</a>"
06      template = loader.get_template('gramapp/grammar.html')
07      return HttpResponse(template.render(context, request))
```

【代码分析】

在第02～05行代码中，定义了一个用于传递上下文对象的变量context，具体说明如下：

● 在第05行代码中，在变量context中添加了一个属性site，并赋值为一个超链接标签"<a href='https://www.djangoproject.com/'>Django Home Page</a>"。

下面，看一下HTML模板的代码实例，具体代码如下：

【代码5-21】（详见源代码TmplSite项目的gramapp/template/grammar.html模板文件）

```
01  <!DOCTYPE html>
02  <html lang="en">
03  <head>
04      <meta charset="UTF-8">
05      <link rel="stylesheet" type="text/css" href="/static/css/style.css"/>
06      <title>{{ title }}</title>
07  </head>
08  <body>
09
10  <p>
11      Hello, this is a <b>{{ gram }}</b> page!
12  </p>
```

```
13  <p>
14    Escape Site:
15    <br><br>
16    output site:<br>
17    {{ site }}
18    <br><br>
19    autoescape on :<br>
20    {% autoescape on %}
21        {{ site }}
22    {% endautoescape %}
23    <br><br>
24    autoescape off :<br>
25    {% autoescape off %}
26        {{ site }}
27    {% endautoescape %}
28  </p>
29
30  </body>
31  </html>
```

【代码分析】

在第17行代码中，通过双大括号（{{ }}）引用了【代码5-20】中定义的属性{{ site }}，直接在页面中进行输出。

在第20～22行代码中，分别通过{% autoescape on %}和{% endautoescape %}自动转义标签对属性site进行打开转义操作，并在页面中进行输出。

在第25～27行代码中，分别通过{% autoescape off %}和{% endautoescape %}自动转义标签对属性site进行关闭转义操作，并在页面中进行输出。

下面，通过FireFox浏览器测试一下TmplSite项目中定义的gramapp模板应用，具体如图5.7中的箭头和标识所示，HTML模板grammar.html中显示了打开转义标签和关闭转义标签的页面效果。在关闭转义标签后，超链接标签<a>可以在模板中正常显示。

图 5.7　测试 autoescape 标签

4. 关于循环对象的{% cycle %}标签

这是一个在模板中使用{% cycle %}标签进行循环对象的代码实例，视图文件代码如下：

【代码5-22】（详见源代码TmplSite项目的gramapp/view.py文件）

```
01  def grammar(request):
02      context = {}
03      context['title'] = "Django Template Grammar"
04      context['gram'] = "grammar"
05      context['num'] = (0, 1, 2, 3, 4, 5, 6, 7, 8, 9)
06      template = loader.get_template('gramapp/grammar.html')
07      return HttpResponse(template.render(context, request))
```

【代码分析】

在第02～05行代码中，定义了一个用于传递上下文对象的变量context，具体说明如下：

- 在第05行代码中，在变量（context）中添加了一个属性num，并赋值为一个元组类型的数组（用于计数）。

下面，看一下HTML模板的代码实例，具体代码如下：

【代码5-23】（详见源代码TmplSite项目的gramapp/template/grammar.html模板文件）

```
01  <!DOCTYPE html>
02  <html lang="en">
03  <head>
04      <meta charset="UTF-8">
05      <link rel="stylesheet" type="text/css" href="/static/css/mystyle.css"/>
06      <title>{{ title }}</title>
07  </head>
08  <body>
09
10  <p class="middle">
11      Hello, this is a <b>{{ gram }}</b> page!
12  </p>
13  <p class="middle">
14      Cycle Obj:<br>
15      {% for i in num %}
16          {% cycle 'even' 'odd' %}
17      {% endfor %}
18  </p>
19
20  </body>
21  </html>
```

【代码分析】

在第15～17行代码中，通过{% for-endfor %}循环标签对属性num进行循环计数操作。具体说明如下：

- 在第16行代码中，通过{% cycle %}循环对象标签对一组字符串进行循环遍历操作，并在页面中进行输出。

下面，通过FireFox浏览器测试一下TmplSite项目中定义的gramapp模板应用，具体如图5.8中的箭头和标识所示，HTML模板grammar.html中显示了通过{% cycle %}标签循环对象的页面效果。

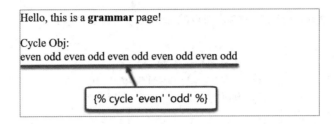

图 5.8　测试 cycle 标签（1）

下面，再介绍一个通过循环对象{% cycle %}标签在HTML模板中设计不同样式的代码实例，视图文件代码如下：

【代码5-24】（详见源代码TmplSite项目的gramapp/view.py文件）

```
01  def grammar(request):
02      context = {}
03      context['title'] = "Django Template Grammar"
04      context['gram'] = "grammar"
05      context['len'] = (0, 1, 2)
06      template = loader.get_template('gramapp/grammar.html')
07      return HttpResponse(template.render(context, request))
```

【代码分析】

在第02～05行代码中，定义了一个用于传递上下文对象的变量context，具体说明如下：

- 在第05行代码中，在变量context中添加了一个属性len，并赋值为一个元组类型的数组（用于计数）。

下面，再看一下HTML模板的代码实例，具体代码如下：

【代码5-25】（详见源代码TmplSite项目的gramapp/template/grammar.html模板文件）

```
01  <!DOCTYPE html>
02  <html lang="en">
03  <head>
04      <meta charset="UTF-8">
05      <link rel="stylesheet" type="text/css" href="/static/css/myclass.css"/>
06      <title>{{ title }}</title>
07  </head>
08  <body>
09
10  <p class="middle">
11      Hello, this is a <b>{{ gram }}</b> page!
12  </p>
13  <p>
14      Cycle Paragraphs:<br>
15      {% for j in len %}
16          <p class="{% cycle 'p-small' 'p-middle' 'p-large' %}">
17              This is a cycle class test.
18          </p>
19      {% endfor %}
```

```
20    </p>
21
22    </body>
23    </html>
```

【代码分析】

在第15～19行代码中，通过{% for-endfor %}循环标签对属性len进行循环计数操作。具体说明如下：

- 在第16行代码中，通过{% cycle %}循环对象标签对一组CSS样式表（'p-small'、'p-middle'、'p-large'）进行循环遍历操作，这组不同的样式均内置于同一个段落<p>标签。

下面，通过FireFox浏览器测试一下TmplSite项目中定义的gramapp模板应用，具体如图5.9中的箭头和标识所示，HTML模板grammar.html中显示了通过{% cycle %}标签循环不同CSS样式段落的页面效果。

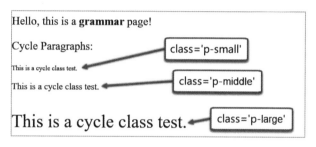

图 5.9　测试 cycle 标签（2）

5. 关于检查值是否变化的{% ifchanged %}标签

该标签用于检查一个值是否在上一次的迭代中发生了改变。在下面这个代码实例中，视图部分参考【代码5-22】略作修改，具体视图文件代码如下：

【代码5-26】（详见源代码TmplSite项目的gramapp/view.py文件）

```
01   def grammar(request):
02       context = {}
03       context['title'] = "Django Template Grammar"
04       context['gram'] = "grammar"
05       context['num'] = (0, 1, 2, 3, 4, 5, 6, 7, 8, 9)
06       context['changed'] = 'watchchange'
07       template = loader.get_template('gramapp/grammar.html')
08       return HttpResponse(template.render(context, request))
```

【代码分析】

在第02～06行代码中，定义了一个用于传递上下文对象的变量context，具体说明如下：

- 在第06行代码中，在变量context中添加了一个属性changed，并赋值为一个字符串，用于判断内容是否改变。

下面，看一下HTML模板的代码实例，具体代码如下：

【代码5-27】（详见源代码TmplSite项目的gramapp/template/grammar.html模板文件）

```
01  <!DOCTYPE html>
02  <html lang="en">
03  <head>
04      <meta charset="UTF-8">
05      <link rel="stylesheet" type="text/css" href="/static/css/myclass.css"/>
06      <title>{{ title }}</title>
07  </head>
08  <body>
09
10  <p class="middle">
11      Hello, this is a <b>{{ gram }}</b> page!
12  </p>
13  <p class="middle">
14      ifchanged:<br>
15      {% for n in num %}
16          {% ifchanged changed %}
17              {{ n }}
18          {% endifchanged %}
19      {% endfor %}
20  </p>
21
22  </body>
23  </html>
```

【代码分析】

在第15～19行代码中，通过{% for-endfor %}循环标签对属性num进行循环计数操作。具体说明如下：

- 在第16～18行代码中，通过{% ifchanged-endifchanged %}标签判断属性changed的内容是否改变。
- 在第17行代码中，根据上面判断结果来输出变量n的值。

下面，通过FireFox浏览器测试一下TmplSite项目中定义的gramapp模板应用，具体如图5.10中的箭头所示，页面中仅仅显示出来了一个数字"0"，这是因为在第一次循环之后，再次循环时判断出属性changed的内容均为未发生改变，于是就不会再继续输出变量n的值了。

下面，再将【代码5-27】定义的HTML模板代码修改一下，在{% ifchanged %}标签中增加{% else %}标签的使用，具体代码如下：

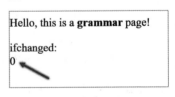

图 5.10　测试 ifchanged 标签（1）

【代码5-28】（详见源代码TmplSite项目的gramapp/template/grammar.html模板文件）

```
01  <!DOCTYPE html>
02  <html lang="en">
03  <head>
04      <meta charset="UTF-8">
05      <link rel="stylesheet" type="text/css" href="/static/css/myclass.css"/>
```

```
06      <title>{{ title }}</title>
07 </head>
08 <body>
09
10 <p class="middle">
11      Hello, this is a <b>{{ gram }}</b> page!
12 </p>
13 <p class="middle">
14      ifchanged:<br>
15      {% for n in num %}
16          {% ifchanged changed %}
17              {{ n }}
18          {% else %}
19              {{ n }}
20          {% endifchanged %}
21      {% endfor %}
22 </p>
23
24 </body>
25 </html>
```

【代码分析】

在第16～20行代码中，在{% ifchanged-endifchanged %}
标签中增加了{% else %}标签。

在第19行代码同样在输出变量n的值。

下面，通过FireFox浏览器测试一下TmplSite项目中定义
的gramapp模板应用，具体如图5.11中的箭头和标识所示，在
{% ifchanged-endifchanged %}标签中增加{% else %}标
签后，HTML模板grammar.html中又成功显示了全部的数字。

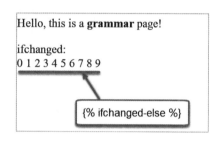

图 5.11　测试 ifchanged 标签（2）

6. 关于重组对象的{% regroup %}标签

该标签可以根据对象间共有的属性来重组列表。该标签包含3个参数：要重组的列表、用来分
组的属性，以及结果列表的名字。具体根据下面两个字段来使用：

- grouper：表示分组的项目。
- list：表示此群组中所有项目的列表。

下面是一个在模板中使用{% regroup %}标签进行编程语言内容重组的代码实例，视图文件
代码如下：

【代码5-29】（详见源代码TmplSite项目的gramapp/view.py文件）

```
01 def grammar(request):
02     context = {}
03     context['title'] = "Django Template Grammar"
04     context['gram'] = "grammar"
05     context['languages'] = [
06         {'name': 'Python', 'rated': '99%', 'content': 'Prog'},
```

```
07            {'name': 'Java', 'rated': '90%', 'content': 'Prog'},
08            {'name': 'JavaScript', 'rated': '98%', 'content': 'Web'},
09            {'name': 'PHP', 'rated': '95%', 'content': 'Web'},
10            {'name': 'Django', 'rated': '96', 'content': 'Web'},
11        ]
12    template = loader.get_template('gramapp/grammar.html')
13    return HttpResponse(template.render(context, request))
```

【代码分析】

在第02～11行代码中，定义了一个用于传递上下文对象的变量context，具体说明如下：

- 在第05～11行代码中，在变量context中添加了一个属性languages，并赋值为一个字典类型的数组（关于几种编程语言的内容）。

下面，看一下HTML模板的代码实例，具体代码如下：

【代码5-30】（详见源代码TmplSite项目的gramapp/template/grammar.html模板文件）

```
01 <!DOCTYPE html>
02 <html lang="en">
03 <head>
04     <meta charset="UTF-8">
05     <link rel="stylesheet" type="text/css" href="/static/css/myclass.css"/>
06     <title>{{ title }}</title>
07 </head>
08 <body>
09
10 <p class="middle">
11     Hello, this is a <b>{{ gram }}</b> page!
12 </p>
13 {% regroup languages by content as content_list %}
14 <p>
15     <ul>
16         {% for content in content_list %}
17             <li>{{ content.grouper }}
18                 <ul>
19                     {% for lang in content.list %}
20                         <li>{{ lang.name }}: {{ lang.rated }}</li>
21                     {% endfor %}
22                 </ul>
23             </li>
24         {% endfor %}
25     </ul>
26 </p>
27
28 </body>
29 </html>
```

【代码分析】

在第13行代码中，通过{% regroup %}标签对languages对象进行了重组，通过by参数指定依据content属性进行重组，重组后的对象列表通过as参数定义为content_list。

在第15～25行代码中，通过{% for-endfor %}循环标签创建<ul><li>重组对象列表。具体说明如下：

- 在第17行代码中，通过grouper字段来依据content属性对languages对象列表进行分组。
- 在第19行代码中，通过list字段来获取每一项的列表，该列表包含了languages对象中每一项的具体内容。

下面，通过FireFox浏览器测试一下TmplSite项目中定义的gramapp模板应用，具体如图5.12中的箭头和标识所示，HTML模板grammar.html中显示了通过{%regroup %}标签进行对象重组的页面效果。

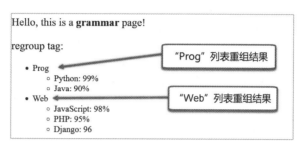

图 5.12 测试 regroup 标签

7. 关于重置循环对象的{% resetcycle %}标签

该标签在循环对象{% cycle %}标签的基础上起到重置循环对象的功能。重置循环对象的{% resetcycle %}标签一般放置于{% for %}循环标签内来使用。

下面是一个在模板中使用{% resetcycle %}标签进行重置循环对象的代码实例，视图文件代码如下：

【代码5-31】（详见源代码TmplSite项目的gramapp/view.py文件）

```
01  def grammar(request):
02      context = {}
03      context['title'] = "Django Template Grammar"
04      context['gram'] = "grammar"
05      context['len'] = (0, 1, 2)
06      context['len2'] = (0, 1, 2, 3)
07      template = loader.get_template('gramapp/grammar.html')
08      return HttpResponse(template.render(context, request))
```

【代码分析】

在第02～06行代码中，定义了一个用于传递上下文对象的变量context，具体说明如下：

- 在第05行代码中，在变量context中添加了一个属性len，并赋值为一个元组类型的变量（用于第一层循环计数）。
- 在第06行代码中，在变量context中添加了一个属性len2，并赋值为另一个元组类型的变量（用于第二层循环计数）。

下面，看一下HTML模板的代码实例，具体代码如下：

【代码5-32】（详见源代码TmplSite项目的gramapp/template/grammar.html模板文件）

```
01  <!DOCTYPE html>
02  <html lang="en">
03  <head>
04      <meta charset="UTF-8">
05      <link rel="stylesheet" type="text/css" href="/static/css/myclass.css"/>
06      <title>{{ title }}</title>
07  </head>
08  <body>
09
10  <p class="middle">
11      Hello, this is a <b>{{ gram }}</b> page!
12  </p>
13  <p>
14      Cycle Numbers:<br>
15      {% for i in len %}
16          {% for j in len2 %}
17              {% cycle '1' '2' '3' %}
18          {% endfor %}
19      {% endfor %}
20  </p>
21  <p>
22      Resetcycle Numbers:<br>
23      {% for i in len %}
24          {% for j in len2 %}
25              {% cycle '1' '2' '3' %}
26          {% endfor %}
27          {% resetcycle %}
28      {% endfor %}
29  </p>
30
31  </body>
32  </html>
```

【代码分析】

在第15～19行代码中，通过两层{% for-endfor %}循环标签进行了内外双循环计数。具体说明如下：

- 在第17行代码中，通过{% cycle %}标签尝试在页面输出一个数字序列。

在第23～28行代码中，再次通过两层{% for-endfor %}循环标签进行了内外双循环计数。具体说明如下：

- 在第25行代码中，同样通过{% cycle %}标签尝试在页面输出一个数字序列。
- 不同之处是在第27行代码中，通过{% resetcycle %}标签重置了第25行代码中的{% cycle %}标签。

第15～19行代码与第23～28行代码的区别，正好反映了{% resetcycle %}标签的作用。

下面，通过FireFox浏览器测试一下TmplSite项目中定义的gramapp模板应用，具体如图5.13中的箭头和标识所示，没有通过重置循环对象{% resetcycle %}标签作用的数列是按照顺序输出的；而通过重置循环对象{% resetcycle %}标签作用的数列则发生了中断，顺序是间断输出的。

图 5.13　测试 resetcycle 标签

8. {% url %}链接标签

该标签将返回与给定视图和可选参数匹配的绝对路径引用（注意是不带域名的URL地址）。{% url %}链接标签的语法如下：

```
{% url 'some-url-name' v1 v2 %}
```

其中，第一个参数表示URL地址的名称，可以是一个被引号引起来的字符串或者其他的上下文变量；其他参数是可选的，并且以空格隔开，这些值会在URL地址中以参数的形式传递。

另外，上面的语法展示了如何传递位置参数，当然也可以使用关键字参数，具体语法说明如下：

```
{% url 'some-url-name' arg1=v1 arg2=v2 %}
```

注意，上面两种语法格式的作用是一致的，但切记不要将位置参数与关键字参数搞混了。

下面是一个在模板中使用{% url %}标签定义超链接的代码实例，关于url配置文件的代码如下：

【代码5-33】（详见源代码TmplSite项目的gramapp/urls.py文件）

```
01  urlpatterns = [
02      path('', views.index, name='index'),
03      path('gram/', views.grammar, name='grammar'),
04  ]
```

【代码分析】

在第01～04行代码的URLConf配置中，通过path()方法定义了两个路径，具体说明如下：

- 在第02行代码表示默认路径"/ "对应视图index。
- 在第03行代码表示路径"gram/"对应视图grammar。

下面，看一下HTML模板的代码实例，具体代码如下：

【代码5-34】（详见源代码TmplSite项目的gramapp/template/grammar.html模板文件）

```
01  <!DOCTYPE html>
02  <html lang="en">
03  <head>
```

```
04      <meta charset="UTF-8">
05      <link rel="stylesheet" type="text/css" href="/static/css/myclass.css"/>
06      <title>{{ title }}</title>
07 </head>
08 <body>
09
10 <p class="middle">
11      Hello, this is a <b>{{ gram }}</b> page!
12 </p>
13 <p>
14      url tag:<br><br>
15      <a href={% url 'index' %}>index</a><br><br>
16      <a href={% url 'grammar' %}>grammar</a><br><br>
17 </p>
18
19 </body>
20 </html>
```

【代码分析】

在第15行代码中，通过{% url %}链接标签定义了视图index的超链接地址。

在第16行代码中，通过{% url %}链接标签定义了视图grammar的超链接地址。

下面，通过FireFox浏览器测试一下TmplSite项目中定义的gramapp模板应用，具体如图5.14和图5.15中的箭头和标识所示，页面中创建的两个超链接地址与浏览器状态栏中所提示的路径是一致的。

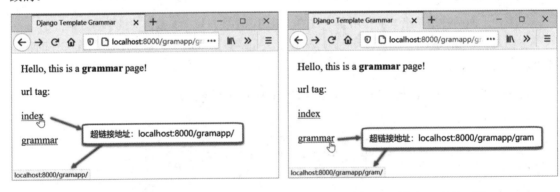

图 5.14　测试 url 标签（1）　　　　图 5.15　测试 url 标签（2）

下面继续使用上面的实例，增强一下{% url %}标签的使用方法，关于url配置文件的代码如下：

【代码5-35】（详见源代码TmplSite项目的gramapp/urls.py文件）

```
01 urlpatterns = [
02     path('', views.index, name='index'),
03     path('gram/', views.grammar, name='grammar'),
04     path('gram/<gram_id>/', views.grammar_id, name='grammar_id'),
05 ]
```

【代码分析】

在第01～05行代码的URLConf配置中，通过path()方法定义了两个路径，具体说明如下：

- 在第04行代码表示路径gram/<gram_id>对应视图函数grammar_id，其中gram_id表示路径参数。

下面，看一下关于视图函数grammar_id的定义，具体代码如下：

【代码5-36】（详见源代码TmplSite项目的gramapp/view.py文件）

```
01  def grammar_id(request, gram_id):
02      return HttpResponse("Hello, you're at the grammar %s index." % (gram_id))
```

【代码分析】

在第01、02行代码中，定义了一个视图函数grammar_id，并包括一个参数gram_id。

接着继续完善视图函数grammar的定义，具体代码如下：

【代码5-37】（详见源代码TmplSite项目的gramapp/view.py文件）

```
01  def grammar(request):
02      context = {}
03      context['title'] = "Django Template Grammar"
04      context['gram'] = "grammar"
05      context['id'] = '123'
06      template = loader.get_template('gramapp/grammar.html')
07      return HttpResponse(template.render(context, request))
```

【代码分析】

在第02～05行代码中，定义了一个用于传递上下文对象的变量context，具体说明如下：

- 在第05行代码中，在变量context中添加了一个属性id，并赋值为一个字符串"123"。

最后，看一下HTML模板的代码实例，具体代码如下：

【代码5-38】（详见源代码TmplSite项目的gramapp/template/grammar.html模板文件）

```
01  <!DOCTYPE html>
02  <html lang="en">
03  <head>
04      <meta charset="UTF-8">
05      <link rel="stylesheet" type="text/css" href="/static/css/mystyle.css"/>
06      <title>{{ title }}</title>
07  </head>
08  <body>
09
10  <p class="middle">
11      Hello, this is a <b>{{ gram }}</b> page!
12  </p>
13  <p>
14      url tag:<br><br>
```

```
15        <a href={% url 'grammar_id' id %}>grammar_id</a><br><br>
16        <a href={% url 'grammar_id' gram_id=id %}>grammar_id(by arg1)</a><br><br>
17    </p>
18
19    </body>
20    </html>
```

【代码分析】

在第15行代码中，通过{% url %}链接标签定义了视图grammar_id的超链接地址，并使用了id参数。

在第16行代码中，同样通过{% url %}链接标签定义了视图grammar_id的超链接地址，在使用id参数的方式上借助了关键字参数gram_id（参见【代码5-35】的URLConf定义）。

下面，通过FireFox浏览器测试一下TmplSite项目中定义的gramapp模板应用，具体如图5.16和图5.17中的箭头和标识所示，页面中创建的两个超链接地址与浏览器状态栏中所提示的路径是一致的。

图 5.16　测试 url 标签（3）　　　　图 5.17　测试 url 标签（4）

下面，单击任意一个超链接测试一下，具体效果如图5.18中的箭头所示，页面中显示的内容正对应于【代码5-36】中视图函数grammar_id的定义。

图 5.18　测试 url 标签（5）

9. 输出模板标签字符的{% templatetag %}标签

该标签输出用于构成模板标签的语法字符。由于Django模板系统没有"转义"的概念，因此无法在HTML中使用"\"转义出类似"{}""{{ }}"和"%"的语法字符。为了显示模板标签本身，必须使用{% templatetag %}标签，并需要借助如下几组相应的参数：

```
openblock: {%
closeblock: %}
openvariable: {{
closevariable: }}
```

```
openbrace: {
closebrace: }
```

下面是一个在模板中使用{% templatetag %}标签输出模板标签语法字符的代码实例，模板文件代码如下：

【代码5-39】（详见源代码TmplSite项目的gramapp/template/grammar.html模板文件）

```
01  <!DOCTYPE html>
02  <html lang="en">
03  <head>
04      <meta charset="UTF-8">
05      <link rel="stylesheet" type="text/css" href="/static/css/mystyle.css"/>
06      <title>{{ title }}</title>
07  </head>
08  <body>
09
10  <p class="middle">
11      Hello, this is a <b>{{ gram }}</b> page!
12  </p>
13  <p>
14      templatetag openblock:<br>
15      {% templatetag openblock %} {% url 'grammar' %} {% templatetag
closeblock %}<br><br>
16      templatetag openvariable:<br>
17      {% templatetag openvariable %} {{ num }} {% templatetag
closevariable %}<br><br>
18      templatetag openbrace:<br>
19      {% templatetag openbrace %} {{ len }} {% templatetag closebrace %}<br><br>
20  </p>
21
22  </body>
23  </html>
```

【代码分析】

在第14～19行代码中，通过{% templatetag %}标签输出了一组模板标签语法字符，具体说明如下：

- 在第15行代码中，通过{% templatetag openblock %}标签和{% templatetag closeblock %}标签在页面中输出了语法字符"{%　%}"。
- 在第17行代码中，通过{% templatetag openvariable %}标签和{% templatetag closevariable %}标签在页面中输出了语法字符"{{ }}"。
- 在第19行代码中，通过{% templatetag openbrace %}标签和{% templatetag closebrace %}标签在页面中输出了语法字符"{ }"。

下面通过FireFox浏览器测试一下TmplSite项目中定义的gramapp模板应用，具体如图5.19中的箭头和标识所示，通过{% templatetag %}标签（借助不同参数）分别在页面中输出了"%""{{ }}"和"{ }"语法字符。

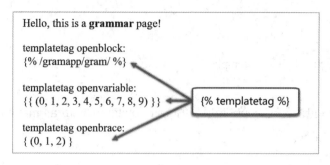

图 5.19　测试 templatetag 标签

10. 关于计算比率的{% widthratio %}标签

该标签用于计算给定值与最大值的比率，然后将该比率应用于常量。Django模板设计{% widthratio %}标签主要是为了创建柱状形图。{% widthratio %}标签的语法格式如下：

```
{% widthratio this_value max_value radio %}
```

其中，参数this_value表示当前值，参数max_value表示最大值，参数radio表示计算比率。比率的计算公式为this_value÷max_value×radio。

下面是一个在模板中使用{% widthratio %}标签转换原始图片为类似柱状图的代码实例，模板文件代码如下：

【代码5-40】（详见源代码TmplSite项目的gramapp/template/grammar.html模板文件）

```
01  <!DOCTYPE html>
02  <html lang="en">
03  <head>
04    <meta charset="UTF-8">
05    <link rel="stylesheet" type="text/css" href="/static/css/mystyle.css"/>
06    <title>{{ title }}</title>
07  </head>
08  <body>
09
10  <p class="middle">
11    Hello, this is a <b>{{ gram }}</b> page!
12  </p>
13  <p>
14    image original:<br><br>
15    <img src="/static/images/django-small.png" alt="Django">
16  </p>
17  <p>
18    image widthradio:<br><br>
19    <img src="/static/images/django-small.png" alt="Django"
20      height="{% widthratio 100 50 100 %}"
21      width="{% widthratio 180 200 100 %}">
22  </p>
23
24  </body>
25  </html>
```

【代码分析】

在第15行代码中，在HTML模板页面中显示了一幅原始图片（图片路径："/static/images/django-small.png"）。

在第19～21行代码中，在HTML模板页面中通过{% widthratio %}标签将该原始图片（图片路径："/static/images/django-small.png"）转换为柱状图进行显示，具体说明如下：

- 在第20行代码中，在图片的height属性中通过{% widthratio %}标签对图片高度尺寸进行了比率换算（$100 \div 50 \times 100 = 200$）。
- 在第21行代码中，在图片的width属性中通过{% widthratio %}标签对图片宽度尺寸进行了比率换算（$180 \div 200 \times 100 = 90$）。

下面，通过FireFox浏览器测试一下TmplSite项目中定义的gramapp模板应用，具体如图5.20中的箭头和标识所示，通过{% widthradio %}标签成功将原始图片转换为了柱状图尺寸的图片。

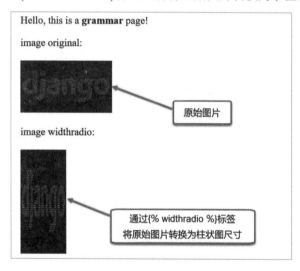

图 5.20　测试 widthratio 标签

11. 关于显示当前日期或时间的{% now %}标签

该标签支持显示格式的定义。具体模板文件代码如下：

【代码5-41】（详见源代码TmplSite项目的gramapp/template/grammar.html模板文件）

```
01  <!DOCTYPE html>
02  <html lang="en">
03  <head>
04      <meta charset="UTF-8">
05      <link rel="stylesheet" type="text/css" href="/static/css/mystyle.css"/>
06      <title>{{ title }}</title>
07  </head>
08  <body>
09
10  <p class="middle">
11      Hello, this is a <b>{{ gram }}</b> page!
12  </p>
```

```
13  <p>
14    now tag:<br><br>
15    It is {% now "jS F Y H:i" %}<br><br>
16    It is the {% now "jS \o\f F Y" %}<br><br>
17    It is {% now "H:i:s D Y/M/d" %}<br><br>
18  </p>
19
20  </body>
21  </html>
```

【代码分析】

在第15～17行代码中，HTML模板页面使用{% now %}标签显示了一组时间格式。

下面，通过FireFox浏览器测试一下TmplSite项目中定义的gramapp模板应用，具体如图5.21所示，通过{% now %}标签成功显示了一组（共计3个）时间格式。

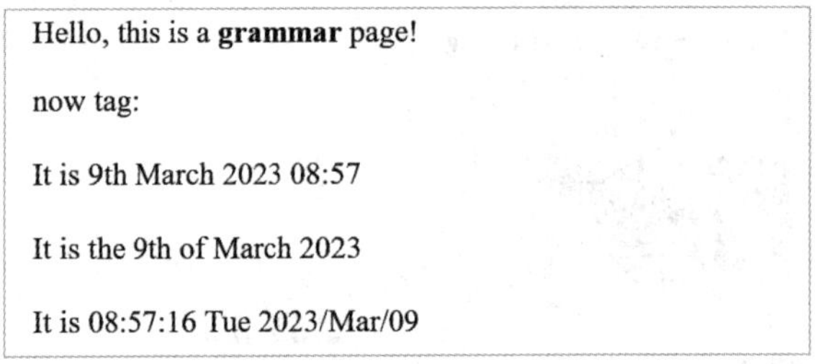

Hello, this is a **grammar** page!

now tag:

It is 9th March 2023 08:57

It is the 9th of March 2023

It is 08:57:16 Tue 2023/Mar/09

图 5.21　测试 now 标签

5.3.4　过滤器

在Django框架模板语言的语法中，过滤器（Filters）实现了转换变量和标记参数值的功能。可以使用过滤器修改变量以进行显示。

过滤器的格式如下：

```
{{ name | filter }}
```

其中，name表示变量名称，filter表示过滤器，"|"字符表示管道。

过滤器可以实现"链式"操作，通过串联"|"管道来将一个过滤器的输出应用于下一个过滤器的输入。例如，{{ text | escape | upper }}表示先转义文本内容，然后转换为大写字母。

另外，还一些过滤器可以通过符号":"来接收参数。例如，{{bio | truncatewords : 30}}表示显示变量bio的前30个字符。对于包含空格的过滤器参数，则必须用引号引起来。例如，要将逗号和空格加入列表，可以这样使用过滤器{{ list | join : ", "}}。

关于Django模板语法标签中的过滤器，具体介绍如下。

1. default过滤器

default过滤器用于设置默认值。default过滤器对于变量的作用：如果变量为false或"空"，则使用给定的默认值；否则使用变量自己的值。

下面是一个使用default过滤器的代码实例，视图文件代码如下：

【代码5-42】（详见源代码TmplSite项目的gramapp/view.py文件）

```
01  def filters(request):
02      context = {}
03      context['title'] = "Django Template Grammar"
04      context['filters'] = "filters"
05      context['default'] = "default"
06      context['default_nothing'] = ""
07      template = loader.get_template('gramapp/filters.html')
08      return HttpResponse(template.render(context, request))
```

【代码分析】

在第02～06代码中，定义了一个用于传递上下文对象的变量context，具体说明如下：

- 在第05行代码中，在变量context中添加了第一个属性default，并赋值为字符串"default"。
- 在第06行代码中，在变量context中添加了第二个属性default_nothing，并赋值为空字符串。

下面，看一下HTML模板的代码实例，具体代码如下：

【代码5-43】（详见源代码TmplSite项目的gramapp/template/filters.html模板文件）

```
01  <!DOCTYPE html>
02  <html lang="en">
03  <head>
04      <meta charset="UTF-8">
05      <link rel="stylesheet" type="text/css" href="/static/css/mystyle.css"/>
06      <title>{{ title }}</title>
07  </head>
08  <body>
09
10  <p class="middle">
11      Hello, this is a template tag <b>{{ filters }}</b> page!
12  </p>
13  <p class="middle">
14      filters - default:<br>
15      {{ default | default:"nothing" }}<br>
16      {{ default_nothing | default:"nothing" }}<br>
17  </p>
18
19  </body>
20  </html>
```

【代码分析】

在第15、16行代码中，分别通过default过滤器对变量default和default_nothing进行过滤操作。具体说明如下：

- 在第15行代码中，对变量default使用了default过滤器（默认值为字符串"nothing"）。
- 在第16行代码中，对变量default_nothing再次使用了同样的default过滤器（默认值为字符串"nothing"）。

下面，通过FireFox浏览器测试一下TmplSite项目中定义的gramapp模板应用，具体如图5.22中的箭头和标识所示，变量default经过default过滤器处理后，仍旧输出了自身定义的值，因为变量default的值不为空。而变量default_nothing经过default过滤器处理后，输出了过滤器定义的值nothing，这是因为变量default_nothing的值定义为空。

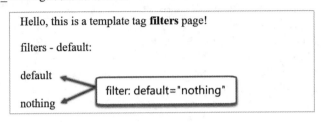

Hello, this is a template tag **filters** page!

filters - default:

default

nothing

filter: default="nothing"

图 5.22　测试 default 过滤器

2. default_if_none过滤器

default_if_none过滤器对于变量的作用：如果变量为None，则使用给定的默认值；否则，使用变量自己的值。

下面是一个使用default_if_none过滤器的代码实例，视图文件代码如下：

【代码5-44】（详见源代码TmplSite项目的gramapp/view.py文件）

```
01  def filters(request):
02      context = {}
03      context['title'] = "Django Template Grammar"
04      context['filters'] = "filters"
05      context['default'] = "default"
06      context['defaultifnone'] = None
07      template = loader.get_template('gramapp/filters.html')
08      return HttpResponse(template.render(context, request))
```

【代码分析】

在第02～06行代码中，定义了一个用于传递上下文对象的变量context，具体说明如下：

● 在第05行代码中，在变量context中添加了第一个属性default，并赋值为字符串"default"。

● 在第06行代码中，在变量context中添加了第二个属性defaultifnone，并赋值为None。

下面，看一下HTML模板的代码实例，具体代码如下：

【代码5-45】（详见源代码TmplSite项目的gramapp/template/filters.html模板文件）

```
01  <!DOCTYPE html>
02  <html lang="en">
03  <head>
04      <meta charset="UTF-8">
05      <link rel="stylesheet" type="text/css" href="/static/css/mystyle.css"/>
06      <title>{{ title }}</title>
07  </head>
08  <body>
09
10  <p class="middle">
11      Hello, this is a template tag <b>{{ filters }}</b> page!
```

```
12  </p>
13  <p class="middle">
14      filters - default_if_none:<br><br>
15      {{ default | default_if_none:"var is None!" }}<br><br>
16      {{ defaultifnone | default_if_none:"var is None!" }}<br><br>
17  </p>
18
19  </body>
20  </html>
```

【代码分析】

在第15、16行代码中，分别通过default_if_none过滤器对变量default和default if none进行过滤操作，具体说明如下：

- 在第15行代码中，对变量default使用了default_if_none过滤器（默认值为字符串“var is None!”）。
- 在第16行代码中，对变量defaultifnone使用了同样的default_if_none过滤器（默认值同样为字符串“var is None!”）。

下面，通过FireFox浏览器测试一下TmplSite项目中定义的gramapp模板应用，具体如图5.23中的箭头和标识所示，变量default经过default_if_none过滤器处理后，仍旧输出了自身定义的值，因为变量default的值不为None。而变量defaultifnone经过default_if_none过滤器处理后，输出了过滤器定义的值"var is None!"，这是因为变量defaultifnone的值定义为None。

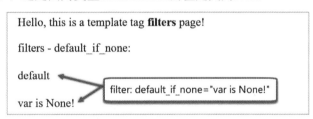

图 5.23　测试 default_if_none 过滤器

3. length过滤器

该过滤器可以获取字符串、列表、元组、和字典等对象类型的长度。

下面是一个使用length过滤器的代码实例，视图文件代码如下：

【代码5-46】（详见源代码TmplSite项目的gramapp/view.py文件）

```
01  def filters(request):
02      context = {}
03      context['title'] = "Django Template Grammar"
04      context['filters'] = "filters"
05      context['lenAlpha1'] = "abcde"
06      context['lenAlpha2'] = ['a', 'b', 'c', 'd', 'e']
07      context['lenAlpha3'] = ('a', 'b', 'c', 'd', 'e')
08      context['lenAlphaDic'] = { 'a': 1, 'b': 2, 'c': 3, 'd': 4, 'e': 5 }
09      template = loader.get_template('gramapp/filters.html')
10      return HttpResponse(template.render(context, request))
```

【代码分析】

在第02～08行代码中，定义了一个用于传递上下文对象的变量context，具体说明如下：

- 在第05行代码中，在变量context中添加了第一个属性lenAlpha1，并赋值为字符串"abcde"。
- 在第06行代码中，在变量context中添加了第二个属性lenAlpha2，并赋值为一个列表['a', 'b', 'c', 'd', 'e']。
- 在第07行代码中，在变量context中添加了第三个属性lenAlpha3，并赋值为一个元组('a', 'b', 'c', 'd', 'e')。
- 在第08行代码中，在变量context中添加了第四个属性lenAlphaDic，并赋值为一个字典{ 'a': 1, 'b': 2, 'c': 3, 'd': 4, 'e': 5 }。

下面，看一下HTML模板的代码实例，具体代码如下：

【代码5-47】（详见源代码TmplSite项目的gramapp/template/filters.html模板文件）

```
01  <!DOCTYPE html>
02  <html lang="en">
03  <head>
04     <meta charset="UTF-8">
05     <link rel="stylesheet" type="text/css" href="/static/css/mystyle.css"/>
06     <title>{{ title }}</title>
07  </head>
08  <body>
09
10  <p class="middle">
11     Hello, this is a template tag <b>{{ filters }}</b> page!
12  </p>
13  <p class="middle">
14     filters - length:<br><br>
15     {{ lenAlpha1 }} length : {{ lenAlpha1 | length }}<br><br>
16     {{ lenAlpha2 }} length : {{ lenAlpha2 | length }}<br><br>
17     {{ lenAlpha3 }} length : {{ lenAlpha3 | length }}<br><br>
18     {{ lenAlphaDic }} length : {{ lenAlphaDic | length }}<br><br>
19  </p>
20
21  </body>
22  </html>
```

【代码分析】

在第15～18行代码中，分别通过length过滤器对一组变量（字符串类型、列表类型、元组类型和字典类型）进行过滤操作。

下面，通过FireFox浏览器测试一下TmplSite项目中定义的gramapp模板应用，具体如图5.24所示，变量lenAlpha1、lenAlpha2、lenAlpha3、lenAlphaDic经过length过滤器处理后，输出的长度均为5。

Hello, this is a template tag **filters** page!

filters - length:

abcde length : 5

['a', 'b', 'c', 'd', 'e'] length : 5

('a', 'b', 'c', 'd', 'e') length : 5

{'a': 1, 'b': 2, 'c': 3, 'd': 4, 'e': 5} length : 5

图 5.24　测试 length 过滤器

4. length_is过滤器

该过滤器会定义一个参数（数值），如果过滤对象的长度等于该参数值，则返回True，否则返回False。

下面是一个使用length_is过滤器的代码实例，视图文件代码如下：

【代码5-48】（详见源代码TmplSite项目的gramapp/view.py文件）

```
01  def filters(request):
02      context = {}
03      context['title'] = "Django Template Grammar"
04      context['filters'] = "filters"
05      context['lenIsAlpha'] = "abcde"
06      template = loader.get_template('gramapp/filters.html')
07      return HttpResponse(template.render(context, request))
```

【代码分析】

在第02~05行代码中，定义了一个用于传递上下文对象的变量context，具体说明如下：

- 在第05行代码中，在变量context中添加了一个属性lenIsAlpha，并赋值为字符串"abcde"。

下面，看一下HTML模板的代码实例，具体代码如下：

【代码5-49】（详见源代码TmplSite项目的gramapp/template/filters.html模板文件）

```
01  <!DOCTYPE html>
02  <html lang="en">
03  <head>
04      <meta charset="UTF-8">
05      <link rel="stylesheet" type="text/css" href="/static/css/mystyle.css"/>
06      <title>{{ title }}</title>
07  </head>
08  <body>
09
10  <p class="middle">
11      Hello, this is a template tag <b>{{ filters }}</b> page!
12  </p>
13  <p class="middle">
14      filters - length_is:<br><br>
15      {{ lenIsAlpha }} length_is : {{ lenIsAlpha | length_is:5 }}<br><br>
```

```
16      {{ lenIsAlpha }} length_is : {{ lenIsAlpha | length_is:6 }}<br><br>
17  </p>
18
19  </body>
20  </html>
```

【代码分析】

在第15、16行代码中，通过length_is过滤器对变量lenIsAlpha进行过滤操作，具体说明如下：

- 在第15行代码中，过滤器length_is的参数设置为数值5。
- 在第16行代码中，过滤器length_is的参数设置为数值6。

下面，通过FireFox浏览器测试一下TmplSite项目中定义的gramapp模板应用，具体如图5.25所示，变量lenIsAlpha在经过length_is过滤器（参数定义为数值5）处理后，返回布尔值True，说明过滤器参数等于变量lenIsAlpha的长度；而变量lenIsAlpha在经过length_is过滤器（参数定义为数值6）处理后，返回了布尔值False。

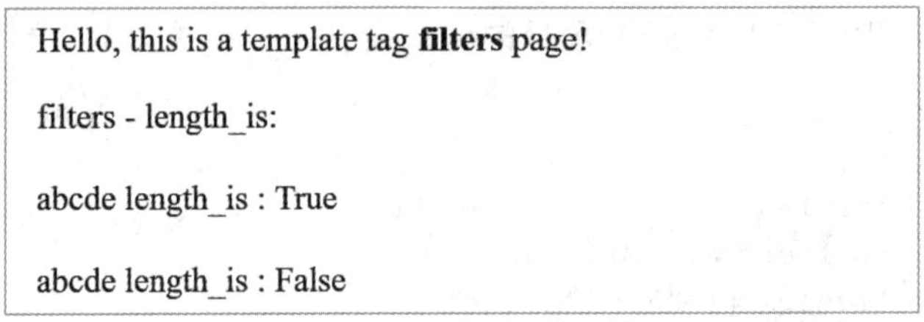

Hello, this is a template tag **filters** page!

filters - length_is:

abcde length_is : True

abcde length_is : False

图 5.25　测试 length_is 过滤器

5. addslashes过滤器

该过滤器会在引号前面添加反斜杠字符（\），常用于转义字符。

下面是一个使用addslashes过滤器的代码实例，视图文件代码如下：

【代码5-50】（详见源代码TmplSite项目的gramapp/view.py文件）

```
01  def filters(request):
02      context = {}
03      context['title'] = "Django Template Grammar"
04      context['filters'] = "filters"
05      context['add_slashes'] = "This's django app."
06      template = loader.get_template('gramapp/filters.html')
07      return HttpResponse(template.render(context, request))
```

【代码分析】

在第02～05行代码中，定义了一个用于传递上下文对象的变量context，具体说明如下：

- 在第05行代码中，在变量context中添加了一个属性add_slashes，并赋值为一个字符串（包含有单引号）。

下面，看一下HTML模板的代码实例，具体代码如下：

【代码5-51】（详见源代码TmplSite项目的gramapp/template/filters.html模板文件）

```
01  <!DOCTYPE html>
02  <html lang="en">
03  <head>
04      <meta charset="UTF-8">
05      <link rel="stylesheet" type="text/css" href="/static/css/mystyle.css"/>
06      <title>{{ title }}</title>
07  </head>
08  <body>
09
10  <p class="middle">
11      Hello, this is a template tag <b>{{ filters }}</b> page!
12  </p>
13  <p class="middle">
14      filters - addslashes:<br><br>
15      {{ add_slashes }} --> addslashes ---> {{ add_slashes | addslashes }}<br><br>
16  </p>
17
18  </body>
19  </html>
```

【代码分析】

在第15行代码中，通过addslashes过滤器对变量add_slashes进行过滤操作，在单引号前面插入反斜杠字符（\）。

下面，通过FireFox浏览器测试一下TmplSite项目中定义的gramapp模板应用，具体如图5.26中的箭头和标识所示，变量add_slashes在经过addslashes过滤器处理后，在单引号前插入了反斜杠字符（\）。

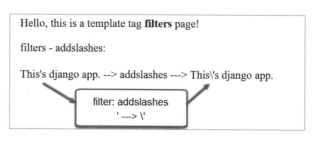

图 5.26　测试 addslashes 过滤器

6. capfirst过滤器

该过滤器会将首字母大写。而如果第一个字符不是字母，则该过滤器将不会生效。

下面是一个使用capfirst过滤器的代码实例，视图文件代码如下：

【代码5-52】（详见源代码TmplSite项目的gramapp/view.py文件）

```
01  def filters(request):
02      context = {}
03      context['title'] = "Django Template Grammar"
04      context['filters'] = "filters"
```

```
05        context['cap_first'] = "django"
06        context['cap_first_0'] = "0django"
07        template = loader.get_template('gramapp/filters.html')
08        return HttpResponse(template.render(context, request))
```

【代码分析】

在第02～06行代码中，定义了一个用于传递上下文对象的变量context，具体说明如下：

- 在第05行代码中，在变量context中添加了第一个属性cap_first，并赋值为一个小写字符串 "django"。
- 在第06行代码中，在变量context中添加了第二个属性cap_first_0，并赋值为一个字符串 "0django"，首字符为数字0。

下面，看一下HTML模板的代码实例，具体代码如下：

【代码5-53】（详见源代码TmplSite项目的gramapp/template/filters.html模板文件）

```
01  <!DOCTYPE html>
02  <html lang="en">
03  <head>
04      <meta charset="UTF-8">
05      <link rel="stylesheet" type="text/css" href="/static/css/mystyle.css"/>
06      <title>{{ title }}</title>
07  </head>
08  <body>
09
10  <p class="middle">
11      Hello, this is a template tag <b>{{ filters }}</b> page!
12  </p>
13  <p class="middle">
14      filters - addslashes:<br><br>
15      {{ cap_first }} --> cap_first ---> {{ cap_first | capfirst }}<br><br>
16      {{ cap_first_0 }} --> cap_first ---> {{ cap_first_0 | capfirst }}<br><br>
17  </p>
18
19  </body>
20  </html>
```

【代码分析】

在第15行代码中，通过capfirst过滤器对变量cap_first进行过滤操作，将首字符的小写字母转换为大写字母。

在第16行代码中，通过capfirst过滤器对变量cap_first_0进行过滤操作，测试一下该过滤器对首字符为数字的字符串是否有效。

下面，通过FireFox浏览器测试一下TmplSite项目中定义的gramapp模板应用，具体如图5.27所示，变量cap_first在经过capfirst过滤器处理后，首字符由小写转换为了大写；而变量cap_first_0在经过capfirst过滤器处理后，由于首字符为数字，因此转换没有生效。

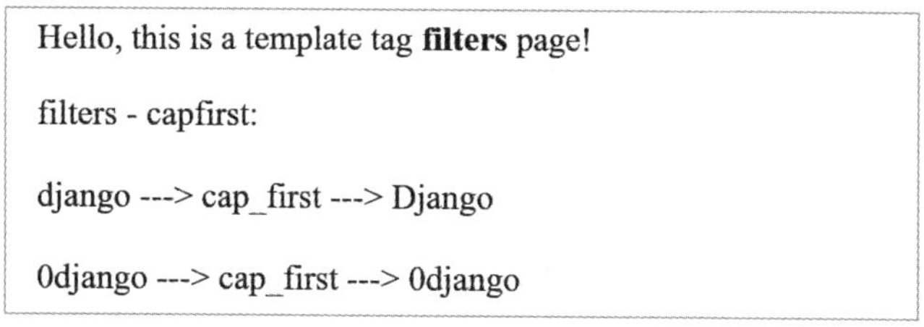

Hello, this is a template tag **filters** page!

filters - capfirst:

django ---> cap_first ---> Django

0django ---> cap_first ---> 0django

图 5.27　测试 capfirst 过滤器

7. cut过滤器

该过滤器会移除变量中所有的与给定参数相同的字符串。下面是一个使用cut过滤器的代码实例，视图文件代码如下：

【代码5-54】（详见源代码TmplSite项目的gramapp/view.py文件）

```
01  def filters(request):
02      context = {}
03      context['title'] = "Django Template Grammar"
04      context['filters'] = "filters"
05      context['cut_space'] = "This is a cut filter."
06      template = loader.get_template('gramapp/filters.html')
07      return HttpResponse(template.render(context, request))
```

【代码分析】

在第02～05行代码中，定义了一个用于传递上下文对象的变量context，具体说明如下：

● 在第05行代码中，在变量context中添加了一个属性cut_space，并赋值为一个带有空格的字符串。

下面，看一下HTML模板的代码实例，具体代码如下：

【代码5-55】（详见源代码TmplSite项目的gramapp/template/filters.html模板文件）

```
01  <!DOCTYPE html>
02  <html lang="en">
03  <head>
04      <meta charset="UTF-8">
05      <link rel="stylesheet" type="text/css" href="/static/css/mystyle.css"/>
06      <title>{{ title }}</title>
07  </head>
08  <body>
09
10  <p class="middle">
11      Hello, this is a template tag <b>{{ filters }}</b> page!
12  </p>
13  <p class="middle">
14      filters - cut:<br><br>
15      {{ cut_space }} ---> cut ---> {{ cut_space | cut:" " }}<br><br>
16  </p>
17
```

```
18  </body>
19  </html>
```

【代码分析】

在第15行代码中，通过cut过滤器对变量cut_space进行过滤操作，并定义过滤器参数为空格字符（""）。

下面，通过FireFox浏览器测试一下TmplSite项目中定义的gramapp模板应用，具体如图5.28中的箭头和标识所示，变量cut_space在经过cut过滤器处理后，字符串中的空格被全部删除了。

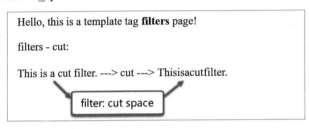

图 5.28　测试 cut 过滤器

8. date过滤器

该过滤器会根据给定格式对一个日期变量进行格式化操作。date过滤器定义了若干个格式化字符，下面介绍几个比较常见的格式化字符。

- b：表示月份，小写字母形式（3个字母格式）。例如，jan、may、oct等。
- c：表示ISO 8601时间格式。例如，2020-08-08T08:08:08.000888+08:00。
- d：表示日期（带前导零的2位数字）。例如，01～31。
- D：表示星期几。例如，Mon、Fri、Sun等。
- f：表示时间。例如，9:30。
- F：表示月份（文字形式）。例如，January。
- h：表示12小时格式。例如，1～12。
- H：表示24小时格式。例如，0～23。
- i：表示分钟。例如，00～59。
- j：表示没有前导零的日期。例如，1～31。
- l：表示星期几（完整英文名）。例如，Friday。
- m：表示月份（带前导零的2位数字）。例如，01～12。
- M：表示月份（3个字母的文字格式）。例如，Jan。
- r：表示RFC 5322格式化日期。例如，Thu, 08 Dec 2020 08:08:08 +0200。
- s：表示秒（带前导零的2位数字）。例如，00～59。
- S：表示日期的英文序数后缀（两个字符）。例如，st、nd、rd、th。
- U：表示自Unix Epoch（1970年1月1日00:00:00 UTC）以来的秒数。
- y：表示年份（2位数字）。例如，99。
- Y：表示年份（4位数字）。例如，1999。

下面是一个使用date过滤器的代码实例，视图文件代码如下：

【代码5-56】（详见源代码TmplSite项目的gramapp/view.py文件）

```
01  from datetime import datetime
02
03  def filters(request):
04      context = {}
05      context['title'] = "Django Template Grammar"
06      context['filters'] = "filters"
07      context['now'] = datetime.now()
08      template = loader.get_template('gramapp/filters.html')
09      return HttpResponse(template.render(context, request))
```

【代码分析】

在第01行代码中，通过import引入了datatime模块。

在第04~07行代码中，定义了一个用于传递上下文对象的变量context，具体说明如下：

- 在第07行代码中，在变量context中添加了一个属性now，并通过datetime对象获取了当前时间。

下面，看一下HTML模板的代码实例，具体代码如下：

【代码5-57】（详见源代码TmplSite项目的gramapp/template/filters.html模板文件）

```
01  <!DOCTYPE html>
02  <html lang="en">
03  <head>
04      <meta charset="UTF-8">
05      <link rel="stylesheet" type="text/css" href="/static/css/mystyle.css"/>
06      <title>{{ title }}</title>
07  </head>
08  <body>
09
10  <p class="middle">
11      Hello, this is a template tag <b>{{ filters }}</b> page!
12  </p>
13  <p class="middle">
14      filters - date:<br><br>
15      {{ now | date }}<br><br>
16      {{ now | date:"SHORT_DATE_FORMAT" }}<br><br>
17      {{ now | date:"D d M Y" }}<br><br>
18      {{ now | date:"D d M Y H:i" }}<br><br>
19      {{ now | date:"c" }}<br><br>
20      {{ now | date:"r" }}<br><br>
21  </p>
22
23  </body>
24  </html>
```

【代码分析】

在第15~20行代码中，通过date过滤器对变量now进行了过滤操作，具体说明如下：

- 在第15行代码中，使用了不带参数的date过滤器。
- 在第16行代码中，使用了带参数"SHORT_DATE_FORMAT"的date过滤器。
- 在第17行代码中，使用了带参数"D d M Y"的date过滤器。
- 在第18行代码中，使用了带参数"D d M Y H:i"的date过滤器。
- 在第19行代码中，使用了带参数"c"的date过滤器。
- 在第20行代码中，使用了带参数"r"的date过滤器。

下面，通过FireFox浏览器测试一下TmplSite项目中定义的gramapp模板应用，结果如图5.29所示，变量now在经过date过滤器（带有不同参数）处理后，在页面中显示了不同格式的日期和时间。

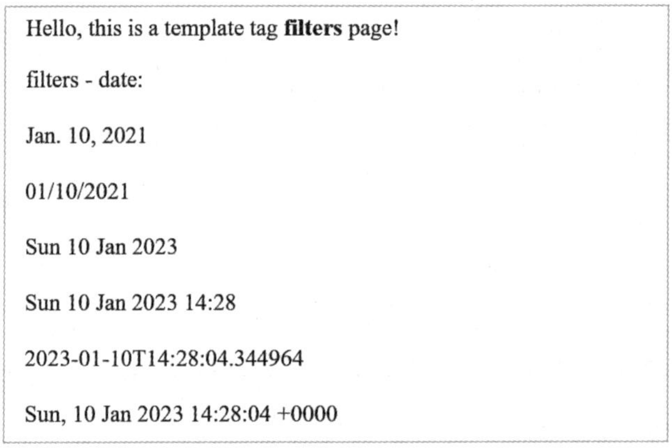

```
Hello, this is a template tag filters page!

filters - date:

Jan. 10, 2021

01/10/2021

Sun 10 Jan 2023

Sun 10 Jan 2023 14:28

2023-01-10T14:28:04.344964

Sun, 10 Jan 2023 14:28:04 +0000
```

图 5.29　测试 date 过滤器

9. dictsort过滤器

该过滤器会接收一个包含字典元素的列表，并返回按参数中给出的键进行排序后的列表。

下面是一个使用dictsort过滤器的代码实例，视图文件代码如下：

【代码5-58】（详见源代码TmplSite项目的gramapp/view.py文件）

```
01  def filters(request):
02      context = {}
03      context['title'] = "Django Template Grammar"
04      context['filters'] = "filters"
05      context['dict_sort'] = [
06          {'name': 'king', 'age': 39},
07          {'name': 'tina', 'age': 25},
08          {'name': 'cici', 'age': 12},
09      ]
10      template = loader.get_template('gramapp/filters.html')
11      return HttpResponse(template.render(context, request))
```

【代码分析】

在第02～09行代码中，定义了一个用于传递上下文对象的变量context，具体说明如下：

- 在第05～09行代码中，在变量context中添加了一个属性dict_sort，并赋值为一个字典类型的对象。

下面，看一下HTML模板的代码实例，具体代码如下：

【代码5-59】（详见源代码TmplSite项目的gramapp/template/filters.html模板文件）

```
01  <!DOCTYPE html>
02  <html lang="en">
03  <head>
04      <meta charset="UTF-8">
05      <link rel="stylesheet" type="text/css" href="/static/css/mystyle.css"/>
06      <title>{{ title }}</title>
07  </head>
08  <body>
09
10  <p class="middle">
11      Hello, this is a template tag <b>{{ filters }}</b> page!
12  </p>
13  <p class="middle">
14      filters - dictsort:<br><br>
15      original dict:<br>
16      {{ dict_sort }}<br><br><br>
17      dictsort by 'name':<br>
18      {{ dict_sort | dictsort:"name" }}<br><br><br>
19      dictsort by 'age':<br>
20      {{ dict_sort | dictsort:"age" }}<br><br><br>
21  </p>
22
23  </body>
24  </html>
```

【代码分析】

在第15～20行代码中，通过dictsort过滤器对字典类型变量dict_sort进行过滤操作，具体说明如下：

- 在第16行代码中，输出了原始字典类型变量dict_sort的内容。
- 在第18行代码中，通过dictsort过滤器（参数定义为"name"）对字典类型变量dict_sort进行了过滤操作，表示对变量dict_sort按照键（name）重新进行排序。
- 在第20行代码中，通过dictsort过滤器（参数定义为"age"）对字典类型变量dict_sort进行了过滤操作，表示对变量dict_sort按照键（age）重新进行排序。

下面，通过FireFox浏览器测试一下TmplSite项目中定义的gramapp模板应用，具体如图5.30中的箭头和标识所示，字典类型变量dict_sort在经过dictsort过滤器（根据不同参数代表的键）处理后，在页面中显示了相应的排序结果。

另外，最新版的Django框架（v3.0+）对dictsort过滤器的功能进行了扩展，除了旧版本中的字典类型外，还增加了针对列表类型的支持。对于字典类型还是使用键进行排序，而对于列表类型则使用索引位置（index）进行排序。

下面是一个针对列表类型对象使用dictsort过滤器的代码实例，视图文件代码如下：

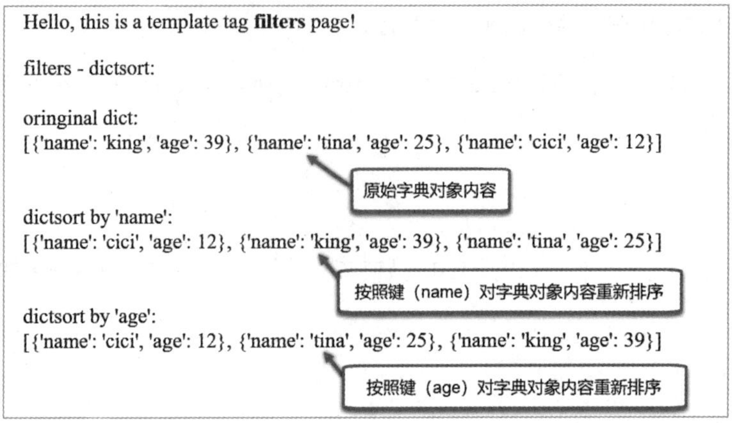

图 5.30　测试 dictsort 过滤器（1）

【代码5-60】（详见源代码TmplSite项目的gramapp/view.py文件）

```
01  def filters(request):
02      context = {}
03      context['title'] = "Django Template Grammar"
04      context['filters'] = "filters"
05      context['list_sort'] = [
06          ('king', '39'),
07          ('tina', '25'),
08          ('cici', '12'),
09      ]
10      template = loader.get_template('gramapp/filters.html')
11      return HttpResponse(template.render(context, request))
```

【代码分析】

在第02~09行代码中，定义了一个用于传递上下文对象的变量context，具体说明如下：

- 在第05~09行代码中，在变量context中添加了一个属性list_sort，并赋值为一个列表类型的对象。

下面，看一下HTML模板的代码实例，具体代码如下：

【代码5-61】（详见源代码TmplSite项目的gramapp/template/filters.html模板文件）

```
01  <!DOCTYPE html>
02  <html lang="en">
03  <head>
04      <meta charset="UTF-8">
05      <link rel="stylesheet" type="text/css" href="/static/css/mystyle.css"/>
06      <title>{{ title }}</title>
07  </head>
08  <body>
09
10  <p class="middle">
11      Hello, this is a template tag <b>{{ filters }}</b> page!
12  </p>
```

```
13  <p class="middle">
14      filters - dictsort:0:<br><br>
15      original list:<br>
16      {{ list_sort }}<br><br><br>
17      dictsort by list index 0:<br>
18      {{ list_sort | dictsort:0 }}<br><br><br>
19      dictsort by list index 1:<br>
20      {{ list_sort | dictsort:1 }}<br><br><br>
21  </p>
22
23  </body>
24  </html>
```

【代码分析】

在第15～20行代码中，通过dictsort过滤器对字典类型变量list_sort进行过滤操作，具体说明如下：

- 在第16行代码中，输出了原始字典类型变量list_sort的内容。
- 在第18行代码中，通过dictsort过滤器（参数定义为索引值0）对列表类型变量list_sort进行了过滤操作，表示对变量list_sort按照键（索引位置0）重新进行排序。
- 在第20行代码中，通过dictsort过滤器（参数定义为索引值1）对列表类型变量list_sort进行了过滤操作，表示对变量list_sort按照键（索引位置1）重新进行排序。

下面，通过FireFox浏览器测试一下TmplSite项目中定义的gramapp模板应用，具体如图5.31中的箭头和标识所示，字典类型变量list_sort在经过dictsort过滤器（根据不同索引位置）处理后，在页面中显示了相应的排序结果。

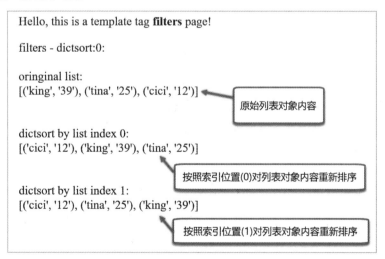

图 5.31　测试 dictsort 过滤器（2）

10. dictsortreversed过滤器

该过滤器会接收一个包含字典元素的列表，并返回按参数中给出的键进行反向排序后的列表。该过滤器与dictsort过滤器相对应。

下面，在【代码5-59】的基础上略作修改，通过dictsortreversed过滤器进行反向排序，具体代码如下：

【代码5-62】（详见源代码TmplSite项目的gramapp/template/filters.html模板文件）

```
01  <!DOCTYPE html>
02  <html lang="en">
03  <head>
04      <meta charset="UTF-8">
05      <link rel="stylesheet" type="text/css" href="/static/css/mystyle.css"/>
06      <title>{{ title }}</title>
07  </head>
08  <body>
09
10  <p class="middle">
11      Hello, this is a template tag <b>{{ filters }}</b> page!
12  </p>
13  <p class="middle">
14      filters - dictsortreversed:<br><br>
15      original dict:<br>
16      {{ dict_sort }}<br><br><br>
17      dictsortreversed by 'name':<br>
18      {{ dict_sort | dictsortreversed:"name" }}<br><br><br>
19      dictsortreversed by 'age':<br>
20      {{ dict_sort | dictsortreversed:"age" }}<br><br><br>
21  </p>
22
23  </body>
24  </html>
```

【代码分析】

在第15～20行代码中，通过dictsortreversed过滤器对字典类型变量dict_sort进行过滤操作，具体说明如下：

- 在第16行代码中，输出了原始字典类型变量dict_sort的内容。
- 在第18行代码中，通过dictsortreversed过滤器（参数定义为"name"）对字典类型变量dict_sort进行了过滤操作，表示对变量dict_sort按照键（name）重新反向进行排序。
- 在第20行代码中，通过dictsortreversed过滤器（参数定义为"age"）对字典类型变量dict_sort进行了过滤操作，表示对变量dict_sort按照键（age）重新反向进行排序。

下面，通过FireFox浏览器测试一下TmplSite项目中定义的gramapp模板应用，具体如图5.32中的箭头和标识所示，字典类型变量dict_sort在经过dictsortreversed过滤器（根据不同参数代表的键）处理后，在页面中显示了相应的排序结果。

11. filesizeformat过滤器

该过滤器会将整数格式化为直观的文件大小形式（例如4 KB、16 MB、1024 bytes等）。

下面是一个使用filesizeformat过滤器的代码实例，视图文件代码如下：

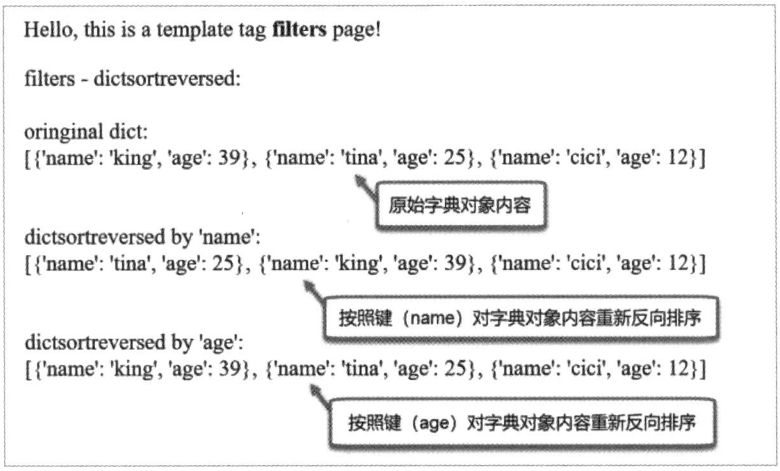

Hello, this is a template tag **filters** page!

filters - dictsortreversed:

oringinal dict:
[{'name': 'king', 'age': 39}, {'name': 'tina', 'age': 25}, {'name': 'cici', 'age': 12}]

原始字典对象内容

dictsortreversed by 'name':
[{'name': 'tina', 'age': 25}, {'name': 'king', 'age': 39}, {'name': 'cici', 'age': 12}]

按照键（name）对字典对象内容重新反向排序

dictsortreversed by 'age':
[{'name': 'king', 'age': 39}, {'name': 'tina', 'age': 25}, {'name': 'cici', 'age': 12}]

按照键（age）对字典对象内容重新反向排序

图 5.32　测试 dictsortreversed 过滤器

【代码5-63】（详见源代码TmplSite项目的gramapp/view.py文件）

```
01  def filters(request):
02      context = {}
03      context['title'] = "Django Template Grammar"
04      context['filters'] = "filters"
05      context['filesize_format'] = 12345678
06      template = loader.get_template('gramapp/filters.html')
07      return HttpResponse(template.render(context, request))
```

【代码分析】

在第02～05行代码中，定义了一个用于传递上下文对象的变量context，具体说明如下：

● 在第05行代码中，在变量context中添加了一个属性filesize_format，并赋值为一个整数（12345678）。

下面，看一下HTML模板的代码实例，具体代码如下：

【代码5-64】（详见源代码TmplSite项目的gramapp/template/filters.html模板文件）

```
01  <!DOCTYPE html>
02  <html lang="en">
03  <head>
04      <meta charset="UTF-8">
05      <link rel="stylesheet" type="text/css" href="/static/css/mystyle.css"/>
06      <title>{{ title }}</title>
07  </head>
08  <body>
09
10  <p class="middle">
11      Hello, this is a template tag <b>{{ filters }}</b> page!
12  </p>
13  <p class="middle">
14      filters - filesizeformat:<br><br>
15      original integer:<br>
```

```
16     {{ filesize_format }}<br><br><br>
17     filesize_format file size:<br>
18     {{ filesize_format | filesizeformat }}<br><br><br>
19 </p>
20
21 </body>
22 </html>
```

【代码分析】

在第15~18行代码中，通过filesizeformat过滤器对整数变量filesize_format进行过滤操作，具体说明如下：

- 在第16行代码中，输出了原始整数变量filesize_format的内容。
- 在第18行代码中，通过filesizeformat过滤器对整数变量filesize_format进行了过滤操作，转换为文件大小数值。

下面，通过FireFox浏览器测试一下TmplSite项目中定义的gramapp模板应用，具体如图5.33中的箭头和标识所示，整数变量filesize_format在经过filesizeformat过滤器处理后，在页面中显示为相对应的文件大小。

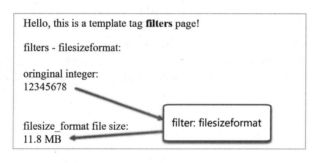

图 5.33　测试 filesizeformat 过滤器

12. first和last过滤器

first和last这两个过滤器会返回列表中的第一项和最后一项的内容。

下面是一个使用first和last过滤器的代码实例，视图文件代码如下：

【代码5-65】（详见源代码TmplSite项目的gramapp/view.py文件）

```
01 def filters(request):
02     context = {}
03     context['title'] = "Django Template Grammar"
04     context['filters'] = "filters"
05     context['first_last'] = ['Python', 'Java', 'Django']
06     template = loader.get_template('gramapp/filters.html')
07     return HttpResponse(template.render(context, request))
```

【代码分析】

在第02~05行代码中，定义了一个用于传递上下文对象的变量context，具体说明如下：

- 在第05行代码中，在变量context中添加了一个属性first_last，并赋值为一个列表。

下面，看一下HTML模板的代码实例，具体代码如下：

【代码5-66】（详见源代码TmplSite项目的gramapp/template/filters.html模板文件）

```
01  <!DOCTYPE html>
02  <html lang="en">
03  <head>
04      <meta charset="UTF-8">
05      <link rel="stylesheet" type="text/css" href="/static/css/mystyle.css"/>
06      <title>{{ title }}</title>
07  </head>
08  <body>
09
10  <p class="middle">
11      Hello, this is a template tag <b>{{ filters }}</b> page!
12  </p>
13  <p class="middle">
14      filters - first & last:<br><br>
15      original list:<br>
16      {{ first_last }}<br><br>
17      first of list:<br>
18      {{ first_last | first }}<br><br>
19      last of list:<br>
20      {{ first_last | last }}<br><br>
21  </p>
22
23  </body>
24  </html>
```

【代码分析】

在第15～20行代码中，通过first过滤器和last过滤器对列表变量first_last进行过滤操作，具体说明如下：

- 在第16行代码中，输出了原始列表变量first_last的内容。
- 在第18行代码中，通过first过滤器对列表变量first_last进行了过滤操作，获取了列表的第一项内容。
- 在第20行代码中，通过last过滤器对列表变量first_last进行了过滤操作，获取了列表的最后一项内容。

下面，通过FireFox浏览器测试一下TmplSite项目中定义的gramapp模板应用，具体如图5.34中的箭头和标识所示。列表变量first_last在经过first过滤器处理后，输出了列表的第一项；在经过last过滤器处理后，输出了列表的最后一项。

13. join过滤器

join过滤器使用字符串（为设定的参数）连接列表，类似于Python语法中的str.join(list)。

下面是一个使用join过滤器的代码实例，视图文件代码如下：

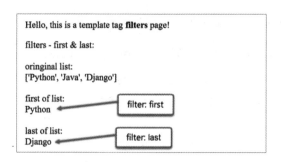

图 5.34　测试 first 和 last 过滤器

【代码5-67】（详见源代码TmplSite项目的gramapp/view.py文件）

```
01  def filters(request):
02      context = {}
03      context['title'] = "Django Template Grammar"
04      context['filters'] = "filters"
05      context['join_str'] = ['I', 'like', 'Python', 'and', 'Django']
06      template = loader.get_template('gramapp/filters.html')
07      return HttpResponse(template.render(context, request))
```

【代码分析】

在第02～05行代码中，定义了一个用于传递上下文对象的变量context，具体说明如下：

● 在第05行代码中，在变量context中添加了一个属性join_str，并赋值为一个字符串列表。

下面，看一下HTML模板的代码实例，具体代码如下：

【代码5-68】（详见源代码TmplSite项目的gramapp/template/filters.html模板文件）

```
01  <!DOCTYPE html>
02  <html lang="en">
03  <head>
04      <meta charset="UTF-8">
05      <link rel="stylesheet" type="text/css" href="/static/css/mystyle.css"/>
06      <title>{{ title }}</title>
07  </head>
08  <body>
09
10  <p class="middle">
11      Hello, this is a template tag <b>{{ filters }}</b> page!
12  </p>
13  <p class="middle">
14      filters - join:<br><br>
15      original list:<br>
16      {{ join_str }}<br><br>
17      first of list:<br>
18      {{ join_str | join:" " }}.<br><br>
19  </p>
20
21  </body>
22  </html>
```

【代码分析】

在第15～18行代码中，通过join过滤器对列表变量join_str进行过滤操作，具体说明如下：

- 在第16行代码中，输出了原始列表变量join_str的内容。
- 在第18行代码中，通过join过滤器对列表变量join_str进行了过滤操作，其中参数设置为空格（""）。通过这样的操作，可以将列表变量join_str转换为一个句子。

下面，通过FireFox浏览器测试一下TmplSite项目中定义的gramapp模板应用，具体如图5.35中的箭头和标识所示，列表变量join_str在经过join过滤器处理后，成功转换为一个完整句子。

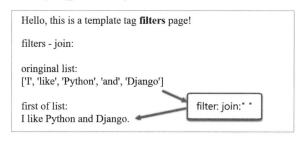

图 5.35　测试 join 过滤器

14. linebreaks和linebreaksbr过滤器

linebreaks过滤器会将纯文本中的换行符（\n）替换为换行标签
，并使用段落标签<p>进行包裹。而linebreaksbr过滤器只会将纯文本中的换行符（\n）替换为换行标签
。

下面是一个使用linebreaks和linebreaksbr过滤器的代码实例，视图文件代码如下：

【代码5-69】（详见源代码TmplSite项目的gramapp/view.py文件）

```
01  def filters(request):
02      context = {}
03      context['title'] = "Django Template Grammar"
04      context['filters'] = "filters"
05      context['line_breaks'] = "I like Python.\nI like Django.\nI like both of
them."
06      template = loader.get_template('gramapp/filters.html')
07      return HttpResponse(template.render(context, request))
```

【代码分析】

在第02～05行代码中，定义了一个用于传递上下文对象的变量context，具体说明如下：

- 在第05行代码中，在变量context中添加了一个属性line_breaks，并赋值为一个字符串（包含几个"\n"）。

下面，看一下HTML模板的代码实例，具体代码如下：

【代码5-70】（详见源代码TmplSite项目的gramapp/template/filters.html模板文件）

```
01  <!DOCTYPE html>
02  <html lang="en">
03  <head>
```

```
04      <meta charset="UTF-8">
05      <link rel="stylesheet" type="text/css" href="/static/css/mystyle.css"/>
06      <title>{{ title }}</title>
07  </head>
08  <body>
09
10  <p class="middle">
11      Hello, this is a template tag <b>{{ filters }}</b> page!
12  </p>
13  <p class="middle">
14      filters - linebreaks:<br><br>
15      original paragraphs:<br>
16      {{ line_breaks }}<br><br>
17      linebreaks paragraphs:<br>
18      {{ line_breaks | linebreaks }}<br><br>
19      linebreaksbr paragraphs:<br>
20      {{ line_breaks | linebreaksbr }}<br><br>
21  </p>
22
23  </body>
24  </html>
```

【代码分析】

在第15～20行代码中，通过linebreaks和linebreaksbr过滤器对字符串变量line_breaks进行过滤操作。具体说明如下：

- 在第16行代码中，输出了原始字符串变量line_breaks的内容。
- 在第18行代码中，通过linebreaks过滤器对字符串变量line_breaks进行了过滤操作。
- 在第20行代码中，通过linebreaksbr过滤器再次对字符串变量line_breaks进行了过滤操作。

下面，通过FireFox浏览器测试一下TmplSite项目中定义的gramapp模板应用，具体如图5.36中的箭头和标识所示，字符串变量line_breaks在经过linebreaks过滤器处理后，成功将换行符转换为换行标签
，并使用段落标签<p>进行了包裹；字符串变量line_breaks在经过linebreaksbr过滤器处理后，成功将换行符转换为换行标签
，但并没有被段落标签<p>包裹。

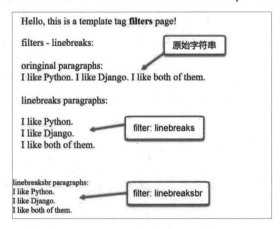

图 5.36　测试 linebreaks 和 linebreaksbr 过滤器

15. linenumbers过滤器

该过滤器会显示带行号的文本。

下面是一个使用linenumbers过滤器的代码实例，视图文件代码如下：

【代码5-71】（详见源代码TmplSite项目的gramapp/view.py文件）

```
01  def filters(request):
02      context = {}
03      context['title'] = "Django Template Grammar"
04      context['filters'] = "filters"
05      context['line_numbers'] = "I like Python.\nI like Django.\nI like both of
them."
06      template = loader.get_template('gramapp/filters.html')
07      return HttpResponse(template.render(context, request))
```

【代码分析】

在第02～05行代码中，定义了一个用于传递上下文对象的变量context，具体说明如下：

- 在第05行代码中，在变量context中添加了一个属性line_numbers，并赋值为一个字符串（包含几个"\n"）。

下面，看一下HTML模板的代码实例，具体代码如下：

【代码5-72】（详见源代码TmplSite项目的gramapp/template/filters.html模板文件）

```
01  <!DOCTYPE html>
02  <html lang="en">
03  <head>
04      <meta charset="UTF-8">
05      <link rel="stylesheet" type="text/css" href="/static/css/mystyle.css"/>
06      <title>{{ title }}</title>
07  </head>
08  <body>
09
10  <p class="middle">
11      Hello, this is a template tag <b>{{ filters }}</b> page!
12  </p>
13  <p class="middle">
14      filters - linenumbers:<br><br>
15      original paragraphs:<br>
16      {{ line_numbers | linebreaksbr }}<br><br>
17      linebreaks paragraphs:<br>
18      {{ line_numbers | linenumbers | linebreaksbr }}<br><br>
19  </p>
20
21  </body>
22  </html>
```

【代码分析】

在第15～18行代码中，通过linebreaksbr和linenumbers过滤器对字符串变量line_numbers进行过滤操作，具体说明如下：

- 在第16行代码中，通过linebreaksbr过滤器输出了将原始字符串变量（line_numbers）中"\n"替换为
的内容。
- 在第18行代码中，先通过linenumbers过滤器，再通过linebreaksbr过滤器对字符串变量line_numbers进行了过滤操作。

下面，通过FireFox浏览器测试一下TmplSite项目中定义的gramapp模板应用，具体如图5.37中的箭头和标识所示，字符串变量line_numbers在经过linenumbers过滤器处理后，成功为每行文本添加了行号。

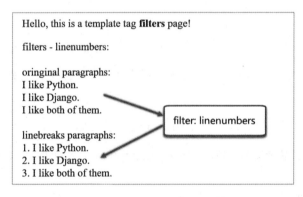

图 5.37　测试 linenumbers 过滤器

16. lower和upper过滤器

lower过滤器会将字符串全部转换为小写字母。而upper过滤器会将字符串全部转换为大写字母。下面是一个使用lower和upper过滤器的代码实例，视图文件代码如下：

【代码5-73】（详见源代码TmplSite项目的gramapp/view.py文件）

```
01  def filters(request):
02      context = {}
03      context['title'] = "Django Template Grammar"
04      context['filters'] = "filters"
05      context['lower_upper'] = "i Like PyTHon and DjanGo."
06      template = loader.get_template('gramapp/filters.html')
07      return HttpResponse(template.render(context, request))
```

【代码分析】

在第02～05行代码中，定义了一个用于传递上下文对象的变量context，具体说明如下：

- 在第05行代码中，在变量context中添加了一个属性lower_upper，并赋值为一个字符串（包含大写和小写字母）。

下面，看一下HTML模板的代码实例，具体代码如下：

【代码5-74】（详见源代码TmplSite项目的gramapp/template/filters.html模板文件）

```
01  <!DOCTYPE html>
02  <html lang="en">
03  <head>
04      <meta charset="UTF-8">
05      <link rel="stylesheet" type="text/css" href="/static/css/mystyle.css"/>
06      <title>{{ title }}</title>
07  </head>
08  <body>
09
10  <p class="middle">
11      Hello, this is a template tag <b>{{ filters }}</b> page!
12  </p>
13  <p class="middle">
14      filters - lower & upper:<br><br>
15      original string:<br>
16      {{ lower_upper }}<br><br>
17      lower string:<br>
18      {{ lower_upper | lower }}<br><br>
19      upper string:<br>
20      {{ lower_upper | upper }}<br><br>
21  </p>
22
23  </body>
24  </html>
```

【代码分析】

在第15～20行代码中，通过lower和upper过滤器对字符串变量lower_upper进行过滤操作，具体说明如下：

- 在第16行代码中，输出了原始字符串变量lower_upper的内容。
- 在第18行代码中，通过lower过滤器对字符串变量lower_upper进行了过滤操作。
- 在第20行代码中，通过upper过滤器再次对字符串变量lower_upper进行了过滤操作。

下面，通过FireFox浏览器测试一下TmplSite项目中定义的gramapp模板应用，具体如图5.38中的箭头和标识所示，字符串变量lower_upper在经过lower过滤器处理后，成功将字符串中的全部字母转换为了小写字母。然后，字符串变量lower_upper在经过upper过滤器处理后，又成功将字符串中的全部字母转换为了大写字母。

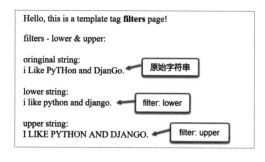

图 5.38　测试 lower 和 upper 过滤器

17. make_list过滤器

对于字符串，该过滤器会将字符串直接拆分为单个字符的列表；而对于整数，该过滤器会在创建列表之前将参数强制转换为Unicode字符串。

下面是一个使用make_list过滤器的代码实例，视图文件代码如下：

【代码5-75】（详见源代码TmplSite项目的gramapp/view.py文件）

```
01  def filters(request):
02      context = {}
03      context['title'] = "Django Template Grammar"
04      context['filters'] = "filters"
05      context['make_list_str'] = "abcde"
06      context['make_list_num'] = 123456
07      template = loader.get_template('gramapp/filters.html')
08      return HttpResponse(template.render(context, request))
```

【代码分析】

在第02～06行代码中，定义了一个用于传递上下文对象的变量context，具体说明如下：

- 在第05行代码中，在变量context中添加了一个属性make_list_str，并赋值为一个字符串。
- 在第06行代码中，在变量context中添加了一个属性make_list_num，并赋值为一个整数。

下面，看一下HTML模板的代码实例，具体代码如下：

【代码5-76】（详见源代码TmplSite项目的gramapp/template/filters.html模板文件）

```
01  <!DOCTYPE html>
02  <html lang="en">
03  <head>
04      <meta charset="UTF-8">
05      <link rel="stylesheet" type="text/css" href="/static/css/mystyle.css"/>
06      <title>{{ title }}</title>
07  </head>
08  <body>
09
10  <p class="middle">
11      Hello, this is a template tag <b>{{ filters }}</b> page!
12  </p>
13  <p class="middle">
14      filters - make_list:<br><br>
15      original string:<br>
16      {{ make_list_str }}<br>
17      make_list string:<br>
18      {{ make_list_str | make_list }}<br><br>
19      oringinal number:<br>
20      {{ make_list_num }}<br>
21      make_list number:<br>
22      {{ make_list_num | make_list }}<br><br>
23  </p>
24
```

```
25  </body>
26  </html>
```

【代码分析】

在第 15～22 行代码中，通过 make_list 过滤器对字符串变量 make_list_str 和整数变量 make_list_num 进行过滤操作。具体说明如下：

- 在第16行代码中，输出了原始字符串变量make_list_str的内容。
- 在第18行代码中，通过make_list过滤器对字符串变量make_list_str进行了过滤操作，尝试将其转换为字符列表。
- 在第20行代码中，输出了原始整数变量make_list_num的内容。
- 在第22行代码中，通过make_list过滤器对整数变量make_list_num进行了过滤操作，尝试将其转换为字符列表。

下面，通过FireFox浏览器测试一下TmplSite项目中定义的gramapp模板应用，具体如图5.39中的箭头和标识所示，字符串变量make_list_str在经过make_list过滤器处理后，成功将字符串转换为字符列表；整数变量make_list_num在经过make_list过滤器处理后，同样被转换成了字符列表。

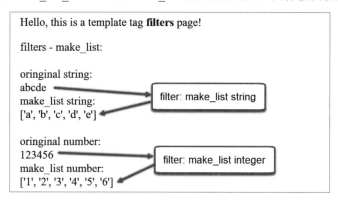

图 5.39　测试 make_list 过滤器

18. slice过滤器

该过滤器会按照设置参数返回列表的一部分（或称为切片）。slice过滤器与Python列表中的slice()方法具有相同的功能，具体语法格式如下：

```
slice(start, stop[, step])
```

其中，参数start表示切片起始位置，参数stop表示切片结束位置，可选参数step表示切片的步长。

slice过滤器无法使用函数形式，因此其使用字符串"[start][:][stop]"形式进行了替代。

下面是一个使用slice过滤器的代码实例，视图文件代码如下：

【代码5-77】（详见源代码TmplSite项目的gramapp/view.py文件）

```
01  def filters(request):
02      context = {}
03      context['title'] = "Django Template Grammar"
```

```
04     context['filters'] = "filters"
05     context['slice_list'] = ['a', 'b', 'c', 'd', 'e', 'f', 'g', 'h', 'i', 'j']
06     template = loader.get_template('gramapp/filters.html')
07     return HttpResponse(template.render(context, request))
```

【代码分析】

在第02～05行代码中，定义了一个用于传递上下文对象的变量context，具体说明如下：

- 在第05行代码中，在变量context中添加了一个属性slice_list，并赋值为一个字符列表。

下面，看一下HTML模板的代码实例，具体代码如下：

【代码5-78】（详见源代码TmplSite项目的gramapp/template/filters.html模板文件）

```
01  <!DOCTYPE html>
02  <html lang="en">
03  <head>
04      <meta charset="UTF-8">
05      <link rel="stylesheet" type="text/css" href="/static/css/mystyle.css"/>
06      <title>{{ title }}</title>
07  </head>
08  <body>
09
10  <p class="middle">
11      Hello, this is a template tag <b>{{ filters }}</b> page!
12  </p>
13  <p class="middle">
14      filters - slice:<br><br>
15      original list:<br>
16      {{ slice_list }}<br><br>
17      slice list:<br>
18      "slice:'5'" is {{ slice_list | slice:"5" }}<br>
19      "slice:'0:5'" is {{ slice_list | slice:"0:5" }}<br>
20      "slice:':5'" is {{ slice_list | slice:":5" }}<br>
21      "slice:'3:8'" is {{ slice_list | slice:"3:8" }}<br>
22      "slice:'5:'" is {{ slice_list | slice:"5:" }}<br>
23  </p>
24
25  </body>
26  </html>
```

【代码分析】

在第15～22行代码中，通过slice过滤器对字符列表slice_list进行过滤操作。具体说明如下：

- 在第16行代码中，输出了原始字符列表slice_list的内容。
- 在第18行代码中，通过slice过滤器对字符列表slice_list进行了过滤操作，参数设置为"5"，表示列表的前5项（位置0～4）。
- 在第19行代码中，通过slice过滤器对字符列表slice_list进行了过滤操作，参数设置为"0:5"，表示列表的前5项（位置0～4）。

- 在第20行代码中，通过slice过滤器对slice_list进行了过滤操作，参数设置为":5"（等同于"0:5"），同样表示列表的前5项（位置0～4）。
- 在第21行代码中，通过slice过滤器对字符列表slice_list进行了过滤操作，参数设置为"3:8"，表示列表中的5项（位置3～7）。
- 在第22行代码中，通过slice过滤器对字符列表slice_list进行了过滤操作，参数设置为"5:"，表示列表后5项（位置5～9）。

下面，通过FireFox浏览器测试一下TmplSite项目中定义的gramapp模板应用，具体如图5.40中的箭头和标识所示，字符列表slice_list在经过slice过滤器处理后，成功将字符串列表进行了切片操作。

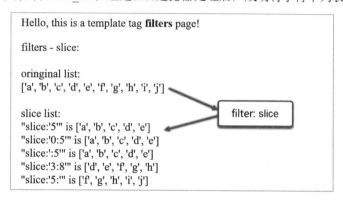

图 5.40　测试 slice 过滤器

19. slugify过滤器

该过滤器将文本转换为ASCII，将空格转换为连字符，删除不是字母、数字、下画线或连字符的字符，将大写字母转换为小写字母，并去除前导和尾随空格。

> **注意** slugify过滤器用于将文本转换为适合在URL中使用的slug形式，slug形式是一种URL友好的，仅包含字母、数字和破折号的字符串。

下面是一个使用slugify过滤器的代码实例，视图文件代码如下：

【代码5-79】（详见源代码TmplSite项目的gramapp/view.py文件）

```
01  def filters(request):
02      context = {}
03      context['title'] = "Django Template Grammar"
04      context['filters'] = "filters"
05      context['slugify_str'] = " $ I % 6 like 8 # Python_& and &_Django. ! "
06      template = loader.get_template('gramapp/filters.html')
07      return HttpResponse(template.render(context, request))
```

【代码分析】

在第02～05行代码中，定义了一个用于传递上下文对象的变量context，具体说明如下：

- 在第05行代码中，在变量context中添加了一个属性slugify_str，并赋值为一个字符串（包含了若干特殊字符与空格）。

下面，看一下HTML模板的代码实例，具体代码如下：

【代码5-80】（详见源代码TmplSite项目的gramapp/template/filters.html模板文件）

```
01 <!DOCTYPE html>
02 <html lang="en">
03 <head>
04    <meta charset="UTF-8">
05    <link rel="stylesheet" type="text/css" href="/static/css/mystyle.css"/>
06    <title>{{ title }}</title>
07 </head>
08 <body>
09
10 <p class="middle">
11    Hello, this is a template tag <b>{{ filters }}</b> page!
12 </p>
13 <p class="middle">
14    filters - slugify:<br><br>
15    original string:<br>
16    {{ slugify_str }}<br><br>
17    slugify string:<br>
18    {{ slugify_str | slugify }}<br>
19 </p>
20
21 </body>
22 </html>
```

【代码分析】

在第15～18行代码中，通过slugify过滤器对字符串变量slugify_str进行过滤操作。具体说明如下：

● 在第16行代码中，输出了原始字符串变量slugify_str的内容。

● 在第18行代码中，通过slugify过滤器对字符串变量slugify_str进行了过滤操作。

下面，通过FireFox浏览器测试一下TmplSite项目中定义的gramapp模板应用，具体如图5.41中的箭头和标识所示，字符串变量slice_list在经过slugify过滤器处理后，成功删除了全部特殊字符，将空格转换为连字符，并保留了全部字母（大写字母转换为小写字母）、数字、下画线和连字符。

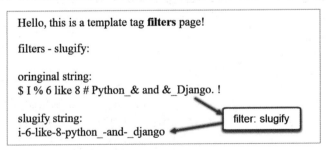

图 5.41　测试 slugify 过滤器

20. stringformat过滤器

该过滤器根据设置参数格式化字符串变量。

下面是一个使用stringformat过滤器的代码实例，视图文件代码如下：

【代码5-81】（详见源代码TmplSite项目的gramapp/view.py文件）

```
01  def filters(request):
02      context = {}
03      context['title'] = "Django Template Grammar"
04      context['filters'] = "filters"
05      context['string_format'] = 10
06      template = loader.get_template('gramapp/filters.html')
07      return HttpResponse(template.render(context, request))
```

【代码分析】

在第02～05行代码中，定义了一个用于传递上下文对象的变量context，具体说明如下：

● 在第05行代码中，在变量context中添加了一个属性string_format，并赋值为一个整数（10）。

下面，看一下HTML模板的代码实例，具体代码如下：

【代码5-82】（详见源代码TmplSite项目的gramapp/template/filters.html模板文件）

```
01  <!DOCTYPE html>
02  <html lang="en">
03  <head>
04      <meta charset="UTF-8">
05      <link rel="stylesheet" type="text/css" href="/static/css/mystyle.css"/>
06      <title>{{ title }}</title>
07  </head>
08  <body>
09
10  <p class="middle">
11      Hello, this is a template tag <b>{{ filters }}</b> page!
12  </p>
13  <p class="middle">
14      filters - stringformat:<br><br>
15      original string:<br>
16      {{ string_format }}<br><br>
17      stringformat string:<br>
18      {{ string_format | stringformat:"d" }}<br>
19      {{ string_format | stringformat:"i" }}<br>
20      {{ string_format | stringformat:"f" }}<br>
21      {{ string_format | stringformat:"F" }}<br>
22      {{ string_format | stringformat:"e" }}<br>
23      {{ string_format | stringformat:"E" }}<br>
24      {{ string_format | stringformat:"x" }}<br>
25      {{ string_format | stringformat:"X" }}<br>
26  </p>
27
28  </body>
29  </html>
```

【代码分析】

在第15~25行代码中，通过stringformat过滤器对整数变量string_format进行过滤操作，具体说明如下：

- 在第16行代码中，输出了原始整数变量string_format的内容。
- 在第18~25行代码中，通过stringformat过滤器对整数变量string_format进行了过滤操作，其中格式化参数分别设置为"d"、"i"、"f"、"F"、"e"、"E"、"x"和"X"。

下面，通过FireFox浏览器测试一下TmplSite项目中定义的gramapp模板应用，如图5.42所示，整数变量string_format在经过stringformat过滤器处理后，分别输出了格式化后的数字。

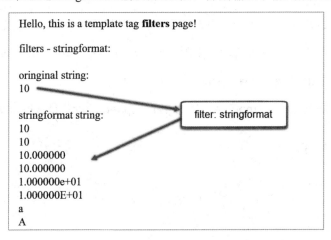

图 5.42　测试 stringformat 过滤器

21. striptags过滤器

该过滤器会去除字符串变量中的标签。下面是一个使用striptags过滤器的代码实例，视图文件代码如下：

【代码5-83】（详见源代码TmplSite项目的gramapp/view.py文件）

```
01  def filters(request):
02      context = {}
03      context['title'] = "Django Template Grammar"
04      context['filters'] = "filters"
05      context['strip_tags'] = "I like <b>Python</b> and <i>Django</i>."
06      template = loader.get_template('gramapp/filters.html')
07      return HttpResponse(template.render(context, request))
```

【代码分析】

在第02~05行代码中，定义了一个用于传递上下文对象的变量context，具体说明如下：

- 在第05行代码中，在变量context中添加了一个属性strip_tags，并赋值为一个字符串（包含HTML标签）。

下面，看一下HTML模板的代码实例，具体代码如下：

【代码5-84】（详见源代码TmplSite项目的gramapp/template/filters.html模板文件）

```
01  <!DOCTYPE html>
02  <html lang="en">
03  <head>
04      <meta charset="UTF-8">
05      <link rel="stylesheet" type="text/css" href="/static/css/mystyle.css"/>
06      <title>{{ title }}</title>
07  </head>
08  <body>
09
10  <p class="middle">
11      Hello, this is a template tag <b>{{ filters }}</b> page!
12  </p>
13  <p class="middle">
14      filters - striptags:<br><br>
15      original string:<br>
16      {{ strip_tags }}<br><br>
17      striptags string:<br>
18      {{ strip_tags | striptags }}<br>
19  </p>
20
21  </body>
22  </html>
```

【代码分析】

在第15~18行代码中，通过striptags过滤器对字符串变量strip_tags进行过滤操作。具体说明如下：

- 在第16行代码中，输出了原始字符串变量strip_tags的内容。
- 在第18行代码中，通过striptags过滤器对字符串变量strip_tags进行了过滤操作，去除字符串中的全部HTML标签。

下面，通过FireFox浏览器测试一下TmplSite项目中定义的gramapp模板应用，具体如图5.43中的箭头和标识所示，字符串变量strip_tags在经过striptags过滤器处理后，成功删除了其中的全部HTML标签。

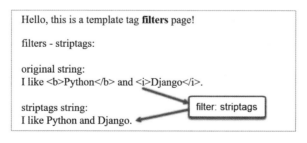

图 5.43　测试 striptags 过滤器

22. time过滤器

该过滤器根据设定的格式来格式化时间。设定的格式可以是预定义的TIME_FORMAT，也可以是与date过滤器相同的自定义格式。

下面是一个使用time过滤器的代码实例，视图文件代码如下：

【代码5-85】（详见源代码TmplSite项目的gramapp/view.py文件）

```
01  def filters(request):
02      context = {}
03      context['title'] = "Django Template Grammar"
04      context['filters'] = "filters"
05      context['time'] = datetime.now()
06      template = loader.get_template('gramapp/filters.html')
07      return HttpResponse(template.render(context, request))
```

【代码分析】

在第02～05行代码中，定义了一个用于传递上下文对象的变量context，具体说明如下：

- 在第05行代码中，在变量context中添加了一个属性time，通过datetime对象获取了当前时间。

下面，看一下HTML模板的代码实例，具体代码如下：

【代码5-86】（详见源代码TmplSite项目的gramapp/template/filters.html模板文件）

```
01  <!DOCTYPE html>
02  <html lang="en">
03  <head>
04      <meta charset="UTF-8">
05      <link rel="stylesheet" type="text/css" href="/static/css/mystyle.css"/>
06      <title>{{ title }}</title>
07  </head>
08  <body>
09
10  <p class="middle">
11      Hello, this is a template tag <b>{{ filters }}</b> page!
12  </p>
13  <p class="middle">
14      filters - time:<br><br>
15      original time:<br>
16      {{ time }}<br><br>
17      time format:<br>
18      {{ time | time }}<br>
19      {{ time | time:"H:i" }}<br>
20  </p>
21
22  </body>
23  </html>
```

【代码分析】

在第15～19行代码中，通过time过滤器对当前时间time进行过滤操作。具体说明如下：

- 在第16行代码中，输出了原始当前时间time的内容。
- 在第18行代码中，通过time过滤器对当前时间time进行了没有设定参数的过滤操作。
- 在第19行代码中，通过time过滤器对当前时间time进行了过滤操作，并设定了参数"H:i"。

下面，通过FireFox浏览器测试一下TmplSite项目中定义的gramapp模板应用，具体如图5.44中的箭头和标识所示，当前时间time在经过time过滤器处理后，成功转换成指定的时间格式。

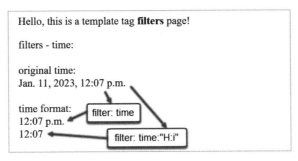

图 5.44　测试 time 过滤器

23. timesince过滤器

该过滤器将日期格式设为自该日期起的时间，例如"3天, 8小时"。

下面是一个使用timesince过滤器的代码实例，视图文件代码如下：

【代码5-87】（详见源代码TmplSite项目的gramapp/view.py文件）

```
01  def filters(request):
02      context = {}
03      context['title'] = "Django Template Grammar"
04      context['filters'] = "filters"
05      context['time_since'] = date(2023, 1, 1)
06      context['comment_date'] = date(2023, 1, 10)
07      template = loader.get_template('gramapp/filters.html')
08      return HttpResponse(template.render(context, request))
```

【代码分析】

在第02～06行代码中，定义了一个用于传递上下文对象的变量context，具体说明如下：

- 在第05行代码中，在变量context中添加了第一个属性time_since，通过date对象设置了起始时间（2023年1月1日）。
- 在第06行代码中，在变量context中添加了第二个属性comment_date，通过date对象设置了结束时间（2023年1月10日）。

下面，看一下HTML模板的代码实例，具体代码如下：

【代码5-88】（详见源代码TmplSite项目的gramapp/template/filters.html模板文件）

```
01  <!DOCTYPE html>
02  <html lang="en">
03  <head>
04      <meta charset="UTF-8">
05      <link rel="stylesheet" type="text/css" href="/static/css/mystyle.css"/>
06      <title>{{ title }}</title>
07  </head>
08  <body>
09
```

```
10  <p class="middle">
11      Hello, this is a template tag <b>{{ filters }}</b> page!
12  </p>
13  <p class="middle">
14      filters - timesince:<br><br>
15      since time:<br>
16      {{ time_since }}<br>
17      comment time:<br>
18      {{ comment_date }}<br><br>
19      timesince time:<br>
20      {{ time_since | timesince:comment_date }}<br><br>
21  </p>
22
23  </body>
24  </html>
```

【代码分析】

在第15～20行代码中，通过timesince过滤器对起始时间time_since和结束时间comment_date进行过滤操作，具体说明如下：

- 在第16行代码中，输出了原始起始时间time_since的内容。
- 在第18行代码中，输出了原始结束时间comment_date的内容。
- 在第20行代码中，通过timesince过滤器对起始时间time_since和结束时间comment_date进行过滤操作，计算出两个时间的间隔。

下面，通过FireFox浏览器测试一下TmplSite项目中定义的gramapp模板应用，具体如图5.45中的箭头和标识所示，经过timesince过滤器处理后，计算出了起始时间time_since和结束时间comment_date的时间间隔。

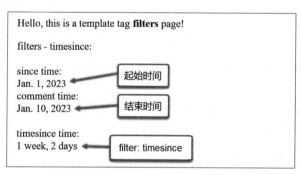

图 5.45　测试 timesince 过滤器

24. timeuntil过滤器

该过滤器类似于timesince过滤器，测量从现在开始直到给定日期或日期时间的时间间隔。

下面是一个使用timeuntil过滤器的代码实例，视图文件代码如下：

【代码5-89】（详见源代码TmplSite项目的gramapp/view.py文件）

```
01  def filters(request):
02      context = {}
```

```
03      context['title'] = "Django Template Grammar"
04      context['filters'] = "filters"
05      context['now'] = datetime.now()
06      context['conference_date'] = date(2023, 5, 1)
07      template = loader.get_template('gramapp/filters.html')
08      return HttpResponse(template.render(context, request))
```

【代码分析】

在第02～06行代码中，定义了一个用于传递上下文对象的变量context，具体说明如下：

- 在第05行代码中，在变量context中添加了第一个属性now，通过datetime对象获取了当前时间。

- 在第06行代码中，在变量context中添加了第二个属性conference_date，通过date对象设置了时间（2023年5月1日）。

下面，看一下HTML模板的代码实例，具体代码如下：

【代码5-90】（详见源代码TmplSite项目的gramapp/template/filters.html模板文件）

```
01   <!DOCTYPE html>
02   <html lang="en">
03   <head>
04       <meta charset="UTF-8">
05       <link rel="stylesheet" type="text/css" href="/static/css/mystyle.css"/>
06       <title>{{ title }}</title>
07   </head>
08   <body>
09
10   <p class="middle">
11       Hello, this is a template tag <b>{{ filters }}</b> page!
12   </p>
13   <p class="middle">
14       filters - timeuntil:<br><br>
15       now:<br>
16       {{ now }}<br><br>
17       conference date:<br>
18       {{ conference_date }}<br><br>
19       timeuntil time:<br>
20       {{ conference_date | timeuntil }}<br><br>
21   </p>
22
23   </body>
24   </html>
```

【代码分析】

在第15～20行代码中，通过timeuntil过滤器对起始时间time_since和结束时间comment_date进行过滤操作，具体说明如下：

- 在第16行代码中，输出了当前时间now的内容。
- 在第18行代码中，输出了设置时间conference_date的内容。

- 在第20行代码中，通过timeuntil过滤器计算设置时间conference_date和当前时间now的间隔。

下面，通过FireFox浏览器测试一下TmplSite项目中定义的gramapp模板应用，具体如图5.46中的箭头和标识所示，经过timeuntil过滤器处理后，计算出了当前时间now和设置时间conference_date的时间间隔。

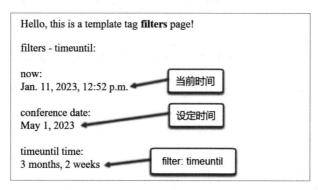

图 5.46　测试 timeuntil 过滤器

25. title过滤器

该过滤器会将所有单词的首字母大写，而其他字母均小写。

下面是一个使用title过滤器的代码实例，视图文件代码如下：

【代码5-91】（详见源代码TmplSite项目的gramapp/view.py文件）

```
01  def filters(request):
02      context = {}
03      context['title'] = "Django Template Grammar"
04      context['filters'] = "filters"
05      context['title_str'] = "I like pYTHon aNd djANgo."
06      template = loader.get_template('gramapp/filters.html')
07      return HttpResponse(template.render(context, request))
```

【代码分析】

在第02～05行代码中，定义了一个用于传递上下文对象的变量context，具体说明如下：

- 在第05行代码中，在变量context中添加一个属性title_str，赋值为一个字符串（包含不规则的大写字母和小写字母）。

下面看一下HTML模板的代码实例，具体代码如下：

【代码5-92】（详见源代码TmplSite项目的gramapp/template/filters.html模板文件）

```
01  <!DOCTYPE html>
02  <html lang="en">
03  <head>
04      <meta charset="UTF-8">
05      <link rel="stylesheet" type="text/css" href="/static/css/mystyle.css"/>
06      <title>{{ title }}</title>
07  </head>
```

```
08  <body>
09
10  <p class="middle">
11      Hello, this is a template tag <b>{{ filters }}</b> page!
12  </p>
13  <p class="middle">
14      filters - title:<br><br>
15      original string:<br>
16      {{ title_str }}<br><br>
17      timeuntil time:<br>
18      {{ title_str | title }}<br><br>
19  </p>
20
21  </body>
22  </html>
```

【代码分析】

在第15～18行代码中，通过title过滤器对字符串变量title_str进行过滤操作，具体说明如下：

- 在第16行代码中，输出了原始字符串变量title_str的内容。
- 在第18行代码中，通过title过滤器对字符串变量title_str进行过滤操作，按要求格式化了字符串。

下面，通过FireFox浏览器测试一下TmplSite项目中定义的gramapp模板应用，具体如图5.47中的箭头和标识所示，经过title过滤器处理后，成功输出了格式化后的字符串。

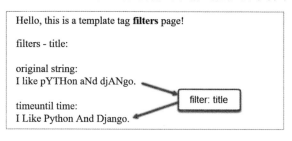

图 5.47　测试 title 过滤器

26. truncatechars过滤器

如果字符串包含的字符总数多于设定参数定义的字符数量，那么该过滤器会截断后面的部分，且截断的字符串将以字符"..."表示，即字符串以"..."结尾。

下面是一个使用truncatechars过滤器的代码实例，视图文件代码如下：

【代码5-93】（详见源代码TmplSite项目的gramapp/view.py文件）

```
01  def filters(request):
02      context = {}
03      context['title'] = "Django Template Grammar"
04      context['filters'] = "filters"
05      context['truncate_chars'] = "I like Python and Django."
06      template = loader.get_template('gramapp/filters.html')
07      return HttpResponse(template.render(context, request))
```

【代码分析】

在第02～05行代码中，定义了一个用于传递上下文对象的变量context，具体说明如下：

- 在第05行代码中，在变量context中添加了一个属性truncate_chars，并赋值为一个字符串。

下面，看一下HTML模板的代码实例，具体代码如下：

【代码5-94】（详见源代码TmplSite项目的gramapp/template/filters.html模板文件）

```
01  <!DOCTYPE html>
02  <html lang="en">
03  <head>
04      <meta charset="UTF-8">
05      <link rel="stylesheet" type="text/css" href="/static/css/mystyle.css"/>
06      <title>{{ title }}</title>
07  </head>
08  <body>
09
10  <p class="middle">
11      Hello, this is a template tag <b>{{ filters }}</b> page!
12  </p>
13  <p class="middle">
14      filters - truncatechars:<br><br>
15      original string:<br>
16      {{ truncate_chars }}<br><br>
17      truncatechars string:<br>
18      {{ truncate_chars | truncatechars:15 }}<br><br>
19  </p>
20
21  </body>
22  </html>
```

【代码分析】

在第15～18行代码中，通过truncatechars过滤器对字符串变量truncate_chars进行过滤操作，具体说明如下：

- 在第16行代码中，输出了原始字符串变量truncate_chars的内容。
- 在第18行代码中，通过truncatechars过滤器对字符串变量truncate_chars进行过滤操作，参数设定为15。

下面，通过FireFox浏览器测试一下TmplSite项目中定义的gramapp模板应用，具体如图5.48中的箭头和标识所示，经过truncatechars过滤器处理后，成功输出了按照参数（15）截取的字符串。

27. truncatechars_html过滤器

该过滤器类似于truncatechars过滤器，但是会保留HTML标签。

下面是一个使用truncatechars_html过滤器的代码实例，视图文件代码如下：

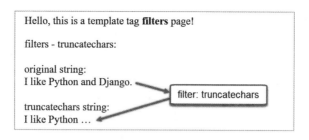

图 5.48　测试 truncatechars 过滤器

【代码5-95】（详见源代码TmplSite项目的gramapp/view.py文件）

```
01  def filters(request):
02      context = {}
03      context['title'] = "Django Template Grammar"
04      context['filters'] = "filters"
05      context['truncate_chars_html'] = "<p>I like Python and Django.</p>"
06      template = loader.get_template('gramapp/filters.html')
07      return HttpResponse(template.render(context, request))
```

【代码分析】

在第02～05行代码中，定义了一个用于传递上下文对象的变量context，具体说明如下：

● 在第05行代码中，在变量context中添加了一个属性truncate_chars_html，并赋值为一个字符串（包含HTML标签）。

下面，看一下HTML模板的代码实例，具体代码如下：

【代码5-96】（详见源代码TmplSite项目的gramapp/template/filters.html模板文件）

```
01  <!DOCTYPE html>
02  <html lang="en">
03  <head>
04      <meta charset="UTF-8">
05      <link rel="stylesheet" type="text/css" href="/static/css/mystyle.css"/>
06      <title>{{ title }}</title>
07  </head>
08  <body>
09
10  <p class="middle">
11      Hello, this is a template tag <b>{{ filters }}</b> page!
12  </p>
13  <p class="middle">
14      filters - truncatechars_html:<br><br>
15      original string:<br>
16      {{ truncate_chars_html }}<br><br>
17      truncatechars_html string:<br>
18      {{ truncate_chars_html | truncatechars_html:15 }}<br><br>
19  </p>
20
21  </body>
22  </html>
```

【代码分析】

在第15～18行代码中，通过truncatechars_html过滤器对字符串变量truncate_chars_html进行过滤操作，具体说明如下：

- 在第16行代码中，输出了原始字符串变量truncate_chars_html的内容。
- 在第18行代码中，通过truncatechars_html过滤器对字符串变量truncate_chars_html进行过滤操作，参数值设定为15。

下面，通过FireFox浏览器测试一下TmplSite项目中定义的gramapp模板应用，具体如图5.49中的箭头和标识所示，经过truncatechars_html过滤器处理后，成功输出了按照参数值15截取的字符串，同时保留了<p>标签。

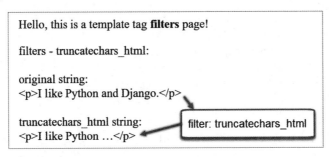

图 5.49 测试 truncatechars_html 过滤器

28. truncatewords过滤器

该过滤器会在一定数量的字数后截断字符串。该过滤器与truncatechars过滤器不同的是，它是以字（word）的个数进行计数，而不是字符个数进行计数。

下面是一个使用truncatewords过滤器的代码实例，视图文件代码如下：

【代码5-97】（详见源代码TmplSite项目的gramapp/view.py文件）

```
01  def filters(request):
02      context = {}
03      context['title'] = "Django Template Grammar"
04      context['filters'] = "filters"
05      context['truncate_words'] = "I like Python and Django."
06      template = loader.get_template('gramapp/filters.html')
07      return HttpResponse(template.render(context, request))
```

【代码分析】

在第02～05行代码中，定义了一个用于传递上下文对象的变量context，具体说明如下：

- 在第05行代码中，在变量context中添加了一个属性truncate_words，并赋值为一个字符串。

下面，看一下HTML模板的代码实例，具体代码如下：

【代码5-98】（详见源代码TmplSite项目的gramapp/template/filters.html模板文件）

```
01  <!DOCTYPE html>
02  <html lang="en">
```

```
03   <head>
04      <meta charset="UTF-8">
05      <link rel="stylesheet" type="text/css" href="/static/css/mystyle.css"/>
06      <title>{{ title }}</title>
07   </head>
08   <body>
09
10   <p class="middle">
11      Hello, this is a template tag <b>{{ filters }}</b> page!
12   </p>
13   <p class="middle">
14      filters - truncatewords:<br><br>
15      original string:<br>
16      {{ truncate_words }}<br><br>
17      truncatewords string:<br>
18      {{ truncate_words | truncatewords:3 }}<br><br>
19   </p>
20
21   </body>
22   </html>
```

【代码分析】

在第15～18行代码中，通过truncatewords过滤器对字符串变量truncate_words进行过滤操作，具体说明如下：

- 在第16行代码中，输出了原始字符串变量truncate_words的内容。
- 在第18行代码中，通过truncatewords过滤器对字符串变量truncate_words进行过滤操作，参数值设定为3。

下面，通过FireFox浏览器测试一下TmplSite项目中定义的gramapp模板应用，具体如图5.50中的箭头和标识所示，经过truncatewords过滤器处理后，成功输出了按照参数值3截取的字符串（包括前3个单词的字符串），并在结尾追加了字符"..."。

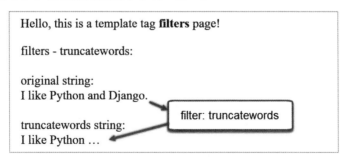

图 5.50　测试 truncatewords 过滤器

29. truncatewords_html过滤器

该过滤器类似于truncatewords过滤器，但是会保留HTML标签。

下面是一个使用truncatewords_html过滤器的代码实例，视图文件代码如下：

【代码5-99】（详见源代码TmplSite项目的gramapp/view.py文件）

```
01  def filters(request):
02      context = {}
03      context['title'] = "Django Template Grammar"
04      context['filters'] = "filters"
05      context['truncate_words_html'] = "<p>I like Python and Django.</p>"
06      template = loader.get_template('gramapp/filters.html')
07      return HttpResponse(template.render(context, request))
```

【代码分析】

在第02～05行代码中，定义了一个用于传递上下文对象的变量context，具体说明如下：

- 在第05行代码中，在变量context中添加了一个属性truncate_words_html，并赋值为一个字符串（包含HTML标签）。

下面，看一下HTML模板的代码实例，具体代码如下：

【代码5-100】（详见源代码TmplSite项目的gramapp/template/filters.html模板文件）

```
01  <!DOCTYPE html>
02  <html lang="en">
03  <head>
04      <meta charset="UTF-8">
05      <link rel="stylesheet" type="text/css" href="/static/css/mystyle.css"/>
06      <title>{{ title }}</title>
07  </head>
08  <body>
09
10  <p class="middle">
11      Hello, this is a template tag <b>{{ filters }}</b> page!
12  </p>
13  <p class="middle">
14      filters - truncatewords_html:<br><br>
15      original string:<br>
16      {{ truncate_words_html }}<br><br>
17      truncatewords_html string:<br>
18      {{ truncate_words_html | truncatewords_html:3 }}<br><br>
19  </p>
20
21  </body>
22  </html>
```

【代码分析】

在第15～18行代码中，通过truncatewords_html过滤器对字符串变量truncate_words_html进行过滤操作，具体说明如下：

- 在第16行代码中，输出了原始字符串变量truncate_words_html的内容。
- 在第18行代码中，通过truncatewords_html过滤器对字符串变量truncate_words_html进行过滤操作，参数值设定为3。

下面，通过FireFox浏览器测试一下TmplSite项目中定义的gramapp模板应用，具体如图5.51中的箭头和标识所示，经过truncatewords_html过滤器处理后，成功输出了按照参数值3截取的字符串（包括前3个单词的字符串），且保留了HTML标签，同样在结尾追加了字符"..."。

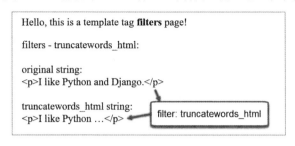

图 5.51　测试 truncatewords_html 过滤器

30. unordered_list过滤器

该过滤器接收一个嵌套的列表，返回一个HTML无序列表，但不包含开始标签<ul>和结束标签</ul>。

下面是一个使用unordered_list过滤器的代码实例，视图文件代码如下：

【代码5-101】（详见源代码TmplSite项目的gramapp/view.py文件）

```
01  def filters(request):
02      context = {}
03      context['title'] = "Django Template Grammar"
04      context['filters'] = "filters"
05      context['unordered_list_alpha'] = ['a', 'b', ['c', ['d', 'e'], 'f', 'g'], 'h']
06      template = loader.get_template('gramapp/filters.html')
07      return HttpResponse(template.render(context, request))
```

【代码分析】

在第02～05行代码中，定义了一个用于传递上下文对象的变量context，具体说明如下：

● 在第05行代码中，在变量context中添加了一个属性unordered_list_alpha，并赋值为一个嵌套列表。

下面，看一下HTML模板的代码实例，具体代码如下：

【代码5-102】（详见源代码TmplSite项目的gramapp/template/filters.html模板文件）

```
01  <!DOCTYPE html>
02  <html lang="en">
03  <head>
04      <meta charset="UTF-8">
05      <link rel="stylesheet" type="text/css" href="/static/css/mystyle.css"/>
06      <title>{{ title }}</title>
07  </head>
08  <body>
09
10  <p class="middle">
```

```
11    Hello, this is a template tag <b>{{ filters }}</b> page!
12 </p>
13 <p class="middle">
14    filters - unordered_list:<br><br>
15    original list:<br>
16    {{ unordered_list_alpha }}<br><br>
17    unordered_list list:<br>
18    <ul>
19        {{ unordered_list_alpha | unordered_list }}
20    </ul>
21 </p>
22
23 </body>
24 </html>
```

【代码分析】

在第15～20行代码中，通过unordered_list过滤器对嵌套列表对象unordered_list_alpha进行过滤操作，具体说明如下：

- 在第16行代码中，输出了原始嵌套列表对象unordered_list_alpha的内容。
- 在第18～20行代码中，通过<ul>标签定义了一个列表。
- 在第19行代码中，通过unordered_list过滤器对嵌套列表对象unordered_list_alpha进行过滤操作，转换为一个HTML无序列表。

下面，通过FireFox浏览器测试一下TmplSite项目中定义的gramapp模板应用，具体如图5.52中的箭头和标识所示，经过unordered_list过滤器处理后，成功将嵌套列表转换为一个HTML无序列表。

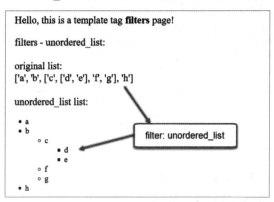

图 5.52　测试 unordered_list 过滤器

31. urlencode过滤器

该过滤器将会转义在URL链接中使用的值。下面是一个使用urlencode过滤器的代码实例，视图文件代码如下：

【代码5-103】（详见源代码TmplSite项目的gramapp/view.py文件）

```
01 def filters(request):
02    context = {}
```

```
03      context['title'] = "Django Template Grammar"
04      context['filters'] = "filters"
05      context['url_encode_str'] = "https://www.example.org/filters?a=1&b=2"
06      template = loader.get_template('gramapp/filters.html')
07      return HttpResponse(template.render(context, request))
```

【代码分析】

在第02～05行代码中，定义了一个用于传递上下文对象的变量context，具体说明如下：

- 在第05行代码中，在变量context中添加了一个属性url_encode_str，并赋值为一个URL地址。

下面，看一下HTML模板的代码实例，具体代码如下：

【代码5-104】（详见源代码TmplSite项目的gramapp/template/filters.html模板文件）

```
01  <!DOCTYPE html>
02  <html lang="en">
03  <head>
04      <meta charset="UTF-8">
05      <link rel="stylesheet" type="text/css" href="/static/css/mystyle.css"/>
06      <title>{{ title }}</title>
07  </head>
08  <body>
09
10  <p class="middle">
11      Hello, this is a template tag <b>{{ filters }}</b> page!
12  </p>
13  <p class="middle">
14      filters - urlencode:<br><br>
15      original url:<br>
16      {{ url_encode_str }}<br><br>
17      urlencode url:<br>
18      {{ url_encode_str | urlencode }}
19  </p>
20
21  </body>
22  </html>
```

【代码分析】

在第15～20行代码中，通过urlencode过滤器对URL地址url_encode_str进行过滤操作，具体说明如下：

- 在第16行代码中，输出了原始URL地址url_encode_str的内容。
- 在第19行代码中，通过urlencode过滤器对URL地址url_encode_str进行转义过滤操作。

下面，通过FireFox浏览器测试一下TmplSite项目中定义的gramapp模板应用，具体如图5.53中的箭头和标识所示，经过urlencode过滤器处理后，成功地对URL地址（url_encode_str）进行了转义输出。

32. urlize和urlizetrunc过滤器

urlize过滤器会将文字中的网址和电子邮件地址转换为可单击的超链接。该过滤器适用于前缀为"http://"和"https://"的链接，或者是"www"。同时，由urlize过滤器生成的链接会在其中自动添加rel="nofollow"属性。

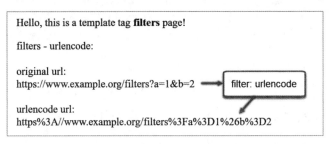

Hello, this is a template tag **filters** page!

filters - urlencode:

original url:
https://www.example.org/filters?a=1&b=2 → filter: urlencode

urlencode url:
https%3A//www.example.org/filters%3Fa%3D1%26b%3D2

图 5.53　测试 urlencode 过滤器

urlizetrunc过滤器类似于urlize过滤器，并且会根据截断长度超过给定字符数限制的网址。

下面是一个使用urlize和urlizetrunc过滤器的代码实例，视图文件代码如下：

【代码5-105】（详见源代码TmplSite项目的gramapp/view.py文件）

```
01  def filters(request):
02      context = {}
03      context['title'] = "Django Template Grammar"
04      context['filters'] = "filters"
05      context['urlize_str'] = "Check out www.djangoproject.com"
06      template = loader.get_template('gramapp/filters.html')
07      return HttpResponse(template.render(context, request))
```

【代码分析】

在第02～05行代码中，定义了一个用于传递上下文对象的变量context，具体说明如下：

- 在第05行代码中，在变量context中添加了一个属性urlize_str，并赋值为一个字符串（包含一个字符串形式的链接地址）。

下面，看一下HTML模板的代码实例，具体代码如下：

【代码5-106】（详见源代码TmplSite项目的gramapp/template/filters.html模板文件）

```
01  <!DOCTYPE html>
02  <html lang="en">
03  <head>
04      <meta charset="UTF-8">
05      <link rel="stylesheet" type="text/css" href="/static/css/mystyle.css"/>
06      <title>{{ title }}</title>
07  </head>
08  <body>
09
10  <p class="middle">
11      Hello, this is a template tag <b>{{ filters }}</b> page!
12  </p>
13  <p class="middle">
14      filters - urlize & urlizetrunc:<br><br>
15      original string:<br>
```

```
16       {{ urlize_str }}<br><br>
17       urlize to url:<br>
18       {{ urlize_str | urlize }}<br><br>
19       urlizetrunc to url:<br>
20       {{ urlize_str | urlizetrunc:16 }}<br><br>
21  </p>
22
23  </body>
24  </html>
```

【代码分析】

在第15～20行代码中，通过urlize和urlizetrunc过滤器字符串变量urlize_str进行过滤操作，具体说明如下：

- 在第16行代码中，输出了原始字符串变量urlize_str的内容。
- 在第18行代码中，通过urlize过滤器对字符串变量urlize_str进行过滤操作，将其中的地址转换为可单击的超链接。
- 在第20行代码中，通过urlizetrunc过滤器对字符串变量urlize_str进行过滤操作，将其中的地址转换为可单击的超链接，同时按照设定参数（16）进行截取。

下面，通过FireFox浏览器测试一下TmplSite项目中定义的gramapp模板应用，具体如图5.54中的箭头和标识所示，经过urlize过滤器处理后，成功将字符串变量urlize_str中的地址转换为可单击的超链接；同时，经过urlizetrunc过滤器处理后，成功将字符串变量urlize_str中的地址转换为可单击的超链接，并按照设定参数进行了截取。

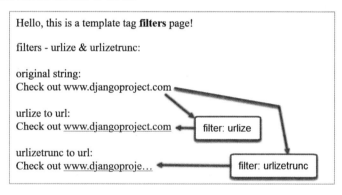

图 5.54　测试 urlize 和 urlizetrunc 过滤器

33. wordcount过滤器

该过滤器将会返回单词的个数。

下面是一个使用wordcount过滤器的代码实例，视图文件代码如下：

【代码5-107】（详见源代码TmplSite项目的gramapp/view.py文件）

```
01  def filters(request):
02      context = {}
03      context['title'] = "Django Template Grammar"
04      context['filters'] = "filters"
```

```
05       context['word_count'] = "I like Python and Django."
06       template = loader.get_template('gramapp/filters.html')
07       return HttpResponse(template.render(context, request))
```

【代码分析】

在第02～05行代码中，定义了一个用于传递上下文对象的变量context，具体说明如下：

- 在第05行代码中，在变量context中添加了一个属性word_count，并赋值为一个字符串。

下面，看一下HTML模板的代码实例，具体代码如下：

【代码5-108】（详见源代码TmplSite项目的gramapp/template/filters.html模板文件）

```
01   <!DOCTYPE html>
02   <html lang="en">
03   <head>
04       <meta charset="UTF-8">
05       <link rel="stylesheet" type="text/css" href="/static/css/mystyle.css"/>
06       <title>{{ title }}</title>
07   </head>
08   <body>
09
10   <p class="middle">
11       Hello, this is a template tag <b>{{ filters }}</b> page!
12   </p>
13   <p class="middle">
14       filters - wordcount:<br><br>
15       original string:<br>
16       {{ word_count }}<br><br>
17       wordcount is:<br>
18       {{ word_count | wordcount }}<br><br>
19   </p>
20
21   </body>
22   </html>
```

【代码分析】

在第15～20行代码中，通过wordcount过滤器对字符串变量word_count进行过滤操作，具体说明如下：

- 在第16行代码中，输出了原始字符串变量word_count的内容。
- 第18行代码中，通过wordcount过滤器对字符串变量word_count进行过滤操作，返回其中的单词个数。

下面，通过FireFox浏览器测试一下TmplSite项目中定义的gramapp模板应用，具体如图5.55中的箭头和标识所示，经过wordcount过滤器处理后，成功输出了字符串变量word_count中单词的个数。

34. yesno过滤器

该过滤器会将True、False和None映射成字符串"yes""no"和"maybe"，也支持自定义的字符串。

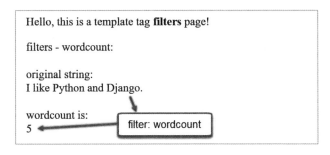

图 5.55　测试 wordcount 过滤器

下面是一个使用yesno过滤器的代码实例，视图文件代码如下：

【代码5-109】（详见源代码TmplSite项目的gramapp/view.py文件）

```
01  def filters(request):
02      context = {}
03      context['title'] = "Django Template Grammar"
04      context['filters'] = "filters"
05      context['yesno_true'] = True
06      context['yesno_false'] = False
07      context['yesno_none'] = None
08      template = loader.get_template('gramapp/filters.html')
09      return HttpResponse(template.render(context, request))
```

【代码分析】

在第02～07行代码中，定义了一个用于传递上下文对象的变量context，具体说明如下：

- 在第05行代码中，在变量context中添加了第一个属性yesno_true，并赋值为True。
- 在第06行代码中，在变量context中添加了第二个属性yesno_false，并赋值为False。
- 在第07行代码中，在变量context中添加了第三个属性yesno_none，并赋值为None。

下面，看一下HTML模板的代码实例，具体代码如下：

【代码5-110】（详见源代码TmplSite项目的gramapp/template/filters.html模板文件）

```
01  <!DOCTYPE html>
02  <html lang="en">
03  <head>
04      <meta charset="UTF-8">
05      <link rel="stylesheet" type="text/css" href="/static/css/mystyle.css"/>
06      <title>{{ title }}</title>
07  </head>
08  <body>
09
10  <p class="middle">
11      Hello, this is a template tag <b>{{ filters }}</b> page!
12  </p>
13  <p class="middle">
14      filters - yesno:<br><br>
15      yesno True:<br>
16      {{ yesno_true | yesno:"yes,no,maybe" }}<br><br>
```

```
17      yesno False:<br>
18      {{ yesno_false | yesno:"yes,no,maybe" }}<br><br>
19      yesno None:<br>
20      {{ yesno_none | yesno:"yes,no,maybe" }}<br><br>
21  </p>
22
23  </body>
24  </html>
```

【代码分析】

在第15～20行代码中，通过yesno过滤器对一组变量（yesno_true、yesno_false和yesno_none）进行过滤操作，具体说明如下：

- 在第16行代码中，通过yesno过滤器对变量yesno_true进行过滤操作，将根据布尔值True返回相对应的字符串"yes"。
- 在第18行代码中，通过yesno过滤器对变量yesno_false进行过滤操作，将根据布尔值False返回相对应的字符串"no"。
- 在第20行代码中，通过yesno过滤器对变量yesno_none进行过滤操作，将根据None返回相对应的字符串"maybe"。

下面，通过FireFox浏览器测试一下TmplSite项目中定义的gramapp模板应用，具体如图5.56中的箭头和标识所示，经过yesno过滤器处理后，成功输出了相对应的字符串。

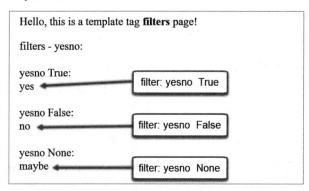

图 5.56　测试 yesno 过滤器

Django框架内置了许多模板标签，可以在内置标签参考中阅读它们的全部信息。

5.3.5　算术运算

在Django框架模板语言的语法中，没有专门定义关于算术运算的语法。不过，通过一些标签和过滤器的配合使用，可以模拟实现类似"加减乘除"的算术运算。

1. 加法运算

在Django模板中定义了一个add过滤器，通过该过滤器可以模拟实现加法运算。

下面是一个使用add过滤器进行加法运算的代码实例，视图文件代码如下：

【代码5-111】（详见源代码TmplSite项目的gramapp/view.py文件）

```
01  def filters(request):
02      context = {}
03      context['title'] = "Django Template Grammar"
04      context['filters'] = "filters"
05      context['add_num_1'] = 1
06      context['add_num_2'] = 2
07      context['add_num_3'] = 3
08      template = loader.get_template('gramapp/filters.html')
09      return HttpResponse(template.render(context, request))
```

【代码分析】

在第02～07行代码中，定义了一个用于传递上下文对象的变量context，具体说明如下：

- 在第05行代码中，在变量context中添加了第一个属性add_num_1，并赋值为整数1。
- 在第06行代码中，在变量context中添加了第二个属性add_num_2，并赋值为整数2。
- 在第07行代码中，在变量context中添加了第三个属性add_num_3，并赋值为整数3。

下面，看一下HTML模板的代码实例，具体代码如下：

【代码5-112】（详见源代码TmplSite项目的gramapp/template/filters.html模板文件）

```
01  <!DOCTYPE html>
02  <html lang="en">
03  <head>
04      <meta charset="UTF-8">
05      <link rel="stylesheet" type="text/css" href="/static/css/mystyle.css"/>
06      <title>{{ title }}</title>
07  </head>
08  <body>
09
10  <p class="middle">
11      Hello, this is a template tag <b>{{ filters }}</b> page!
12  </p>
13  <p class="middle">
14      filters - add:<br><br>
15      A + B:<br>
16      {{ add_num_1 }} + {{ add_num_2 }} = {{ add_num_1 | add:add_num_2 }}<br><br>
17      A + B + C:<br>
18      {{ add_num_1 }} + {{ add_num_2 }} + {{ add_num_3 }} =
19      {{ add_num_1 | add:add_num_2 | add:add_num_3 }}<br><br>
20  </p>
21
22  </body>
23  </html>
```

【代码分析】

在第15～19行代码中，通过add过滤器模拟进行加法运算，具体说明如下：

- 在第16行代码中，对变量add_num_1使用了add过滤器，其参数定义为变量add_num_2，这样，就相当于将变量add_num_2叠加到变量add_num_1上，实现了两个整数的加法运算。
- 在第18～19行代码中，先对变量add_num_1使用add过滤器，其参数定义为变量add_num_2；然后，通过"链接"方式再次使用add过滤器，其参数定义为变量add_num_3。这样，就相当于将变量add_num_1、变量add_num_2和变量add_num_3进行了叠加，实现了3个整数的连加运算。

下面，通过FireFox浏览器测试一下TmplSite项目中定义的gramapp模板应用，具体如图5.57中的箭头和标识所示，经过add过滤器处理后，成功实现了加法算术运算（包括连加运算）。

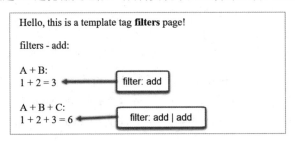

图 5.57　通过 add 过滤器实现加法运算

2. 减法运算

在Django模板中没有定义减法过滤器，不过通过add过滤器同样可以模拟实现减法运算。下面是一个使用add过滤器进行减法运算的代码实例，视图文件代码如下：

【代码5-113】（详见源代码TmplSite项目的gramapp/view.py文件）

```
01  def filters(request):
02      context = {}
03      context['title'] = "Django Template Grammar"
04      context['filters'] = "filters"
05      context['minus_num_1'] = 10
06      context['minus_num_2'] = -5
07      context['minus_num_3'] = -3
08      template = loader.get_template('gramapp/filters.html')
09      return HttpResponse(template.render(context, request))
```

【代码分析】

在第02～07行代码中，定义了一个用于传递上下文对象的变量context，具体说明如下：

- 在第05行代码中，在变量context中添加了第一个属性minus_num_1，并赋值为整数10。
- 在第06行代码中，在变量context中添加了第二个属性minus_num_2，并赋值为负整数−5。
- 在第07行代码中，在变量context中添加了第三个属性minus_num_3，并赋值为负整数−3。

下面，看一下HTML模板的代码实例，具体代码如下：

【代码5-114】（详见源代码TmplSite项目的gramapp/template/filters.html模板文件）

```
01  <!DOCTYPE html>
02  <html lang="en">
```

```
03  <head>
04      <meta charset="UTF-8">
05      <link rel="stylesheet" type="text/css" href="/static/css/mystyle.css"/>
06      <title>{{ title }}</title>
07  </head>
08  <body>
09
10  <p class="middle">
11      Hello, this is a template tag <b>{{ filters }}</b> page!
12  </p>
13  <p class="middle">
14      filters - add:<br><br>
15      A - B:<br>
16      {{ minus_num_1 }}{{ minus_num_2 }} = {{ minus_num_1 | add:minus_num_2 }}
<br><br>
17      A - B - C:<br>
18      {{ minus_num_1 }}{{ minus_num_2 }}{{ minus_num_3 }} =
19      {{ minus_num_1 | add:minus_num_2 | add:minus_num_3}}<br><br>
20  </p>
21
22  </body>
23  </html>
```

【代码分析】

在第15～19行代码中，通过add过滤器模拟进行了减法运算，具体说明如下：

- 在第16行代码中，对变量minus_num_1使用add过滤器，其参数定义为变量minus_num_2。这样，就相当于将负整数（add_num_2）叠加到整数（add_num_1）上，实现了两个整数的减法运算。

- 在第18～19行代码中，先对变量minus_num_1使用add过滤器，其参数定义为变量minus_num_2；然后通过"链接"方式再次使用add过滤器，其参数定义为变量minus_num_3。这样，就相当于将整数（minus_num_1）、负整数（minus_num_2）和负整数（minus_num_3）进行了叠加，实现了3个整数的连减运算。

下面，通过FireFox浏览器测试一下TmplSite项目中定义的gramapp模板应用，具体如图5.58中的箭头和标识所示，经过add过滤器处理后，成功实现了减法运算（包括连减运算）。

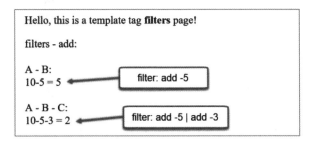

图 5.58　通过 add 过滤器实现减法运算

3. 乘法与除法运算

在Django模板中没有定义专门乘除法标签或过滤器，不过利用前文中介绍的{% widthratio %}标签的特性，可以模拟实现乘除法运算。

下面是一个使用{% widthratio %}标签进行乘除法运算的代码实例，视图文件代码如下：

【代码5-115】（详见源代码TmplSite项目的gramapp/view.py文件）

```
01  def filters(request):
02      context = {}
03      context['title'] = "Django Template Grammar"
04      context['filters'] = "filters"
05      context['multi_div_1'] = 6
06      context['multi_div_2'] = 3
07      template = loader.get_template('gramapp/filters.html')
08      return HttpResponse(template.render(context, request))
```

【代码分析】

在第02～06行代码中，定义了一个用于传递上下文对象的变量context，具体说明如下：

- 在第05行代码中，在变量context中添加了第一个属性multi_div_1，并赋值为整数6。
- 在第06行代码中，在变量context中添加了第二个属性multi_div_2，并赋值为整数3。

下面，看一下HTML模板的代码实例，具体代码如下：

【代码5-116】（详见源代码TmplSite项目的gramapp/template/filters.html模板文件）

```
01  <!DOCTYPE html>
02  <html lang="en">
03  <head>
04      <meta charset="UTF-8">
05      <link rel="stylesheet" type="text/css" href="/static/css/mystyle.css"/>
06      <title>{{ title }}</title>
07  </head>
08  <body>
09
10  <p class="middle">
11      Hello, this is a template tag <b>{{ filters }}</b> page!
12  </p>
13  <p class="middle">
14      filters - multiply & divide:<br><br>
15      A &times; B:<br>
16      {{ multi_div_1 }} &times; {{ multi_div_2 }} =
17      {% widthratio multi_div_1 1 multi_div_2 %}<br><br>
18      A &divide; B:<br>
19      {{ multi_div_1 }} &divide; {{ multi_div_2 }} =
20      {% widthratio multi_div_1 multi_div_2 1 %}<br><br>
21  </p>
22
23  </body>
24  </html>
```

【代码分析】

在第15～20行代码中，分别通过{% widthratio %}标签模拟进行了乘法和除法运算，具体说明如下：

- 在第16、17行代码中，通过{% widthratio multi_div_1 1 multi_div_2 %}标签对变量 multi_div_1和变量multi_div_2进行乘法运算。
- 在第19、20行代码中，通过{% widthratio multi_div_1 multi_div_2 1 %}标签对变量 multi_div_1和变量multi_div_2进行除法运算。

下面，通过FireFox浏览器测试一下TmplSite项目中定义的gramapp模板应用，具体如图5.59中的箭头和标识所示，经过{% widthratio %}标签处理后，成功实现了乘法和除法运算。

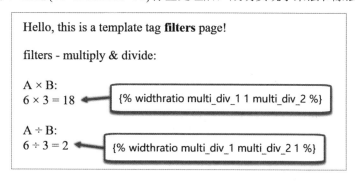

图 5.59　通过 widthratio 标签实现乘除运算

4. 四则运算

综合利用上面介绍的加、减、乘、除运算，自然可以实现复杂的四则运算。

下面是一个使用add过滤器和{% widthratio %}标签进行四则运算的代码实例，视图文件代码如下：

【代码5-117】（详见源代码TmplSite项目的gramapp/view.py文件）

```
01  def filters(request):
02      context = {}
03      context['title'] = "Django Template Grammar"
04      context['filters'] = "filters"
05      context['alg_num_1'] = 10
06      context['alg_num_2'] = 5
07      context['alg_num_3'] = -2
08      template = loader.get_template('gramapp/filters.html')
09      return HttpResponse(template.render(context, request))
```

【代码分析】

在第02～07行代码中，定义了一个用于传递上下文对象的变量context，具体说明如下：

- 在第05行代码中，在变量context中添加了第一个属性alg_num_1，并赋值为整数10。
- 在第06行代码中，在变量context中添加了第二个属性alg_num_2，并赋值为整数5。
- 在第07行代码中，在变量context中添加了第三个属性alg_num_3，并赋值为整数−2。

下面，看一下HTML模板的代码实例，具体代码如下：

【代码5-118】（详见源代码TmplSite项目的gramapp/template/filters.html模板文件）

```
01  <!DOCTYPE html>
02  <html lang="en">
03  <head>
04      <meta charset="UTF-8">
05      <link rel="stylesheet" type="text/css" href="/static/css/mystyle.css"/>
06      <title>{{ title }}</title>
07  </head>
08  <body>
09
10  <p class="middle">
11      Hello, this is a template tag <b>{{ filters }}</b> page!
12  </p>
13  <p class="middle">
14      filters - add & minus & multiply & divide:<br><br>
15      ({{ alg_num_1 }}+{{ alg_num_2 }}{{ alg_num_3 }})^2=
16      {% widthratio
17        alg_num_1|add:alg_num_2|add:alg_num_3
18        1
19        alg_num_1|add:alg_num_2|add:alg_num_3 %}
20      ({{ alg_num_1 }}+{{ alg_num_2 }})&divide;({{ alg_num_2 }}{{ alg_num_3 }})=
21      {% widthratio
22        alg_num_1|add:alg_num_2
23        alg_num_2|add:alg_num_3
24        1 %}
25  </p>
26
27  </body>
28  </html>
```

【代码分析】

在第15~24行代码中，分别通过add过滤器和{% widthratio %}标签模拟进行了加、减、乘、除四则算术运算，具体说明如下：

- 在第16~19行代码中，先通过add过滤器实现了连加和连减运算，然后通过{% widthratio %}标签实现了平方运算。
- 第21~24行代码中，先通过add过滤器实现了加减运算，然后通过{% widthratio %}标签实现了除法运算，相当于实现了"先加减、后乘除"的四则运算。

下面，通过FireFox浏览器测试一下TmplSite项目中定义的gramapp模板应用，具体如图5.60中的箭头和标识所示，通过add过滤器和{% widthratio %}标签，成功实现了复杂的四则算术运算。

5. 整除运算

在Django模板中，提供了一个divisibleby过滤器可以实现整除运算，如果能整除，则返回True，否则返回False。

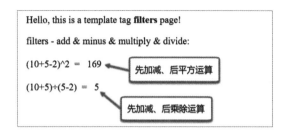

图 5.60　通过 add 过滤器和 widthratio 标签实现四则运算

下面是一个使用divisibleby过滤器实现整除运算的代码实例，具体视图文件代码如下：

【代码5-119】（详见源代码TmplSite项目的gramapp/view.py文件）

```
01  def filters(request):
02      context = {}
03      context['title'] = "Django Template Grammar"
04      context['filters'] = "filters"
05      context['divisibleby_1'] = 10
06      context['divisibleby_2'] = 5
07      context['divisibleby_3'] = 3
08      template = loader.get_template('gramapp/filters.html')
09      return HttpResponse(template.render(context, request))
```

【代码分析】

在第02～07行代码中，定义了一个用于传递上下文对象的变量context，具体说明如下：

- 在第05行代码中，在变量context中添加了第一个属性divisibleby_1，并赋值为整数10。
- 在第06行代码中，在变量context中添加了第二个属性divisibleby_2，并赋值为整数5。
- 在第07行代码中，在变量context中添加了第三个属性divisibleby_3，并赋值为整数3。

下面，看一下HTML模板的代码实例，具体代码如下：

【代码5-120】（详见源代码TmplSite项目的gramapp/template/filters.html模板文件）

```
01  <!DOCTYPE html>
02  <html lang="en">
03  <head>
04      <meta charset="UTF-8">
05      <link rel="stylesheet" type="text/css" href="/static/css/mystyle.css"/>
06      <title>{{ title }}</title>
07  </head>
08  <body>
09
10  <p class="middle">
11      Hello, this is a template tag <b>{{ filters }}</b> page!
12  </p>
13  <p class="middle">
14      filters - divisibleby:<br><br>
15      {{ divisibleby_1 }} % {{ divisibleby_2 }}:<br>
16      {% if divisibleby_1|divisibleby:divisibleby_2 %}
17          {{ divisibleby_1 }} &divide; {{ divisibleby_2 }} can divisibleby.
```

```
18      {% else %}
19          {{ divisibleby_1 }} &divide; {{ divisibleby_2 }} can not divisibleby.
20      {% endif %}
21      <br><br>
22      {{ divisibleby_1 }} % {{ divisibleby_3 }}:<br>
23      {% if divisibleby_1|divisibleby:divisibleby_3 %}
24          {{ divisibleby_1 }} &divide; {{ divisibleby_3 }} can divisibleby.
25      {% else %}
26          {{ divisibleby_1 }} &divide; {{ divisibleby_3 }} can not divisibleby.
27      {% endif %}
28  </p>
29
30  </body>
31  </html>
```

【代码分析】

在第15~27行代码中，通过divisibleby过滤器判断两个除法算式是否能够整除，具体说明如下：

- 在第16~20行代码中，主要是通过divisibleby过滤器进行逻辑判断，检查整数divisibleby_1是否能够被整数divisibleby_2整除。然后，通过{% if-else-endif %}标签根据divisibleby过滤器返回的布尔值（True或False）输出相应的结果。
- 第22~27行代码中，也是通过divisibleby过滤器进行逻辑判断，检查整数divisibleby_1是否能够被整数divisibleby_3整除。然后，通过{% if-else-endif %}标签根据divisibleby过滤器返回的布尔值（True或False）输出相应的结果。

下面，通过FireFox浏览器测试一下TmplSite项目中定义的gramapp模板应用，具体如图5.61中的箭头和标识所示，通过divisibleby过滤器成功判断出了两个整数之间是否能够进行整除运算。

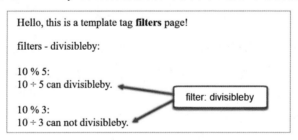

图 5.61　通过 divisibleby 过滤器实现整除运算

5.3.6　特殊的标签和过滤器

在Django框架模板语言的语法中，还定义了一些特殊的标签和过滤器，用以控制模板中国际化的每个方面。这些特殊的标签和过滤器允许对翻译、格式化和时区转换进行粒度控制。

1. 国际化标签和过滤器

1）i18n 标签

此标签允许在模板中指定可翻译文本。要启用该标签，需要将"USE_I18N"设置为True，然后加载{% load i18n %}。

2）l10n 标签

此标签提供对模板的本地化控制，需要使用{% load l10n %}来完成。通常将USE_I18N设置为True，以便本地化默认处于活动状态。

3）tz 标签

此标签对模板中的时区进行控制。该标签类似于l10n标签，需要使用{% load tz %}来完成。不过，通常还需要将"USE_TZ"设置为True，以便默认转换为本地时间。

2. 其他标签和过滤器库

在Django框架中还附带了一些其他模板标签，它们必须在INSTALLED_APPS设置中显式启用，并在模板中添加{% load %}标记。

1）django.contrib.humanize

一组Django模板过滤器，用于向数据添加"人性化"，使之更加可读。

2）static

由于在默认情况下，配置文件 settings.py 中的 INSTALL_APPS 项已经添加了django.contrib.staticfiles，因此可以直接加载static标签，然后在模板中使用它们。注意：早期版本中的{% load staticfiles %}已经作废。

static标签用于链接保存在STATIC_ROOT中的静态文件。例如：

```
{% load static %}
<img src="{% static "images/hi.jpg" %}" alt="Hi!" />
```

另外，还可以像下面这样使用变量：

```
{% load static %}
<link rel="stylesheet" href="{% static user_stylesheet %}" type="text/css"
media="screen" />
```

或者：

```
{% load static %}
{% static "images/hi.jpg" as myphoto %}
<img src="{{ myphoto }}"></img>
```

3）get_static_prefix

如果需要更好地控制STATIC_URL注入模板的位置和方式，可以使用get_static_prefix模板标签，例如：

```
{% load static %}
<img src="{% get_static_prefix %}images/hi.jpg" alt="Hi!">}
```

如果多次需要该值，则可以使用另一种形式来避免额外的处理，具体如下：

```
{% load static %}
{% get_static_prefix as STATIC_PREFIX %}
<img src="{{ STATIC_PREFIX }}images/hi.jpg" alt="Hi!">
<img src="{{ STATIC_PREFIX }}images/hi2.jpg" alt="Hello!">
```

4）get_media_prefix

该标签和上面的类似，不过是服务于媒体文件的，具体如下：

```
{% load static %}
<body data-media-url="{% get_media_prefix %}">
```

5.3.7 注释

在Django框架模板语言的语法中，注释（Comments）实现了注释掉模板中一行代码中的一部分的功能，具体语法如下：

```
{# this won't be rendered #}
```

其中，"{#"是注释开始标记，"#}"是注释结束标记。

如果需要注释掉模板中的多行，则可以使用comment过滤器来实现，具体语法如下：

```
{% comment %}
type code here…
{% endcomment %}
```

其中，"{% comment %}"是注释开始标记，"{% endcomment %}"是注释结束标记，在二者之间的内容会被作为注释而忽略掉。

5.4 自定义模板标签和过滤器

本节主要介绍Django框架模板层中自定义模板标签和过滤器的内容，包括前置配置基础、自定义模板过滤器和自定义模板标签等方面。它们是基于Django框架进行模板层开发的基础。

5.4.1 前置配置基础

Django框架模板虽然内置了二十多种标签和六十多种过滤器，但还是无法满足广大设计人员品类繁多、功能复杂以及日益增长的使用需求。因此，Django框架为设计人员提供了自定义的机制，可以通过使用Python代码、自定义标签和过滤器来扩展模板引擎，然后使用{% load %}标签加载它们。

Django框架模板对于自定义标签和过滤器是有前置要求的，创建自定义标签和过滤器时既可以新建一个App，也可以在原有的App中进行添加，这点完全取决于项目需要或是设计人员的个人喜好。

但无论采取上述的哪种方式，首先是要在App中新建一个名称为"templatetags"的包（注意：该名称是固定不变的），并且这个包一定要和views.py、models.py等文件处于同一级别目录下。然后，一定不要忘记在templatetags包中创建__init__.py初始化文件，这是Python包的特点。最后，需要重新启动Django服务器，这样才可以在模板中使用templatetags包中的自定义标签或过滤器。

关于自定义标签或过滤器，还有以下两点需要说明：

- 最好将自定义的标签或过滤器放在templatetags包中的一个模块里。

● 这个模块的名称就是后面载入标签时要使用的标签名，所以设计时要谨慎地选择名称，以避免与其他应用下的自定义标签或过滤器名称发生冲突，当然更不能与Django模板内置的标签和过滤器名称发生冲突。

现在假设需要自定义一个名称为"my_tag"的标签，那么templatetags包的目录结构应该大致如图5.62所示。templatetags包中包括了一个__init__.py文件（使用PyCharm开发工具时会自动创建该初始化文件）和一个my_tag.py自定义标签模块文件。

在自定义标签模块文件my_tag.py中，需要设计人员自己编写自定义标签的业务代码，具体模式如下：

【代码5-121】

```
01  # 导入模块
02  from django import template
03
04  # 实例化Library
05  register = template.Library()
06
07  # 注册自定义标签
08  @register.my_tag
09  # 定义自定义标签
10  def my_tag(arg):
11      return ...
```

如果需要自定义一个名称为"my_filter"的过滤器，那么templatetags包的目录结构应该大致如图5.63所示。templatetags包中包括了一个__init__.py文件（使用PyCharm开发工具时会自动创建该初始化文件）和一个my_filter.py自定义过滤器模块文件。

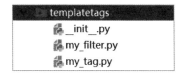

图 5.62　自定义标签时 templatetags 包目录结构　　图 5.63　自定义过滤器时 templatetags 包目录结构

在自定义过滤器模块文件my_filter.py中，需要设计人员自己编写自定义过滤器的业务代码，具体模式如下：

【代码5-122】

```
01  # 导入模块
02  from django import template
03
04  # 实例化Library
05  register = template.Library()
06
07  # 注册自定义过滤器
08  @register.my_filter
09  # 定义自定义过滤器
10  def my_filter(value, arg):
11      return ...
```

在templatetags包中定义的模块（自定义标签和过滤器）数量，是完全没有限制的。

要在模板中使用这些自定义标签和过滤器，只需在使用前通过"{% load my_tag %}"或者"{% load my_filter %}语句进行加载即可。该语句会载入给定模块名中的标签或过滤器，而不是App中所有的标签和过滤器。

5.4.2　自定义模板过滤器

相比较而言，创建自定义过滤器比创建自定义标签简单一些。本小节先介绍一下关于自定义模板过滤器的内容。

Django框架模板自定义过滤器其实就是一个带有一个或两个参数的Python函数。这个Python函数的第一个参数是想要过滤的对象，第二个参数才是自定义的参数，而且这个Python函数最多只能有两个参数。因此，相当于只能自定义一个参数，这也是自定义过滤器的限制。

自定义过滤器的这个Python函数还有以下两点说明：

- 变量的值：不一定是字符串形式。
- 参数的值：可以有一个初始值，或者完全不要这个参数。

在5.3.5节中，我们介绍了通过Django模板内置标签和过滤器模拟实现类似"加减乘除"的算术运算。虽然最终也完成了运算功能，但是看起来总是有点别扭。下面，我们尝试通过自定义过滤器来实现"加减乘除"的算术运算，领略一下Django模板中自定义过滤器功能的强大之处。

首先，在App中定义一个templatetags包，在该包中新建一个模块文件（calculator.py），在该文件中分别注册加、减、乘、除共4个自定义过滤器函数，具体代码如下：

【代码5-123】（详见源代码TmplSite项目的gramapp/templatetags/calculator.py文件）

```
01  # 导入模块
02  from django import template
03
04  # 实例化 Library
05  register = template.Library()
06
07  # 注册自定义过滤器
08  @register.filter
09  # 定义自定义过滤器 cal_add
10  def cal_add(value, arg):
11      return value + arg
12
13  # 注册自定义过滤器
14  @register.filter
15  # 定义自定义过滤器 cal_minus
16  def cal_minus(value, arg):
17      return value - arg
18
19  # 注册自定义过滤器
20  @register.filter
21  # 定义自定义过滤器 cal_multiply
22  def cal_multiply(value, arg):
```

```
23      return value * arg
24
25  # 注册自定义过滤器
26  @register.filter
27  # 定义自定义过滤器 cal_divide
28  def cal_divide(value, arg):
29      if(arg != 0):
30          return int(value / arg)
31      else:
32          return "Err: divide number is zero."
```

【代码分析】

在第02行代码中，通过import关键字导入了template模块。

在第05行代码中，通过template对象调用Library()方法实例化Library，并赋值给register变量。

在第08行代码中，通过register变量注册filter自定义过滤器。

在第10、11行代码中，定义了cal_add自定义过滤器，实现加法运算。

同样，在第16和17行、第22和23行以及第28~32行代码中，分别定义了cal_minus减法过滤器、cal_multiply乘法过滤器和cal_divide除法过滤器，形式类似于cal_add加法过滤器。另外，对于cal_divide除法过滤器，增加了除数为零的判断，避免出现除0错误。

下面是测试加、减、乘、除自定义过滤器的视图文件代码，具体如下：

【代码5-124】（详见源代码TmplSite项目的gramapp/view.py文件）

```
01  def myfilters(request):
02      context = {}
03      context['title'] = "Django Customer Tag&Filters"
04      context['cal_num_1'] = 10
05      context['cal_num_2'] = 2
06      context['cal_num_zero'] = 0
07      template = loader.get_template('gramapp/myfilters.html')
08      return HttpResponse(template.render(context, request))
```

【代码分析】

在第02~06行代码中，定义了一个用于传递上下文对象的变量context，具体说明如下：

- 在第04行代码中，在变量context中添加了第一个属性cal_num_1，并赋值为整数10，作为第一个运算数。
- 在第05行代码中，在变量context中添加了第二个属性cal_num_2，并赋值为整数2，作为第二个运算数。
- 在第06行代码中，在变量context中添加了第三个属性cal_num_zero，并赋值为整数0，用于测试除数为0的情况。

下面，看一下HTML模板的代码实例，具体代码如下：

【代码5-125】（详见源代码TmplSite项目的gramapp/template/myfilters.html模板文件）

```
01  <!DOCTYPE html>
02  <html lang="en">
```

```
03  <head>
04      <meta charset="UTF-8">
05      <link rel="stylesheet" type="text/css" href="/static/css/mystyle.css"/>
06      <title>{{ title }}</title>
07  </head>
08  <body>
09
10  <p class="middle">
11      Hello, this is a template customer filters page!
12  </p>
13  {% load calculator %}
14  <p>
15      Customer filter:<br><br>
16      {{ cal_num_1 }} + {{ cal_num_2 }} = 
17      {{ cal_num_1 | cal_add:cal_num_2 }}<br><br>
18      {{ cal_num_1 }} - {{ cal_num_2 }} = 
19      {{ cal_num_1 | cal_minus:cal_num_2 }}<br><br>
20      {{ cal_num_1 }} &times; {{ cal_num_2 }} = 
21      {{ cal_num_1 | cal_multiply:cal_num_2 }}<br><br>
22      {{ cal_num_1 }} &divide; {{ cal_num_2 }} = 
23      {{ cal_num_1 | cal_divide:cal_num_2 }}<br><br>
24      {{ cal_num_1 }} &divide; {{ cal_num_zero }} = 
25      {{ cal_num_1 | cal_divide:cal_num_zero }}<br><br>
26  </p>
27
28  </body>
29  </html>
```

【代码分析】

在第13行代码中，通过{% load %}标签加载calculator自定义过滤器。

在第16～23行代码中，分别通过cal_add自定义加法过滤器、cal_minus自定义减法过滤器、cal_multiply自定义乘法过滤器和cal_divide自定义除法过滤器模拟进行了加、减、乘、除算术运算。

在第24、25行代码中，通过cal_divide自定义除法过滤器模拟了除数为0时的运算情况。

下面，通过FireFox浏览器测试一下TmplSite项目中定义的gramapp模板应用，具体如图5.64中的箭头和标识所示，经过自定义过滤器处理后，成功实现了加、减、乘、除算术运算（包括对于除数为0的情况的处理）。

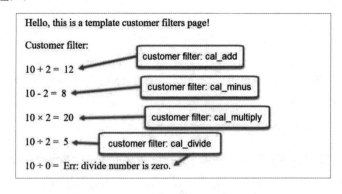

图 5.64　通过自定义过滤器实现算术运算

5.4.3　自定义模板标签

Django框架模板提供了大量的快捷方式，使得编写自定义模板标签会相对简单。对于比较简单的自定义标签来说，使用simple_tag标签是最方便的，它会将一个Python函数注册为一个简单的自定义模板标签。

simple_tag标签原型如下：

```
django.template.Library.simple_tag()
```

simple_tag()是Django框架模板提供的一个辅助函数，目的是简化创建标签类型的流程。从上面的原型方法可以看到，该函数实际是django.template.Library模块中的一个方法，可以接收任意个数的参数，并将这些参数封装在一个render函数以及其他必要的位置。该函数使用模板系统注册。simple_tag简单模板标签允许接收多个参数（字符串或模板变量），再根据输入参数和一些额外信息进行某种处理并返回结果。

下面，我们就使用simple_tag简单标签设计一个自定义时间标签current_time，该标签接收一个字符串类型的时间格式参数，根据指定格式返回当前的日期和时间。

首先，在App中定义一个templatetags包，在该包中新建一个模块文件current_time.py；然后，在该文件中注册用于返回当前日期和时间的current_time自定义标签函数。具体代码如下：

【代码5-126】（详见源代码TmplSite项目的gramapp/templatetags/current_time.py文件）

```
01  from django import template
02  from datetime import datetime, date
03
04  # 实例化 Library
05  register = template.Library()
06
07  # 注册自定义标签
08  @register.simple_tag
09  # 定义自定义标签 current_time
10  def current_time(format_string):
11      return datetime.now().strftime(format_string)
```

【代码分析】

在第01、02行代码中，分别通过import关键字导入了template、datetime和date模块。

在第05行代码中，通过template对象调用Library()方法实例化Library，并赋值给register变量。

在第08行代码中，通过register变量注册simple_tag自定义标签。

在第10、11行代码中，定义了current_time自定义标签函数，包括一个时间格式参数，具体说明如下：

- 在第11行代码中，先通过datetime对象调用now()方法获取当前日期和时间，再通过strftime()方法基于格式参数对时间进行格式化。

这个current_time自定义标签可以直接在模板中使用，下面具体看一下HTML模板的代码实例。

【代码5-127】（详见源代码TmplSite项目的gramapp/template/mytags.html模板文件）

```
01  <!DOCTYPE html>
02  <html lang="en">
03  <head>
04      <meta charset="UTF-8">
05      <link rel="stylesheet" type="text/css" href="/static/css/mystyle.css"/>
06      <title>{{ title }}</title>
07  </head>
08  <body>
09
10  <p class="middle">
11      Hello, this is a template customer tags page!
12  </p>
13  {% load current_time %}
14  <p>
15      simple tag:<br><br>
16      {% current_time "%Y-%m-%d %I:%M %p" as cur_time %}
17      The current time is {{ cur_time }}.<br><br>
18  </p>
19
20  </body>
21  </html>
```

【代码分析】

在第13行代码中，先通过{% load %}标签加载名称为"current_time"的自定义标签模块。

在第16行代码中，通过current_time自定义标签获取当前时间，并将时间格式作为参数传递给该标签。同时，通过as关键字将获取的当前时间定义为变量别名cur_time，这样就可以在模板中的任意位置通过调用该别名输出当前时间了。

下面，通过FireFox浏览器测试一下TmplSite项目中定义的gramapp模板应用，具体如图5.65中的箭头所示，页面中成功输出了通过current_time自定义标签获取的、按照时间格式参数格式化的当前时间。

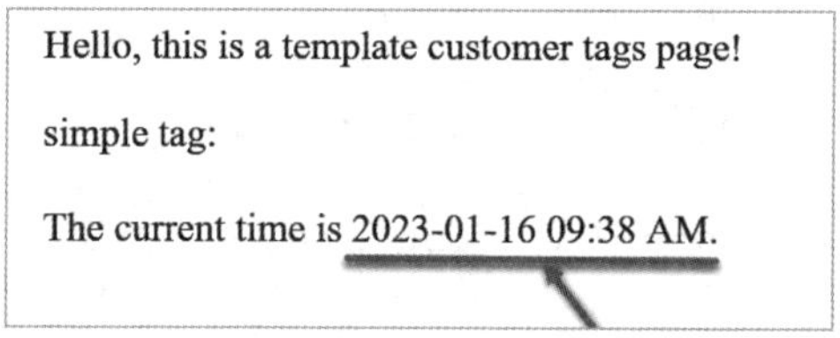

在5.4.2节中，我们实现了通过自定义过滤器模拟进行加、减、乘、除算术运算的代码实例。下面，介绍一下通过自定义标签如何实现模拟加、减、乘、除算术运算的功能。

图 5.65　通过自定义标签实现时间输出

首先，在App中定义一个templatetags包，在该包中新建一个模块文件calculator_tags.py；然后，在该文件中注册用于加、减、乘、除运算的tag_add自定义加法标签函数、tag_minus自定义减法标签函数、tag_multiply自定义乘法标签函数和tag_divide自定义除法标签函数。具体代码如下：

【代码5-128】（详见源代码TmplSite项目的gramapp/templatetags/calculator_tags.py文件）

```
01  # 导入模块
02  from django import template
03
04  # 实例化 Library
05  register = template.Library()
```

```
06
07  # 注册自定义标签
08  @register.simple_tag
09  # 定义自定义标签 tag_add
10  def tag_add(a, b, *args, **kwargs):
11      if isinstance(a, int) and isinstance(b, int):
12          return a + b
13      else:
14          return "Err: is not a number."
15
16  # 注册自定义标签
17  @register.simple_tag
18  # 定义自定义标签 tag_minus
19  def tag_minus(a, b, *args, **kwargs):
20      if isinstance(a, int) and isinstance(b, int):
21          return a - b
22      else:
23          return "Err: is not a number."
24
25  # 注册自定义标签
26  @register.simple_tag
27  # 定义自定义标签 tag_multiply
28  def tag_multiply(a, b, *args, **kwargs):
29      if isinstance(a, int) and isinstance(b, int):
30          return a * b
31      else:
32          return "Err: is not a number."
33
34  # 注册自定义标签
35  @register.simple_tag
36  # 定义自定义标签 tag_divide
37  def tag_divide(a, b, *args, **kwargs):
38      if isinstance(a, int) and isinstance(b, int):
39          if b != 0:
40              return int(a / b)
41          else:
42              return "Err: divide number is zero."
43      else:
44          return "Err: is not a number."
```

【代码分析】

在第02行代码中，通过import关键字导入了template模块。

在第05行代码中，通过template对象调用Library()方法实例化Library，并赋值给register变量。

在第08、17、26和35行代码中，通过register变量注册了simple_tag自定义标签。

在第10～14行代码中，定义了tag_add自定义加法标签函数，包括一组位置参数和关键字参数，具体说明如下：

- 在第11～14行代码中，先通过isinstance()方法判断传入的参数是否为数字，满足条件后再返回加法运算结果。

在第19～23行代码中，定义了tag_minus自定义减法标签函数，包括一组位置参数和关键字参数。具体说明如下：

- 在第20～23行代码中，先通过isinstance()方法判断传入的参数是否为数字，满足条件后再返回减法运算结果。

在第28～32行代码中，定义了tag_multiply自定义乘法标签函数，包括一组位置参数和关键字参数。具体说明如下：

- 在第19～32行代码中，先通过isinstance()方法判断传入的参数是否为数字，满足条件后再返回乘法运算结果。

在第37～44行代码中，定义了tag_divide自定义除法标签函数，包括一组位置参数和关键字参数。具体说明如下：

- 在第38行代码中，先通过isinstance()方法判断传入的参数是否为数字，满足条件后再继续执行。
- 在第39行代码中，判断一下除数是否为0，排除掉除0错误。
- 满足条件后，第40行代码返回除法运算结果。

下面是测试加、减、乘、除自定义过滤器的视图文件代码，具体如下：

【代码5-129】（详见源代码TmplSite项目的gramapp/view.py文件）

```
01  def mytags(request):
02      context = {}
03      context['title'] = "Django Customer Tag&Filters"
04      context['cal_num_1'] = 10
05      context['cal_num_2'] = 2
06      context['cal_num_zero'] = 0
07      template = loader.get_template('gramapp/mytags.html')
08      return HttpResponse(template.render(context, request))
```

【代码分析】

在第02～06行代码中，定义了一个用于传递上下文对象的变量context，具体说明如下：

- 在第04行代码中，在变量context中添加了第一个属性cal_num_1，并赋值为整数10，作为第一个运算数。
- 在第05行代码中，在变量context中添加了第二个属性cal_num_2，并赋值为整数2，作为第二个运算数。
- 在第06行代码中，在变量context中添加了第三个属性cal_num_zero，并赋值为整数0，用于测试除数为0的情况。

下面，看一下HTML模板的代码实例，具体代码如下：

【代码5-130】（详见源代码TmplSite项目的gramapp/template/mytags.html模板文件）

```
01  <!DOCTYPE html>
02  <html lang="en">
```

```
03  <head>
04      <meta charset="UTF-8">
05      <link rel="stylesheet" type="text/css" href="/static/css/mystyle.css"/>
06      <title>{{ title }}</title>
07  </head>
08  <body>
09
10  <p class="middle">
11      Hello, this is a template customer tags page!
12  </p>
13  {% load calculator_tag %}
14  <p>
15      simple tag:<br><br>
16      tag_add : <br>
17      {{ cal_num_1 }} + {{ cal_num_2 }} = 
18      {% tag_add cal_num_1 cal_num_2 %}<br><br>
19      tag_minus : <br>
20      {{ cal_num_1 }} - {{ cal_num_2 }} = 
21      {% tag_minus cal_num_1 cal_num_2 %}<br><br>
22      tag_multiply : <br>
23      {{ cal_num_1 }} &times; {{ cal_num_2 }} = 
24      {% tag_multiply cal_num_1 cal_num_2 %}<br><br>
25      tag_divide : <br>
26      {{ cal_num_1 }} &divide; {{ cal_num_2 }} = 
27      {% tag_divide cal_num_1 cal_num_2 %}<br><br>
28      tag_divide : <br>
29      {{ cal_num_1 }} &divide; {{ cal_num_zero }} = 
30      {% tag_divide cal_num_1 cal_num_zero %}<br><br>
31  </p>
32
33  </body>
34  </html>
```

【代码分析】

在第13行代码中，先通过{% load %}标签加载名称为"calculator_tag"的自定义标签模块。

在第16～27行代码中，分别通过tag_add自定义加法标签、tag_minus自定义减法标签、tag_multiply自定义乘法标签和tag_divide自定义除法标签模拟进行了加、减、乘、除算术运算。

在第28～30行代码中，通过tag_divide自定义除法标签模拟了除数为0时的运算情况。

下面，通过FireFox浏览器测试一下TmplSite项目中定义的gramapp模板应用，具体如图5.66中的箭头和标识所示，经过自定义标签处理后，成功实现了加、减、乘、除算术运算（包括对于除数为0的情况的处理）。

上面通过定义4个自定义标签（tag_add、tag_minus、tag_multiply和tag_divide）实现了模拟加、减、乘、除算术运算的功能。下面，我们尝试将这4个自定义标签整合成1个自定义标签，将运算符（加、减、乘、除，另外增加一个取余运算）作为关键字参数进行传递，完成"加减乘除和取余"算术运算。

首先，在模块文件calculator_tags.py中注册用于"加减乘除和取余"运算的tag_calculator自定义标签函数，具体代码如下：

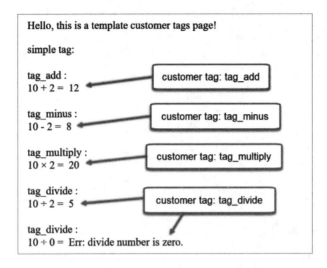

图 5.66　通过自定义标签实现算术运算（1）

【代码5-131】（详见源代码TmplSite项目的gramapp/templatetags/calculator_tags.py文件）

```
01  # 导入模块
02  from django import template
03
04  # 实例化 Library
05  register = template.Library()
06
07  # 注册自定义标签
08  @register.simple_tag
09  # 定义自定义标签 tag_calculate
10  def tag_calculate(a, b, *args, **kwargs):
11      if kwargs['opr'] == "add":
12          if isinstance(a, int) and isinstance(b, int):
13              return a + b
14          else:
15              return "Err: is not a number."
16      elif kwargs['opr'] == "minus":
17          if isinstance(a, int) and isinstance(b, int):
18              return a - b
19          else:
20              return "Err: is not a number."
21      elif kwargs['opr'] == "multiply":
22          if isinstance(a, int) and isinstance(b, int):
23              return a * b
24          else:
25              return "Err: is not a number."
26      elif kwargs['opr'] == "divide":
27          if isinstance(a, int) and isinstance(b, int):
28              if b != 0:
29                  return int(a / b)
30              else:
31                  return "Err: divide number is zero."
32          else:
```

```
33          return "Err: is not a number."
34      elif kwargs['opr'] == "residue":
35          if isinstance(a, int) and isinstance(b, int):
36              return a % b
37          else:
38              return "Err: is not a number."
39      else:
40          pass"
```

【代码分析】

在第02行代码中，通过import关键字导入了template模块。

在第05行代码中，通过template对象调用Library()方法实例化Library，并赋值给register变量。

在第08行代码中，通过register变量注册了simple_tag自定义标签。

在第10～40行代码中，定义了tag_calculate自定义标签函数，包括一组位置参数和关键字参数。具体说明如下：

- 区分加、减、乘、除和取余运算的关键，是通过kwargs['opr']关键字参数获取运算符（add、minus、multiply、divide和residue）名称，再根据运算符名称进行相应计算，并返回运算结果。
- 另外，在除法计算中还要判断一下除数是否为0，排除掉除0错误。

下面是测试tag_calculate自定义标签（加、减、乘、除和取余）的视图文件代码，具体如下：

【代码5-132】（详见源代码TmplSite项目的gramapp/view.py文件）

```
01  def mytags(request):
02      context = {}
03      context['title'] = "Django Customer Tag&Filters"
04      context['cal_num_1'] = 10
05      context['cal_num_2'] = 2
06      context['cal_num_zero'] = 0
07      context['cal_num_residue'] = 3
08      context['opr_add'] = "add"
09      context['opr_minus'] = "minus"
10      context['opr_multiply'] = "multiply"
11      context['opr_divide'] = "divide"
12      context['opr_residue'] = "residue"
13      template = loader.get_template('gramapp/mytags.html')
14      return HttpResponse(template.render(context, request))
```

【代码分析】

在第02～12行代码中，定义了一个用于传递上下文对象的变量context，具体说明如下：

- 在第04行代码中，在变量context中添加了第一个属性cal_num_1，并赋值为整数10，作为第一个运算数。
- 在第05行代码中，在变量context中添加了第二个属性cal_num_2，并赋值为整数2，作为第二个运算数。
- 在第06行代码中，在变量context中添加了第三个属性cal_num_zero，并赋值为整数0，用于测试除数为0的情况。

- 在第07行代码中，在变量context中添加了第四个属性cal_num_residue，并赋值为整数3，用于进行取余运算。
- 在第09～12行代码中，在变量context中添加了5个属性'opr_add'、'opr_minus'、'opr_multiply'、'opr_divide'和'opr_residue'，分别用于加、减、乘、除和取余这5种运算。

下面，看一下HTML模板的代码实例，具体代码如下：

【代码5-133】（详见源代码TmplSite项目的gramapp/template/mytags.html模板文件）

```
01  <!DOCTYPE html>
02  <html lang="en">
03  <head>
04      <meta charset="UTF-8">
05      <link rel="stylesheet" type="text/css" href="/static/css/mystyle.css"/>
06      <title>{{ title }}</title>
07  </head>
08  <body>
09
10  <p class="middle">
11      Hello, this is a template customer tags page!
12  </p>
13  {% load calculator_tag %}
14  <p>
15      simple tag:<br><br>
16      tag_calculate : add<br>
17      {{ cal_num_1 }} + {{ cal_num_2 }} = 
18      {% tag_calculate cal_num_1 cal_num_2 opr=opr_add %}<br><br>
19      tag_calculate : minus<br>
20      {{ cal_num_1 }} - {{ cal_num_2 }} = 
21      {% tag_calculate cal_num_1 cal_num_2 opr=opr_minus %}<br><br>
22      tag_calculate : multiply<br>
23      {{ cal_num_1 }} &times; {{ cal_num_2 }} = 
24      {% tag_calculate cal_num_1 cal_num_2 opr=opr_multiply %}<br><br>
25      tag_calculate : divide<br>
26      {{ cal_num_1 }} &divide; {{ cal_num_2 }} = 
27      {% tag_calculate cal_num_1 cal_num_2 opr=opr_divide %}<br><br>
28      tag_calculate : divide<br>
29      {{ cal_num_1 }} &divide; {{ cal_num_zero }} = 
30      {% tag_calculate cal_num_1 cal_num_zero opr=opr_divide %}<br><br>
31      tag_calculate : residue<br>
32      {{ cal_num_1 }} % {{ cal_num_residue }} = 
33      {% tag_calculate cal_num_1 cal_num_residue opr=opr_residue %}<br><br>
34  </p>
35
36  </body>
37  </html>
```

【代码分析】

在第13行代码中，通过{% load %}标签加载名称为"calculator_tag"的自定义标签模块。

在第16～33行代码中，通过tag_calculate自定义标签分别进行了加、减、乘、除和取余这5种算术运算（除法还包括了除数为0的情况）。

下面，通过FireFox浏览器测试一下TmplSite项目中定义的gramapp模板应用，具体如图5.67中的箭头和标识所示，经过自定义标签处理后，成功实现了加、减、乘、除和取余算术运算（包括对于除数为0的情况的处理）。

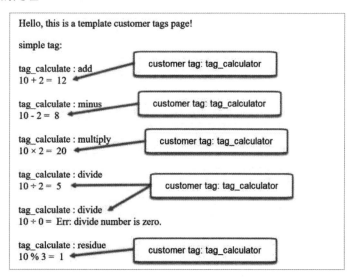

图 5.67 通过自定义标签实现算术运算（2）

Django框架模板中还设计了一个inclusion_tag标签，其相比于simple_tag标签在使用上略微麻烦一些，这个inclusion_tag标签会为另一个模板渲染数据。

inclusion_tag标签原型如下：

```
django.template.Library.inclusion_tag()
```

这个inclusion_tag同样是Django框架模板提供的一个辅助函数，目的是增强创建标签类型的流程。

为了介绍inclusion_tag标签，我们直接使用这个标签设计一个输出列表的代码实例，这样比较直观，也便于理解。

首先，在App中定义一个templatetags包，在该包中新建一个模块文件inclusion_tag.py；然后在该文件中注册用于返回列表数据的show_lists自定义标签函数。具体代码如下：

【代码5-134】（详见源代码TmplSite项目的gramapp/templatetags/inclusion_tag.py文件）

```
01   # 导入模块
02   from django import template
03
04   # 实例化 Library
05   register = template.Library()
06
07   # Here, register is a django.template.Library instance, as before
08   @register.inclusion_tag('gramapp/results.html')
09   def show_lists(langs):
10       return {'choices': langs}
```

【代码分析】

在第02行代码中，通过import关键字导入了template模块。

在第05行代码中，通过template对象调用Library()方法实例化Library，并赋值给register变量。

在第08行代码中，通过register变量注册inclusion_tag自定义标签，并指定用于渲染的HTML模板路径results.html。

在第09、10行代码中，定义了show_lists自定义标签函数，包含一个列表参数，并返回一个字典类型。

接下来，看一下用于渲染的results.html模板的代码定义。

【代码5-135】（详见源代码TmplSite项目的gramapp/template/results.html模板文件）

```
01  <ul>
02  {% for choice in choices %}
03      <li> {{ choice }} </li>
04  {% endfor %}
05  </ul>
```

【代码分析】

这段HTML模板代码很简单，就是通过{% for %}循环在页面上生成一个<ul><li>列表。

下面是测试show_lists自定义标签的视图文件代码，具体如下：

【代码5-136】（详见源代码TmplSite项目的gramapp/view.py文件）

```
01  def myincstags(request):
02      context = {}
03      context['title'] = "Django Customer Tag&Filters"
04      context['list_lang'] = { "Python", "Django", "Flask"}
05      template = loader.get_template('gramapp/mytags.html')
06      return HttpResponse(template.render(context, request))
```

【代码分析】

在第02~04代码中，定义了一个用于传递上下文对象的变量context，具体说明如下：

- 在第04行代码中，在变量context中添加了一个属性list_lang，并赋值为一个字符串列表（编程语言名称）。

下面是测试show_lists自定义标签的HTML模板代码，具体如下：

【代码5-137】（详见源代码TmplSite项目的gramapp/template/mytags.html模板文件）

```
01  <!DOCTYPE html>
02  <html lang="en">
03  <head>
04      <meta charset="UTF-8">
05      <link rel="stylesheet" type="text/css" href="/static/css/mystyle.css"/>
06      <title>{{ title }}</title>
07  </head>
08  <body>
```

```
09
10 <p class="middle">
11    Hello, this is a template customer tags page!
12 </p>
13 {% load inclusion_tag %}
14 <p>
15    inclusion tag:<br><br>
16    {% show_lists list_lang %}
17 </p>
18
19 </body>
20 </html>
```

【代码分析】

在第13行代码中，通过{% load %}标签加载名称为"inclusion_tag"的自定义标签模块。

在第16行代码中，通过show_lists自定义标签在页面中输出一个列表，并通过参数list_lang来传递列表内容。

下面，通过FireFox浏览器测试一下TmplSite项目中定义的gramapp模板应用，具体如图5.68中的箭头所示，页面中成功输出通过show_lists自定义标签定义的列表内容。

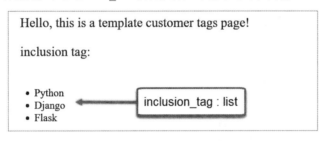

图 5.68　通过自定义标签实现列表输出

5.5　本 章 小 结

Django框架定义了自己的模板系统与模板语言，拥有丰富的自定义标签、过滤器和配置方式，用来动态生成HTML页面。Django框架的模型、模板和视图构成了独有的MTV架构，希望读者能够深入掌握这些Django框架的核心技术。

第 6 章
Django 框架表单

本章主要介绍 Django 框架中表单的内容，主要包括表单基础、表单的使用、Form 类等。Django 框架表单是用户与后台进行友好沟通的门面，是开发基于 Django 框架的 Web 应用程序的重要基础。

通过本章的学习可以掌握以下知识：

※ Django框架表单的基础知识
※ Django框架表单API
※ Django框架表单的内建字段
※ Django框架表单的内建widgets
※ Django框架表单自定义验证

6.1 Django框架表单基础

本节主要介绍一下Django框架表单（Form）的基础知识。Django框架提供了一系列的工具和库来帮助设计人员构建表单，通过表单来接收网站用户的输入，然后处理以及响应这些用户的输入。

6.1.1 HTML 表单

Django框架表单是在HTML模板中设计完成的，其实类似于传统HTML Form表单的应用。在传统HTML页面中，表单是由"<form>...</form>"标签实现的，通过在其中添加相关的一些元素（例如文本输入框、单选框、复选框、文本域、重置按钮和提交按钮等），允许终端用户通过表单输入相关的数据信息，然后发送到服务端（后台）。Django框架表单也实现了相应的功能，只不过要遵循Django框架标准来设计。

在HTML中，有一些表单元素（例如文本输入框）是非常简单且内置于HTML中的，而有一些表单元素会比较复杂（例如日期选择控件、滑块控件等），一般需要通过使用JavaScript、CSS以及<input>等来实现效果。

Django框架表单同样如此，定义时需要满足以下两项常规标准：

- 负责响应用户输入数据的URL地址（action属性）。
- 数据请求时使用的HTTP方法（method属性：GET、POST）。

例如，在Django框架内置的Admin（管理员）登录表单中，就包含如下一些常规<input>元素类型：

- 用户名：type="text"。
- 密码：type="password"。
- 登录按钮：type="submit"。
- action属性指定的URL地址："/admin/"。
- method属性指定的HTTP方法："POST"。

当用户单击<input type="submit" value="Log in">按钮元素时，提交响应就会被触发，然后表单数据会被发送到"/admin/"地址上去。

6.1.2 HTTP 方法：GET 和 POST

Django框架处理表单时只会用到GET和POST这两种HTTP方法。Django的登录表单需要使用POST方法传输数据。当使用POST方法时，浏览器会封装表单数据，为了传输安全还会进行必要编码，然后发送到服务端并接收其响应。

相比之下，GET方法会将提交的数据绑定到一个字符串中，并用该字符串来组成一个URL地址。该URL地址包含了数据要发送的地址以及一些键值对应的数据。例如，在Django官方文档（ https://docs.djangoproject.com ）中进行一次搜索，就会生成一个类似"https://docs.djangoproject.com/search/?q=forms&release=1"的URL地址，这个就是GET方式。

GET和POST这两种HTTP方法通常用于不同的目的。任何可能用于更改系统状态的请求应该使用POST方法，比如一个更改数据库的请求；GET方法应该只被用于不会影响系统状态的请求。

还有，GET方法也不适合密码表单，因为密码会出现在URL地址字符串中，自然也会被记录在浏览器的历史记录以及服务器的日志中，而且都是纯文本的形式，因此安全性就无法保证。GET方法同样也不适合处理大量的字符串数据或二进制数据，比如图片和视频这类的。

在Web应用的管理表单中使用GET请求具有安全隐患：攻击者很容易通过模拟请求来访问系统的敏感数据，因此Django Admin模块选择使用POST方法。在Django框架模板中，POST方法通过与CSRF protection这样的保护措施配合使用，能对访问提供更多的控制。

GET方法也不是完全无用武之地的。GET方法适用于类似网页搜索表单这样的场景，这时GET请求的URL地址很容易被保存为书签，便于用户分享或重新提交。因此，在Django官方文档中进行搜索，就使用了GET方法。

6.1.3　Django 在表单中的角色

Django框架处理表单是一件比较复杂的事情。研究一下Django框架的Admin模块，就会发现许多不同类型的数据可能需要在一张表单中完成，然后渲染到HTML模板中呈现，还需要使用便捷的界面进行编辑、上传到服务器、验证和清理数据，最后还要保存或跳过进行下一步处理。

Django框架的表单功能可以简化和自动化上述工作的大部分内容，并且也能比大多数设计人员自己编写代码去实现表现得更安全一些。

Django框架会处理涉及表单的3个不同部分：

- 准备并重组数据，以便下一步的渲染。
- 为数据创建HTML表单。
- 接收并处理客户端提交的表单及数据。

虽然设计人员可以通过手动编写代码来实现上述功能，不过Django框架表单的内置功能已能够完成这些工作。

6.1.4　Form 类

Django框架表单系统的核心组件是Form类，其与Django模型描述对象的逻辑结构、行为以及呈现内容的方式是大致相同的。Form类描述了表单并决定其如何工作以及如何呈现。

类似于模型类的字段映射到数据库字段的方式，ModelForm模型类的字段会通过表单类的字段映射到HTML表单的\<input\>元素中。Django框架的Admin模块就是基于此设计实现的。

表单字段本身也是类，用于管理表单数据并在提交表单时执行验证。DateField和FileField处理的数据类型差别很大，所以必须用来处理不同的字段。

在浏览器中，表单字段以HTML元素（控件类）的形式展现。每个字段类型都有与之相匹配的控件类，但必要时可以进行覆盖。

6.1.5　实例化、处理和渲染表单

在Django框架表单中渲染一个对象的时候，其流程通常如下：

（1）在视图中获取对象（例如从数据库中取出）。
（2）将对象传递给模板上下文。
（3）使用模板变量将对象扩展为HTML标签。

在模板中渲染表单与渲染任何其他类型的对象几乎一样，但是存在一些关键性的差异。

如果模型实例不包含数据，则在模板中对其做任何处理几乎没什么用，但完全有理由来渲染一张空表单，通常当我们希望用户来填充的时候就会这么做。因此，当在视图中处理模型实例时，一般从数据库中获取这些对象；当处理表单时，一般在视图中实例化这些对象。

实例化表单时，可以选择让表单为空或预先填充数据，数据来源可以是：

（1）用来保存模型实例的数据（例如在管理编辑表单的情况下）。

（2）从其他来源获取的数据。

（3）从前面一个HTML表单提交过来的数据。

6.1.6 创建一个表单

假设希望在网站上创建一个最简单的表单用来获取用户的名字，通常只需要在模板中使用如下类似的代码：

【代码6-1】

```
01  <form action="/get-name/" method="get">
02      <label for="your_name">Your name: </label>
03      <input id="your_name" type="text" name="your_name"
value="{{ current_name }}">
04      <input type="submit" value="OK">
05  </form>
```

【代码分析】

在第01行代码中，action属性通知浏览器将表单数据提交到URL地址"/get-name/"上，method属性定义使用GET方法。

在第03行代码中，定义了一个<input type="text" />的文本输入框，用于用户输入姓名。同时，value属性定义为一个上下文变量current_name，如果该变量存在，则其值将会预先填充到表单中。

在第04行代码中，定义了一个<input type="submit" />的提交按钮。

对于【代码6-1】中定义的表单，需要一个视图来渲染这个包含HTML表单的模板，并能提供适当的{{ current_name }}字段。提交表单时，发送给服务器的GET请求将包含表单数据。

然后，还需要一个与该URL地址（"/get-name/"）相对应的视图，该视图将在请求中找到相应的键-值对，然后对其进行处理。

同时，可能还需要浏览器在表单提交之前进行一些字段验证，或者使用更复杂的字段以允许用户做类似日期选择的操作等。这时，通过Django框架可以很容易地完成以上大部分工作。

6.2　使用Django框架表单

本节主要介绍一个使用Django框架表单构建Web应用的实例。使用Django框架表单实现内容提交与传统HTML表单方式不同，主要是通过表单Form类来完成的。

6.2.1　使用 Form 类构建表单

Django框架内置的Form类可以自动生成模板表单，这样就无须以手动方式在HTML模板中定义表单了。Form类就是表单类，继承自django.forms.Form模块，适用于构建Django框架表单的基础类。

下面，我们通过Form类构建一个简单的、用于提交"用户信息"的表单。使用Form类定义表单，通常需要在App中新建一个表单模块（forms.py），该模块一般要与视图模块（views.py）和模型模块（models.py）放置于同一级别目录下。

表单模块的具体代码如下：

【代码6-2】（详见源代码FormSite项目的formapp/forms.py文件）

```
01  from django import forms
02
03  # Form类
04  class UserInfoForm(forms.Form):
05      username = forms.CharField(label='Your name', max_length=32)
06      dep = forms.CharField(label='Your department', max_length=8)
07      email = forms.EmailField(label='Your email', max_length=64)
```

【代码分析】

在第01行代码中，通过import关键字引入forms模块。

在第04～07行代码中，通过class定义表单类UserInfoForm，其中内置了相关的表单字段。注意，所有自定义的表单类均继承自forms.Form类。关于表单字段的详细说明如下：

- 在第05行代码中，通过CharField字段类型定义了一个表单字段username，对应于HTML表单<form>标签中的"用户名"文本输入框。
- 在第06行代码中，通过CharField字段类型定义了一个表单字段dep，对应于HTML表单<form>标签中的"部门"文本输入框。
- 在第07行代码中，通过EmailField字段类型定义了一个表单字段email，对应于HTML表单<form>标签中的"电子邮件"输入框。

另外，这段Form类代码没有定义提交按钮，需要设计人员自行在HTML模板表单中进行添加。这样做的好处是，设计人员可以在HTML模板中为表单定义脚本行为、添加CSS样式以及嵌入第三方框架。

6.2.2 视图处理

在Django框架表单中，Form类的渲染工作要求视图来处理。在视图中，需要实例化定义好的Form类，并进行必要的表单验证工作。

每个Django框架表单的实例都有一个内置的is_valid()方法，用来验证接收的数据是否合法。如果所有数据都合法，那么该方法将返回True，并将所有的表单数据转存到它的一个叫作"cleaned_data"的属性中，该属性是一个字典类型数据。

Django框架表单的实例化代码一般放在views.py中，views.py视图文件与forms.py表单文件一般处于同一级目录。表单类UserInfoForm的实例化代码如下：

【代码6-3】（详见源代码FormSite项目的formapp/views.py文件）

```
01  from .forms import UserInfoForm
02  # 创建表单视图
```

```
03  def userinfo(request):
04      # 如果这是一个POST请求，那么我们需要处理表单数据
05      if request.method == 'POST':
06          #创建一个表单实例并用请求中的数据填充
07          form = UserInfoForm(request.POST)
08          # 检查表单是否有效
09          if form.is_valid():
10              # 按照要求处理表单中的数据
11              context = {}
12              context['uname'] = request.POST['username']
13              context['udep'] = request.POST['dep']
14              context['uemail'] = request.POST['email']
15              # 重定向到一个新的URL
16              return render(request, 'show_info.html', {'userinfo': context})
17      # 如果是GET（或其他任何方法），我们将创建一个空白表单
18      else:
19          form = UserInfoForm()
20      # 在HTML模板中渲染表单
21      return render(request, 'userinfo.html', {'form': form})
```

【代码分析】

在第01行代码中，通过import关键字引入UserInfoForm表单类。

在第03～21行代码中，定义了一个视图函数userinfo，对表单类UserInfoForm进行了实例化操作。详细说明如下：

- 在第05行代码，通过if条件语句判断HTTP请求方法，如果为POST方法，则继续执行后面代码去接收用户提交的数据；如果为GET方法，则直接跳转到第18行代码，执行第19行代码返回空的表单实例（from），让用户去录入数据再进行提交。
- 在第07行代码中，先通过request获取表单数据，再通过UserInfoForm表单类创建表单实例form。
- 在第09行代码中，通过if条件语句对表单实例form进行验证，如果所有的表单字段均有效，则继续执行下面的代码。
- 在第11～14行代码中，通过request获取表单字段数据，并保存在上下文变量context中。
- 在第16行代码中，将上下文变量context保存为字典类型变量userinfo，通过render()方法传递表单数据userinfo到新的页面中进行显示。
- 在第21行代码中，将表单实例form渲染到表单模板userinfo.html中。

6.2.3　模板处理

在Django框架表单中，模板的处理就相对简单得多。表单类UserInfoForm的模板代码如下：

【代码6-4】（详见源代码FormSite项目的formapp/templates/userinfo.html文件）

```
01  <form action="#" method="post">
02      {% csrf_token %}
03      {% for f in form %}
04          {{ f.label }}:  {{ f }}<br><br>
05      {% endfor %}
```

```
06      <input type="submit" value="Submit" /><br>
07  </form>
```

【代码分析】

在第01～07行代码中，通过<form>标签定义了一个表单模板。

在第02行代码中，通过{% csrf_token %}模板标签为表单增加防护功能。Django框架自带一个简单易用的"跨站请求伪造防护"，当通过POST方法提交一个启用了CSRF防护（参见setting.py模块）的表单时，必须在表单中使用模板标签csrf_token。

在第03～05行代码中，通过{% for-endfor %}模板标签遍历表单实例form的每一项，并在页面模板中显示。

在第06行代码中，定义了表单的提交按钮<input type="submit" />。

现在，【代码6-4】为我们定义了一个可以工作的Web表单，其通过Django框架的Form类来描述，并由一个视图来处理并渲染成一个HTML模板中的表单（<form>）元素。

再介绍一下关于HTML 5输入类型和浏览器验证的内容。如果表单中包含类似URLField、EmailField或其他整数字段的类型，则Django模板表单将使用url、email和number这类的HTML 5输入类型。

在默认情况下，浏览器可能会在这些字段上应用自己的验证方式，这些验证方式可能会比Django框架的验证更加严格。如果想禁用这个行为，可以在<form>标签上设置novalidate属性，或者在字段上指定一个不同的控件（例如TextInput）。

6.2.4 提交模板

在前面的视图处理中，定义了一个用于显示表单提交数据的HTML模板，具体代码如下：

【代码6-5】（详见源代码FormSite项目的formapp/templates/show_info.html文件）

```
01  <!DOCTYPE html>
02  <html lang="en">
03  <head>
04      <meta charset="UTF-8">
05      <link rel="stylesheet" type="text/css" href="/static/css/myclass.css"/>
06      <title>Show Userinfo</title>
07  </head>
08  <body>
09  <p>
10      userinfo (total):<br>
11      {{ userinfo }}<br>
12  </p>
13  <p>
14      userinfo (items):<br>
15      {% for key,value in userinfo.items %}
16          {{ key }} : {{ value }}<br>
17      {% endfor %}
18  </p>
19  </body>
20  </html>
```

【代码分析】

在第11行代码中，直接通过字典类型的上下文变量userinfo在页面模板中输出表单提交的数据信息。

在第15～17行代码中，通过{% for-endfor %}模板标签遍历字典类型的上下文变量userinfo中的每一项，并依次在页面模板中进行显示。

6.2.5　测试表单应用

现在，我们测试一下前面基于Django框架Form类构建的"用户信息"Web应用。

首先，通过FireFox浏览器打开一下FormSite项目中定义的formapp表单应用地址，具体如图6.1中的箭头和标识所示，HTML模板（userinfo.html）中显示了从表单模块（forms.py）和视图模块（views.py）中传递过来的空白的"用户信息"表单。

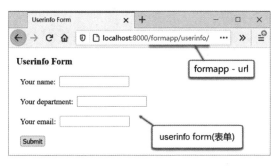

图 6.1　测试 formapp 表单应用（1）

然后，在空白表单中录入用户信息，具体如图6.2中的箭头和标识所示，录入相关用户信息后，直接单击Submit按钮进行提交。表单提交后的页面效果如图6.3中的箭头和标识所示，页面中分别显示了两种格式的字典对象的内容，与图6.2中录入的用户信息是一致的。

图 6.2　测试 formapp 表单应用（2）

图 6.3　测试 formapp 表单应用（3）

6.3　详解Django Form类

本节主要详细介绍Django框架中Form类的内容。Form类与Model类紧密关联，是构建Web应用的内部核心部件。

6.3.1　模型与 Form 类

在Django框架中，所有Form类均是作为django.forms.Form类或者django.forms.ModelForm类的子类来创建的。可以把ModelForm理解为Form类的子类。

实际上Form类和ModelForm类从BaseForm类继承了（私有方式）其通用功能，设计使用时一般是不用去关心这个实现细节的。感兴趣的读者可以去研究一下Django框架模板的源代码，相信会学习到不少知识。

Django框架表单如果是要直接用来添加或编辑Django模型的，则一般要使用ModelForm类，这样既可以省时省力，又可以节省代码，因为其会根据Model类构建一份对应字段及其属性的表单。

6.3.2　绑定的和未绑定的表单实例

在Django框架表单中，绑定的和未绑定的表单实例之间的显著区别如下：

- 未绑定的表单没有与其关联的数据。当渲染到页面模板时，其会是空的或者包含默认值。
- 绑定的表单拥有已提交的数据，因此可以用来判断数据是否合法。如果渲染了一个非法绑定的表单，则其将会包含内联的错误信息，告知设计人员要纠正哪些数据。

实际开发中，Form表单的is_bound属性将会告诉设计人员，一个表单是否具有绑定的数据。

6.3.3　表单字段与 Widget 控件

在Django框架表单中，为设计人员内置了许多表单字段，提供了非常完整的表单设计功能。一份比较完整的字段清单如下：

```
BooleanField
CharField
ChoiceField
TypedChoiceField
DateField
DateTimeField
DecimalField
DurationField
EmailField
FileField
FilePathField
FloatField
ImageField
IntegerField
JSONField
GenericIPAddressField
MultipleChoiceField
TypedMultipleChoiceField
NullBooleanField
RegexField
```

```
SlugField
TimeField
URLField
UUIDField
ComboField
MultiValueField
SplitDateTimeField
ModelChoiceField
ModelMultipleChoiceField
```

其中，每一个表单字段的类型都对应一种Widget控件。Widget控件是一种内建于Django框架中的类，每一种Widget类均对应HMTL语言中的一种<input>元素类型。例如，CharField字段对应于<input type="text">元素类型。

设计人员需要在HTML模板中使用什么类型的<input>元素，就需要在Django表单字段中选择相应的"XXXField"。例如，如果需要一个<input type="text">元素，就可以选择一个CharField。

下面，我们通过多种Form类字段构建一个"联系人邮件信息"表单。Form类还是定义在表单模块（forms.py）中，具体代码如下：

【代码6-6】（详见源代码FormSite项目的formapp/forms.py文件）

```
01  from django import forms
02
03  # Form类: ContactForm
04  class ContactForm(forms.Form):
05      subject = forms.CharField(label='Subject', max_length=64)
06      message = forms.CharField(label='Message', widget=forms.Textarea)
07      sender = forms.EmailField(label='Sender', max_length=64)
08      cc_myself = forms.BooleanField(required=False)
```

【代码分析】

在第01行代码中，通过import关键字引入forms模块。

在第04～08行代码中，通过class定义表单类ContactForm，其中内置了多种类型的表单字段。表单字段的详细说明如下：

- 在第05行代码中，通过CharField字段类型定义了一个表单字段subject，对应于HTML表单<form>标签中的"标题"文本输入框。
- 在第06行代码中，通过CharField字段类型定义了一个表单字段message，Widget控件定义为Textarea控件，对应于HTML表单<form>标签中的"邮件信息"文本输入框。
- 在第07行代码中，通过EmailField字段类型定义了一个表单字段sender，对应于HTML表单<form>标签中的"邮件目标发送地址"文本输入框。
- 在第08行代码中，通过BooleanField字段类型定义了一个表单字段cc_myself，对应于HTML表单<form>标签中的抄送自己单选类型控件。

无论用表单提交了什么数据，一旦通过调用is_valid()方法验证成功（返回True），已验证的表单数据都将被放到form.cleaned_data字典中，而且这些数据已经转换为了可以直接调用的Python类型。

Django框架表单的实例化代码还是放在views.py视图文件中，且与forms.py表单文件处于同一级目录。表单类ContactForm的实例化代码如下：

【代码6-7】（详见源代码FormSite项目的formapp/views.py文件）

```
01  from .forms import ContactForm
02  # 创建表单视图
03  def contact(request):
04      # 如果这是一个POST请求，我们需要处理表单数据
05      if request.method == 'POST':
06          # 创建一个表单实例并用请求中的数据填充
07          form = ContactForm(request.POST)
08          # 检查表单实例是否有效
09          if form.is_valid():
10              # 按照要求处理form.cleaned_data中的数据
11              context = {}
12              subject = form.cleaned_data['subject']
13              message = form.cleaned_data['message']
14              sender = form.cleaned_data['sender']
15              cc_myself = form.cleaned_data['cc_myself']
16              context['subject'] = subject
17              context['message'] = message
18              context['sender'] = sender
19              context['cc_myself'] = cc_myself
20              # 重定向到一个新的URL地址
21              return render(request, 'show_contact.html', {'contact': context})
22      # 如果是GET（或其他任何方法），我们将创建一个空白表单
23      else:
24          form = ContactForm()
25      # 在HTML模板中渲染表单
26      return render(request, 'contact.html', {'form': form})
```

【代码分析】

在第01行代码中，通过import关键字引入ContactForm表单类。

在第03～26行代码中，定义了一个视图函数contact，对表单类ContactForm进行了实例化操作。详细说明如下：

- 在第05行代码中，通过if条件语句判断HTTP请求方法，如果为POST方法，则继续执行后面代码去接收用户提交的数据；如果为GET方法，则直接跳转到第23行代码，执行第24行代码返回空的表单实例from，让用户去录入数据再进行提交。
- 在第07行代码中，先通过request获取表单数据，再通过ContactForm表单类创建表单实例form。
- 在第09行代码中，通过if条件语句对表单实例form进行验证，如果所有的表单字段均有效，则继续执行下面的代码。
- 在第12～15行代码中，通过表单实例form对象的cleaned_data属性获取表单字段数据。
- 在第16～19行代码中，将获取的字段数据保存在上下文变量context中。
- 在第21行代码中，将上下文变量context保存为字典类型变量contact，通过render()方法传递表单数据contact到新的页面中进行显示。
- 在第26行代码中，将表单实例form渲染到表单模板contact.html中。

对于模板的处理就相对简单得多。表单类ContactForm的模板代码如下：

【代码6-8】（详见源代码FormSite项目的formapp/templates/contact.html文件）

```
01  <!DOCTYPE html>
02  <html lang="en">
03  <head>
04      <meta charset="UTF-8">
05      <link rel="stylesheet" type="text/css" href="/static/css/mystyle.css"/>
06      <title>Contact Form</title>
07  </head>
08  <body>
09
10  <h3>Contact Form</h3>
11
12  <form action="#" method="post">
13      {% csrf_token %}
14      {% for f in form %}
15          {{ f.label }}:  {{ f }}<br><br>
16      {% endfor %}
17      <input type="submit" value="Submit" /><br>
18  </form>
19
20  </body>
21  </html>
```

【代码分析】

在第12～18行代码中，通过<form>标签定义了一个表单模板，method属性定义为POST方法。

在第13行代码中，通过{% csrf_token %}模板标签为表单增加防护功能。

在第14～16行代码中，通过{% for-endfor %}模板标签遍历表单实例form的每一项，并在页面模板中进行显示。

在第17行代码中，定义了表单的提交按钮<input type="submit" />。

在前面的视图处理中，定义了一个用于显示表单提交数据的HTML模板，具体代码如下：

【代码6-9】（详见源代码FormSite项目的formapp/templates/show_contact.html文件）

```
01  <!DOCTYPE html>
02  <html lang="en">
03  <head>
04      <meta charset="UTF-8">
05      <link rel="stylesheet" type="text/css" href="/static/css/mystyle.css"/>
06      <title>Show Userinfo</title>
07  </head>
08  <body>
09
10  <h3>Contact Info</h3>
11  <p>
12      contact (items):<br>
13      {% for key,value in contact.items %}
```

```
14          {{ key }} : {{ value }}<br>
15      {% endfor %}
16  </p>
17
18  </body>
19  </html>
```

【代码分析】

在第13～15行代码中，通过{% for-endfor %}模板标签遍历字典类型的上下文变量contact中的每一项，并依次在页面模板中进行显示。

现在，我们测试一下上面基于Django框架Form类构建的"联系人邮件信息"Web应用。

首先，通过FireFox浏览器打开一下FormSite项目中定义的contact表单应用地址，具体如图6.4中的箭头和标识所示，HTML模板（contact.html）中显示了从表单模块（forms.py）和视图模块（views.py）中传递过来的空白的"用户信息"表单。

然后，在空白表单中录入用户信息，具体如图6.5中的箭头和标识所示，录入相关邮件信息后，直接单击Submit按钮进行提交。表单提交后的页面效果如图6.6所示，页面中显示了contact字典对象的内容，与图6.5中录入的邮件信息是一致的。

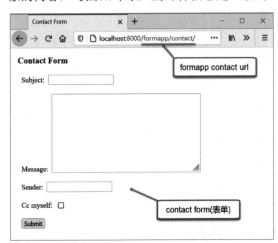

图 6.4　测试 contact 表单应用（1）

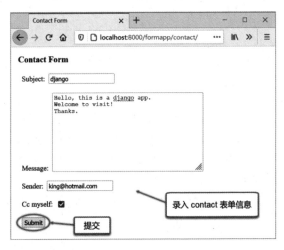

图 6.5　测试 contact 表单应用（2）

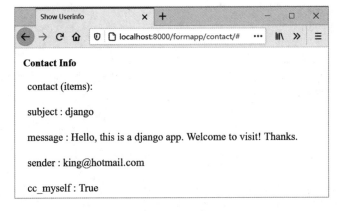

图 6.6　测试 contact 表单应用（3）

6.3.4　使用表单模板

在 Django 框架表单中，还支持使用表单模板样式，设计时只需将表单实例放到模板的上下文中即可。因此，如果设计的表单在上下文中为<form>，那么{{ form }}变量将自动渲染其相应的<label>标签和<input>元素。

使用表单模板时，Form 类中定义的<label><input>元素对还有其他的输出选项，具体说明如下：

- {{ form.as_table }}：将会渲染成为一个表格，自动将<tr>标签元素填充到表格<table>元素中。
- {{ form.as_ul }}：将会渲染成为一个列表，自动将<li>标签元素填充到列表<ul>元素中。
- {{ form.as_p }}：将会渲染成为段落，自动使用<p>标签元素包裹每一个表单字段。

注意，对于{{ form.as_table }}选项和{{ form.as_ul }}选项，必须自行添加外层的<table>和<ul>元素。

下面，我们尝试将【代码6-8】中定义的表单通过表单模板样式进行改写，看一下页面效果会变成什么样。

首先，直接使用{{ form }}方式输出表单，具体代码如下：

【代码6-10】（详见源代码 FormSite 项目的 formapp/templates/contact.html 文件）

```
01  <!DOCTYPE html>
02  <html lang="en">
03  <head>
04      <meta charset="UTF-8">
05      <link rel="stylesheet" type="text/css" href="/static/css/mystyle.css"/>
06      <title>Contact Form</title>
07  </head>
08  <body>
09
10  <h3>Contact Form (as form)</h3>
11  <form action="#" method="post">
12      {% csrf_token %}
13      {{ form }}
14      <input type="submit" value="Submit" /><br>
15  </form>
16
17  </body>
18  </html>
```

【代码分析】

在第13行代码中，直接通过{{ form }}变量输出表单。

下面，通过 FireFox 浏览器查看一下表单提交后的页面效果，如图6.7中的标识所示，直接通过{{ form }}变量输出的 contact 表单在页面中显示为一个整行，没有换行格式。

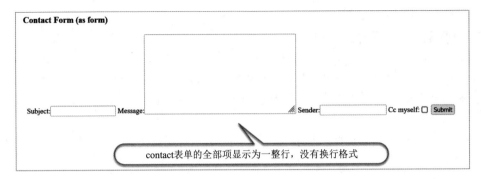

图 6.7　测试{{ form }}表单效果

下面，尝试使用{{ form.as_table }}方式输出表单，具体代码如下：

【代码6-11】（详见源代码FormSite项目的formapp/templates/contact.html文件）

```
01  <!DOCTYPE html>
02  <html lang="en">
03  <head>
04      <meta charset="UTF-8">
05      <link rel="stylesheet" type="text/css" href="/static/css/mystyle.css"/>
06      <title>Contact Form</title>
07  </head>
08  <body>
09
10  <h3>Contact Form (as table)</h3>
11  <form action="#" method="post">
12      {% csrf_token %}
13      <table>
14          {{ form.as_table }}
15      </table>
16      <input type="submit" value="Submit" /><br>
17  </form>
18
19  </body>
20  </html>
```

【代码分析】

在第13～15行代码中，通过<table>标签元素定义了一个表格。

在第14行代码中，通过{{ form.as_table }}方式将表单输出为表格样式。

下面，通过FireFox浏览器查看一下表单提交后的页面效果，如图6.8中的标识所示，通过{{ form.as_table }}方式输出的contact表单在页面中呈现出了一个表格样式，整体效果非常不错。

下面，通过FireFox浏览器控制台查看生成的HTML源代码，如图6.9中的箭头和标识所示，在HTML源代码中成功查看到了通过{{ form.as_table }}方式为表单自动生成的<table>标签元素。

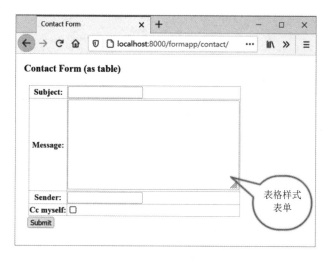

图 6.8　测试{{ form.as_table }}表单效果

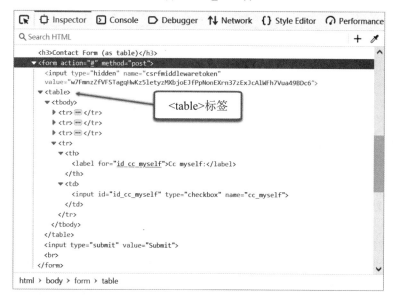

图 6.9　查看{{ form.as_table }}表单源代码

下面，再尝试使用{{ form.as_ul }}方式输出表单，具体代码如下：

【代码6-12】（详见源代码FormSite项目的formapp/templates/contact.html文件）

```
01  <!DOCTYPE html>
02  <html lang="en">
03  <head>
04      <meta charset="UTF-8">
05      <link rel="stylesheet" type="text/css" href="/static/css/mystyle.css"/>
06      <title>Contact Form</title>
07  </head>
08  <body>
09
10  <h3>Contact Form (as table)</h3>
11  <form action="#" method="post">
```

```
12      {% csrf_token %}
13      <ul>
14          {{ form.as_ul }}
15      </ul>
16      <input type="submit" value="Submit" /><br>
17  </form>
18
19  </body>
20  </html>
```

【代码分析】

在第13～15行代码中，通过<ul>标签元素定义了一个表格。

在第14行代码中，通过{{ form.as_ul }}方式将表单输出为表格样式。

下面，通过FireFox浏览器查看一下表单提交后的页面效果，如图6.10中的标识所示，通过{{ form.as_ul }}方式输出的contact表单，在页面中呈现出了一个列表样式，感觉效果不如表格样式。

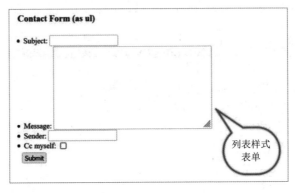

图 6.10　测试{{ form.as_ul }}表单效果

下面，通过FireFox浏览器控制台查看生成的HTML源代码，如图6.11中的箭头和标识所示，HTML源码中成功查看到了通过{{ form.as_ul }}方式为表单自动生成的<ul><li>标签元素组合。

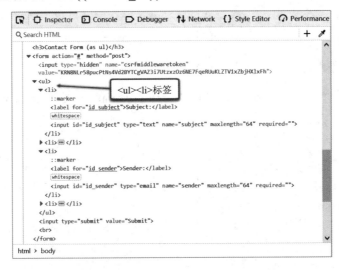

图 6.11　查看{{ form.as_ul }}表单源代码

最后，尝试使用{{ form.as_p }}方式输出表单，具体代码如下：

【代码6-13】（详见源代码FormSite项目的formapp/templates/contact.html文件）

```
01  <!DOCTYPE html>
02  <html lang="en">
03  <head>
04    <meta charset="UTF-8">
05    <link rel="stylesheet" type="text/css" href="/static/css/mystyle.css"/>
06    <title>Contact Form</title>
07  </head>
08  <body>
09
10  <h3>Contact Form (as p)</h3>
11  <form action="#" method="post">
12    {% csrf_token %}
13    {{ form.as_p }}
14    <input type="submit" value="Submit" /><br>
15  </form>
16
17  </body>
18  </html>
```

【代码分析】

{{ form.as_p }}的使用方式是不同于{{ form.as_table }}和{{ form.as_ul }}方式的，无须先通过<p>标签元素定义一个段落。

在第13行代码中，直接通过{{ form.as_p }}方式将表单输出为段落样式。

下面，通过FireFox浏览器查看一下表单提交后的页面效果，如图6.12中的标识所示，通过{{ form.as_p }}方式输出的contact表单，在页面中呈现出了一个段落样式，感觉效果很不错。

图 6.12　测试{{ form.as_p }}表单效果

下面，通过FireFox浏览器控制台查看生成的HTML源代码，如图6.13中的标识所示，HTML源码中可以查看到通过{{ form.as_p }}方式为表单自动生成的一组<p>标签。

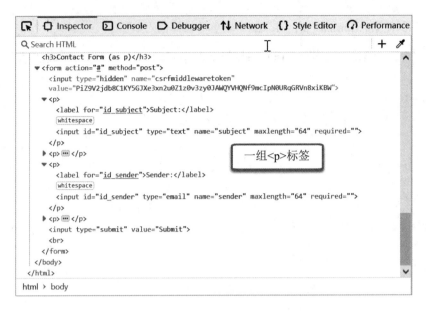

图 6.13　查看{{ form.as_p }}表单源代码

6.3.5　手动渲染表单字段

对于Django框架表单的渲染操作，其实不必非要让Django框架来自动解析表单字段，可以通过手动方式来处理。如果打算为表单添加脚本代码、CSS样式，或者对表单字段重新进行排序后输出，手动渲染方式是最合理的选择。

Django框架表单中的每一个表单字段，都可以通过使用{{ form.name_of_field }}作为表单的一个属性，并被相应地渲染在Django模板中。

下面，我们尝试使用{{ form.name_of_field }}以手动方式输出【代码6-6】定义的表单，并对表单字段进行重新排序，具体代码如下：

【代码6-14】（详见源代码FormSite项目的formapp/templates/contact.html文件）

```
01  <!DOCTYPE html>
02  <html lang="en">
03  <head>
04      <meta charset="UTF-8">
05      <link rel="stylesheet" type="text/css" href="/static/css/mystyle.css"/>
06      <title>Contact Form</title>
07  </head>
08  <body>
09
10  <h3>Manual Render Form</h3>
11  <form action="#" method="post">
12      {% csrf_token %}
13      {{ form.subject.label_tag }}
14      {{ form.subject }}<br><br>
15      {{ form.sender.label_tag }}
16      {{ form.sender }}<br><br>
```

```
17      {{ form.message.label_tag }}
18      {{ form.message }}<br><br>
19      <input type="submit" value="Submit" /><br><br>
20    </form>
21
22    </body>
23    </html>
```

【代码分析】

在第13、14行代码中，通过{{ form.subject }}输出了【代码6-6】的表单中定义的subject字段，并通过{{ form.subject.label_tag }}输出了该字段定义的Label标签内容。

在第15、16行代码中，通过{{ form.sender }}输出了【代码6-6】的表单中定义的sender字段，并通过{{ form.sender.label_tag }}输出了该字段定义的Label标签内容。

在第17、18行代码中，通过{{ form.message }}输出了【代码6-6】的表单中定义的message字段，并通过{{ form.message.label_tag }}输出了该字段定义的Label标签内容。

下面，通过FireFox浏览器查看一下表单提交后的页面效果，如图6.14中的箭头和标识所示，通过手动方式成功输出了contact表单，同时表单字段的输出顺序也重新进行了调整。

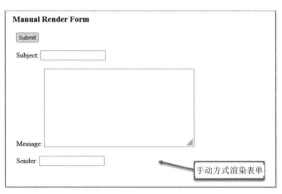

图 6.14　手动渲染表单效果

6.3.6　渲染表单错误信息

在Django框架表单的渲染操作中，正常情况下不必担心如何显示表单的错误信息，因为框架已经帮设计人员处理好了。当然，设计人员也可以自己处理每个字段的错误信息，以及表单整体的所有错误信息。

Django框架表单使用{{ form.name_of_field.errors }}显示该字段的错误信息列表，并被渲染成无序列表。另外，还要注意在表单顶部使用{{ form.non_field_errors }}查找所有隐藏的错误信息。

在下面的例子中，我们需要自己处理每个字段的错误信息以及表单整体的所有错误信息，具体代码如下：

【代码6-15】（详见源代码FormSite项目的formapp/templates/contact.html文件）

```
01  <!DOCTYPE html>
02  <html lang="en">
```

```
03  <head>
04      <meta charset="UTF-8">
05      <link rel="stylesheet" type="text/css" href="/static/css/mystyle.css"/>
06      <title>Contact Form</title>
07  </head>
08  <body>
09
10  <h3>Render Form Error</h3>
11  <form action="#" method="post" novalidate>
12      {% csrf_token %}
13      {{ form.non_field_errors }}
14      <div class="fieldWrapper">
15          {{ form.subject.errors }}
16          <label for="{{ form.subject.id_for_label }}">Email subject:</label>
17          {{ form.subject }}
18      </div>
19      <div class="fieldWrapper">
20          {{ form.message.errors }}
21          <label for="{{ form.message.id_for_label }}">Your message:</label>
22          {{ form.message }}
23      </div>
24      <div class="fieldWrapper">
25          {{ form.sender.errors }}
26          <label for="{{ form.sender.id_for_label }}">Your email address:</label>
27          {{ form.sender }}
28      </div>
29      <div class="fieldWrapper">
30          {{ form.cc_myself.errors }}
31          <label for="{{ form.cc_myself.id_for_label }}">CC yourself?</label>
32          {{ form.cc_myself }}
33      </div>
34      <input type="submit" value="Submit" /><br><br>
35  </form>
36
37  </body>
38  </html>
```

【代码分析】

在第15～17行代码中，通过{{ form.subject.errors }}处理subject字段的错误信息，并生成一个无序的错误列表。

第20～22行代码中，通过{{ form.message.errors }}处理message字段的错误信息，并生成一个无序的错误列表。

第25～27行代码中，通过{{ form.sender.errors }}处理sender字段的错误信息，并生成一个无序的错误列表。

在第30～32行代码中，通过{{ form.cc_myself.errors }}处理cc_myself字段的错误信息，并生成一个无序的错误列表。

下面，通过FireFox浏览器查看一下表单提交后的页面效果，如图6.15中的箭头和标识所示，我们不输入任何表单信息，直接提交表单，由于Django框架表单字段的required属性默认值为"True"，因此直接提交表单后就会触发错误。具体效果如图6.16所示。

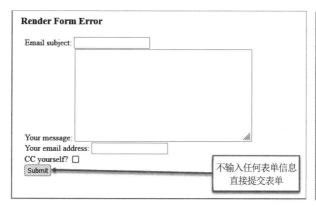

图 6.15　渲染表单错误信息（1）

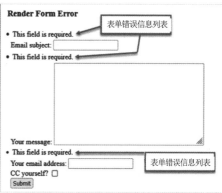

图 6.16　渲染表单错误信息（2）

6.3.7　遍历表单字段

在Django框架表单中，如果需要给每个表单字段使用相同的HTML，那么可以使用{% for %}循环遍历每个表单字段来减少冗余和重复的代码。这时，就需要使用表单字段{{ field }}中有用的属性，具体说明如下：

- {{ field.label }}属性：对应字段的Label，如Email Address等。
- {{ field.label_tag }}属性：该字段的Label封装在相应HTML的<label>标签中，包含表单前缀（label_suffix）。例如，默认的前缀（label_suffix）是一个冒号（:），示例代码如下：

```
<label for="id_email">Email Address:</label>
```

- {{ field.id_for_label }}属性：用于该字段的id（如上面示例代码中的"id_email"）。假如要手动构建Label，就可能要用id_for_label属性替换label_tag属性。例如，如果有一些内嵌JavaScript代码并且想要避免硬编码字段的id，这个属性就非常实用。
- {{ field.value }}属性：字段的值。例如someone@example.com。
- {{ field.html_name }}属性：字段名称，用于输入元素的name属性中。如果设置了表单前缀，则该属性也会被加进去。
- {{ field.help_text }}属性：与该字段关联的帮助文本。
- {{ field.errors }}属性：输出一个包含对应该字段所有验证错误信息的<ul class="errorlist">列表。可以通过使用{% for error in field.errors %}循环来自定义错误信息的显示，此时循环中的每个对象只是一个包含错误信息的简单字符串。
- {{ field.is_hidden }}属性：如果是隐藏字段，则属性值为True，否则为False。该属性作为模板变量没多大作用，但可用于条件测试，例如：

```
{% if field.is_hidden %}
   {# Do something special #}
{% endif %}
```

- {{ field.field }}属性：表单类中的Field实例，由BoundField类进行封装。设计人员可以用该属性来访问Field的属性，例如{{ char_field.field.max_length }}。

6.3.8 可复用的表单模板

在Django框架表单模板的使用中，如果在多个页面中需要对表单使用相同的渲染逻辑，那么可以通过将表单的循环保存到独立的模板中，然后在其他模板中使用{% include %}标签来减少代码重复。

下面是一个使用可复用表单模板的代码实例，具体代码如下：

【代码6-16】（详见源代码FormSite项目的formapp/templates/templ_contact.html文件）

```
01  {% for field in form %}
02      <div class="fieldWrapper">
03          {{ field.errors }}
04          {{ field.label_tag }} {{ field }}
05      </div><br>
06  {% endfor %}
```

【代码分析】

在第01～06行代码中，通过{% for-endfor %}循环语句解析表单，并生成一个可复用的表单模板。详细说明如下：

- 在第03行代码中，通过{{ field.errors }}处理每一个表单字段的错误信息，并生成一个无序的错误列表。
- 在第04行代码中，先通过{{ field.label_tag }}输出每一个表单字段的Label内容，然后通过{{ field }}输出每一个表单字段。

接下来，通过{% include %}引用上面的表单模板，具体代码如下：

【代码6-17】（详见源代码FormSite项目的formapp/templates/contact.html文件）

```
01  <!DOCTYPE html>
02  <html lang="en">
03  <head>
04      <meta charset="UTF-8">
05      <link rel="stylesheet" type="text/css" href="/static/css/mystyle.css"/>
06      <title>Contact Form</title>
07  </head>
08  <body>
09
10  <h3>Include Template Form</h3>
11  <form action="#" method="post">
12      {% csrf_token %}
13      {% include "templ_contact.html" %}
14      <input type="submit" value="Submit" /><br><br>
15  </form>
16
17  </body>
18  </html>
```

【代码分析】

在第11～15行代码中，通过<form>标签元素定义了一个表单。详细说明如下：

- 在第13行代码中，通过{% include %}引用【代码6-16】定义的可复用表单模板 templ_contact.html。
- 在第14行代码中，通过<input type="submit" />标签元素定义了该表单的提交按钮。

最后，看一下关于表单视图文件的定义（与不使用可复用表单模板的方式是一致的），具体代码如下：

【代码6-18】（详见源代码FormSite项目的formapp/views.py文件）

```
01   def templcontact(request):
02       # 如果这是一个POST请求，我们需要处理表单数据
03       if request.method == 'POST':
04           # 创建一个表单实例并用请求中的数据填充它
05           form = ContactForm(request.POST)
06           # 检查它是否有效
07           if form.is_valid():
08               # 按照要求处理表单中的数据
09               context = {}
10               subject = form.cleaned_data['subject']
11               message = form.cleaned_data['message']
12               sender = form.cleaned_data['sender']
13               cc_myself = form.cleaned_data['cc_myself']
14               context['subject'] = subject
15               context['message'] = message
16               context['sender'] = sender
17               context['cc_myself'] = cc_myself
18               # 重定向到一个新的URL
19               return render(request, 'show_contact.html', {'contact': context})
20           else:
21               print(form.errors)
22
23       # 如果是GET（或其他任何方法），我们将创建一个空白表单
24       else:
25           form = ContactForm()
26       # 在HTML模板中渲染表单
27       return render(request, 'contact.html', {'form': form})
```

【代码分析】

在第27行代码中，通过render()方法渲染到的表单模板文件是contact.html，这与不使用可复用表单模板的方式是一致的。

注意，这里不要直接渲染到可复用的表单模板文件templ_contact.html上，因为该文件是作为可复用模板表单使用的，并不是一个完整的页面表单元素。

下面，通过FireFox浏览器查看一下可复用的表单模板提交后的页面效果，如图6.17中的箭头和标识所示，这些表单字段均是通过可复用的表单模板templ_contact.html生成的。

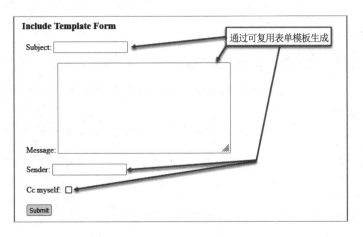

图 6.17　可复用的表单模板

6.4　本 章 小 结

　　本章主要介绍Django框架中表单的内容，其核心内容就是对Form类的使用，Form类简化了表单HTML定义、表单数据清理、表单项验证的操作方法。建议读者仔细阅读本章中的Django表单实例，掌握Django表单的设计方法。

第 7 章

Django 框架后台管理

本章主要介绍 Django 框架中后台管理方面的内容，包括创建后台管理员用户、登录后台模块、管理自定义模型、管理复杂模型、自定义后台管理模型等内容。

通过本章的学习可以掌握以下知识：

❋ Django框架后台管理的基础知识

❋ Django框架后台的注册与登录

❋ Django框架后台自定义管理

7.1 创建后台管理员账户

本节主要介绍Django框架后台管理中创建管理员账户的方法。在Django框架后台管理中创建后台管理员账户，是为了更好地进行项目管理，管理员可以实现很多非常实用的功能。

首先，通过命令行创建一个后台管理项目——MyAdminSite，具体方法如下：

```
Django-admin startproject MyAdminSite
```

然后，在命令行进入该目录，并执行下面的指令启动项目：

```
python manage.py runserver
```

下一步，通过浏览器访问Django服务器的默认URL地址（http://127.0.0.1:8000/），页面效果如图7.1所示。

接着，继续访问后台管理模块，该模块的路由是在创建项目时就默认配置好的，具体代码如下：

```
urlpatterns = [
    path('admin/', admin.site.urls),
]
```

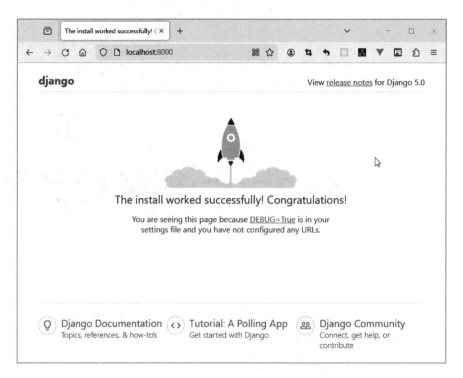

图 7.1　启动 MyAdminSite Web 项目

通过访问URL地址（http://127.0.0.1:8000/admin/），就可以进入后台管理的登录界面，页面效果如图7.2所示。

图 7.2　访问 MyAdminSite 项目后台管理模块

如图7.2中的箭头和标识所示，需要用户输入后台管理的用户名和密码才能进入模块内部界面。

但是，默认情况下Django框架后台管理是没有配置用户名和密码的。此时，需要在命令行中通过如下指令创建管理员超级账户：

```
python manage.py createsuperuser
```

具体操作步骤如图7.3所示。依次输入用户名（Username）、邮箱地址（Email address）、密码（Password）后就完成了创建管理员超级账户的步骤。注意，密码需要重复输入两次，并且两次必须完全相同，否则无法通过验证。

图 7.3　创建 MyAdminSite 项目后台管理员账户

7.2　登录后台模块

本节介绍一下如何登录后台模块，在图7.2中通过刚刚创建的管理员账户登录进入后台管理模块界面，如图7.4所示。

图 7.4　登录 MyAdminSite 项目后台模块

管理员账户的用户名和密码验证成功后，进入的后台管理模块界面包含了管理默认的数据表功能，如图7.5所示。数据表中包含一个Users项，里面包含了后台模块的账户列表。

尝试单击一下该Users链接，页面会跳转到可编辑的状态，效果如图7.6所示。USERNAME列表项中显示了图7.3中新建的管理员账户的用户项（king），EMAIL ADDRESS列表项中显示了图7.3中新建的管理员账户的邮箱地址项（king@hotmail.com）。

图 7.5　MyAdminSite 项目后台模块功能　　　　图 7.6　MyAdminSite 项目后台模块功能

7.3　管理自定义模型

在Django后台管理模块中，对于自定义的数据库该如何进行后台管理呢？其实，如果只是在后台管理中简单地管理自定义模型，只需要在admin.py模块中使用admin.site.register()方法将模型注册一下就可以完成了。

首先，在项目（MyAdminSite）目录下新建一个App应用userinfo，具体命令如下：

```
django-admin startapp userinfo
```

在该userinfo应用下创建一个模型Person，仅包括简单的姓名（name）和年龄（age）两个字段，具体代码如下：

【代码7-1】（详见源代码MyAdminSite项目的userinfo/models.py文件）

```
01  from django.db import models
02
03  # 在此处创建模型
04
05  class Person(models.Model):
06      name = models.CharField(max_length=32)
07      age = models.IntegerField()
08
09      def __str__(self):
10          return self.name
```

【代码分析】

在第01行代码中，通过import关键字引入models模块。

在第05～10行代码中，创建了一个模型Person，继承自models.Model模型类。详细说明如下：

- 在第06行代码中，创建了一个CharField类型的name字段属性。
- 在第06行代码中，创建了一个IntegerField类型的age字段属性。

然后，为了让后台管理界面能够管理该数据模型，需要注册该数据模型到后台管理模块中。这一操作通过修改userinfo/admin.py管理模块来实现，具体代码如下：

【代码7-2】（详见源代码MyAdminSite项目的userinfo/admin.py文件）

```
01  from django.contrib import admin
02  from .models import Person
03
04  # 在此处注册模型
05  admin.site.register(Person)
```

【代码分析】

在第01行代码中，通过import关键字引入admin模块。

在第02行代码中，通过import关键字从模型中引入Person模型。

在第05行代码中，通过调用admin.site.register()方法完成将Person模型注册到后台管理模块的操作。

最后，刷新一下浏览器中的后台管理界面，具体页面效果如图7.7所示，后台管理模块界面中添加了刚刚创建的模型Person。

图 7.7　管理自定义模型

为了更好地演示界面效果，可以通过Python交互界面在Person（模型）中添加一些用户数据，具体代码如下：

```
>>>from userinfo.models import Person
>>>Person.objects.create(name='cici',age=7)
```

上述代码在命令行界面的效果如图7.8所示，我们已经成功在Person数据表中添加了一条用户信息。

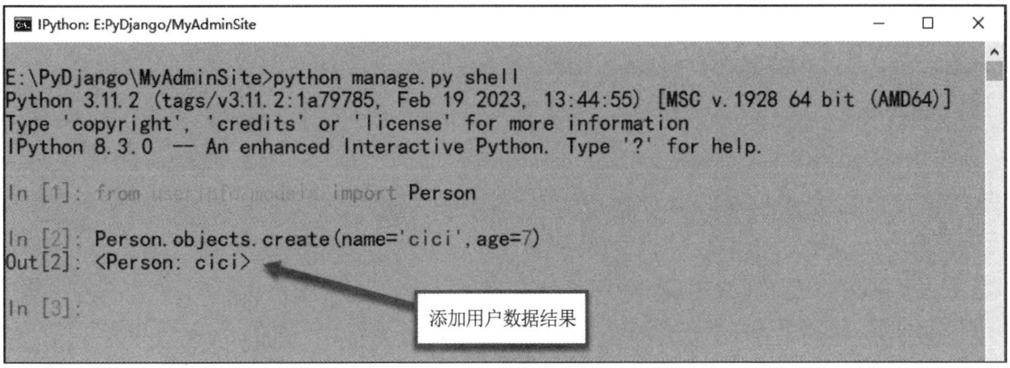

图 7.8　添加用户数据

返回图7.7中的Person模型，单击该链接会跳转到数据表的可编辑页面，效果如图7.9所示，刚刚添加的用户数据name='cici'已经在页面上显示出来了。在页面的Action下拉列表选项中，我们可以选择对该条数据进行删除操作。

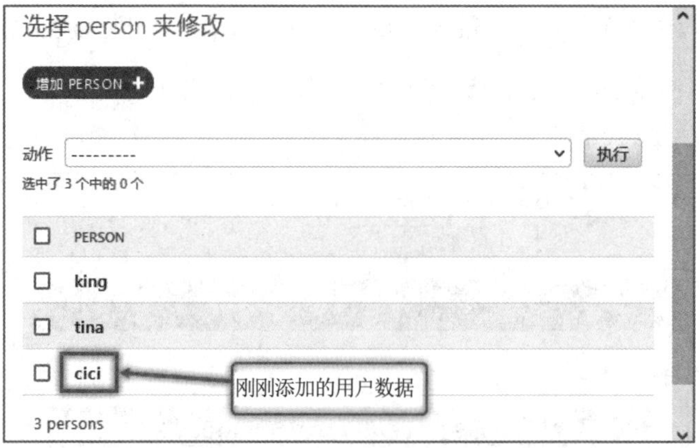

图 7.9 Person 模型可编辑页面效果

7.4 管理复杂模型

在Django后台管理模块中，使用admin.site.register()注册方式还可以管理更加复杂的自定义模型。下面，我们在7.3节实例的基础上稍加修改，完成一个复杂模型的后台管理（Admin）应用测试。

首先，在userinfo应用下新创建一个模型Dep，仅包括一个简单的名称（name）字段。然后，修改一下模型Person，新建一个模型Dep的外键（dep）字段，具体代码如下：

【代码7-3】（详见源代码MyAdminSite项目的userinfo/models.py文件）

```
01  from django.db import models
02
03  # 在此处创建模型
04
05  # Model Dep(Department)
06  class Dep(models.Model):
07      name = models.CharField(max_length=16)
08
09      def __str__(self):
10          return self.name
11
12  # Model Person
13  class Person(models.Model):
14      name = models.CharField(max_length=32)
15      age = models.IntegerField(default=0)
16      dep = models.ForeignKey(Dep, on_delete=models.CASCADE,)
17
18      def __str__(self):
19          return self.name
```

【代码分析】

在第01行代码中，通过import关键字引入models模块。

在第06～10行代码中，创建了一个模型Dep，继承自models.Model模型类，详细说明如下：

- 在第07行代码中，创建了一个CharField类型的name字段属性。

在第13～19行代码中，创建了一个模型Person，继承自models.Model模型类，详细说明如下：

- 在第14行代码中，创建了一个CharField类型的name字段属性。
- 在第15行代码中，创建了一个IntegerField类型的age字段属性，默认值为0。
- 在第16行代码中，创建了一个ForeignKey外键，外键类型定义为模型（Dep）。注意，on_delete属性必须定义，这是Django 3.0+版本新增的规范。

通过后台管理界面管理该复杂模型，还是要使用admin.site.register()方法将数据模型注册到后台管理模块中，具体代码如下：

【代码7-4】（详见源代码MyAdminSite项目的userinfo/admin.py文件）

```
01  from django.contrib import admin
02  from .models import Dep, Person
03
04  # 在此处注册模型
05  admin.site.register([Dep, Person])
```

【代码分析】

在第01行代码中，通过import关键字引入admin模块。

在第02行代码中，通过import关键字从模型中引入了Dep和Person模型。

在第05行代码中，通过调用admin.site.register()方法同时完成将Dep和Person模型注册到后台管理模块的操作。

最后，刷新一下浏览器中的后台管理界面，具体页面效果如图7.10所示，后台管理模块界面中添加了刚刚创建的模型Dep。

图 7.10　管理复杂模型

为了更好地演示界面效果，可以通过Python交互界面在模型Dep和模型Person中添加一些用户数据，具体代码如下：

```
>>>from userinfo.models import Dep, Person
>>>dep=Dep(name='IT')
>>>dep.save()
>>>p=Person(name='cici',age=7,dep=dep)
>>>p.save()
```

返回图7.10中的Dep和Person模型，分别单击该链接会跳转到相应数据表的可编辑页面，效果如图7.11和图7.12所示，刚刚添加的用户数据已经在页面上显示出来了。

图 7.11　Dep 模型可编辑页面效果

图 7.12　Person 模型可编辑页面效果

我们可以尝试单击图7.12中的用户信息cici链接，会跳转到该条用户信息的可编辑页面。效果如图7.13中的箭头和标识所示，在该条Person模型的用户信息中，可以清楚地查看到Dep模型类型的外键。

图 7.13　用户信息可编辑页面效果

7.5　自定义后台管理模型

在Django后台管理模块中，还支持对该模块进行自定义（定制）管理，此时就需要使用到ModelAdmin类了。在具体操作时，是通过将ModelAdmin类与我们需要定制的模型进行关联来实现的。

下面，我们在7.4节代码实例的基础上稍加修改，完成一个自定义的后台管理应用测试。具体代码如下：

【代码7-5】（详见源代码MyAdminSite项目的userinfo/admin.py文件）

```
01  from django.contrib import admin
02  from .models import Dep, Person
03
04  # 此处是ModelAdmin模型
05  class PersonAdmin(admin.ModelAdmin):
06      fields = ('name', 'dep')
07
08  # 在此处注册模型
09  admin.site.register(Dep)
10  admin.site.register(Person, PersonAdmin)
```

【代码分析】

在第01行代码中，通过import关键字引入admin模块。

在第02行代码中，通过import关键字从模型中引入了Dep和Person模型。

在第05、06行代码中，定义了一个模型类PersonAdmin，继承自ModelAdmin类。在PersonAdmin中，通过fields属性引用了模型Person中的两个字段，name和dep，目的是在后台管理界面中只显示这两个字段。

在第09行代码中，通过调用admin.site.register()方法完成将Dep模型注册到后台管理Admin模块的操作。

在第10行代码中，通过调用admin.site.register()方法完成将PersonAdmin模型与Person模型进行关联并注册到后台管理模块的操作。

下面，刷新一下浏览器中的后台管理界面，具体页面效果如图7.14所示，在后台管理模块中，Person模型仅仅显示了PersonAdmin模型中定义的两个字段，name和dep。

图 7.14　自定义后台管理模型（1）

单击Person模型右侧的add按钮，打开链接后的页面效果如图7.15所示。在新增用户信息的界面中，也仅显示了PersonAdmin模型中定义的name和dep这两个字段。

图 7.15　自定义后台管理模型（2）

自定义的后台管理模块还支持将模型字段进行分栏显示，具体代码如下：

【代码7-6】（详见源代码MyAdminSite项目的userinfo/admin.py文件）

```
01  from django.contrib import admin
02  from .models import Dep, Person
03
04  # 此处是ModelAdmin模型
05  class PersonAdmin(admin.ModelAdmin):
06      fieldsets = (
07          ["Main", {
08              "fields": (
09                  'name',
10                  'dep'
```

```
11                  ),
12              }],
13              ["Advanced", {
14                  'classes': ('collapse',),
15                  'fields': ('age',),
16              }],
17          )
18
19 # 在此处注册模型
20 admin.site.register(Dep)
21 admin.site.register(Person, PersonAdmin)
```

【代码分析】

在第01行代码中，通过import关键字引入admin模块。

在第02行代码中，通过import关键字从模型中引入了Dep和Person模型。

在第05～17行代码中，定义了一个模型类PersonAdmin，继承自ModelAdmin类，详细说明如下：

- 在第06～17行代码中，通过fieldsets属性将该模型字段进行了分栏定义（"Main"和"Advanced"）。
- 在第07～12行代码中，在Main分栏中通过fields属性引用了模型Person中的两个字段，name和dep。
- 在第13～16行代码中，在Advanced分栏中通过fields属性引用了模型Person中的age字段。另外，在第14行代码中还定义了该分栏的CSS样式（collapse，表示可折叠的面板）。

第20行代码中，通过调用admin.site.register()方法完成将Dep模型注册到后台管理模块的操作。

第21行代码中，通过调用admin.site.register()方法完成将PersonAdmin模型与Person模型进行关联并注册到后台管理模块的操作。

下面，刷新一下浏览器中的后台管理界面，具体页面效果如图7.16所示，在后台管理模块中显示了Main和Advanced两个分栏。

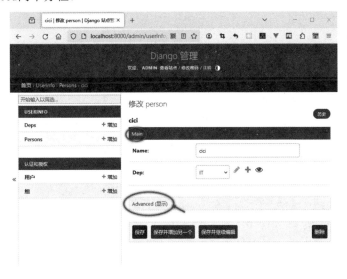

图 7.16　自定义可分栏的后台管理模型（1）

单击Advanced分栏标题右侧的Show链接，打开后的页面效果如图7.17所示，隐藏的面板打开后，显示了Advanced分栏中定义的字段'age'。

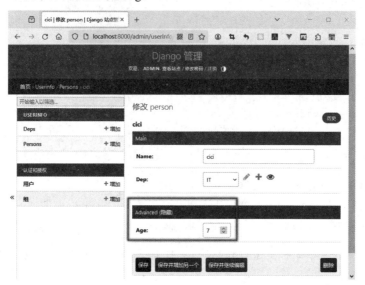

图 7.17　自定义可分栏的后台管理模型（2）

对于自定义的后台管理模块，通过list_display属性还支持将模型字段以列表方式进行显示，具体代码如下：

【代码7-7】（详见源代码MyAdminSite项目的userinfo/admin.py文件）

```
01  from django.contrib import admin
02  from .models import Dep, Person
03
04  # 此处是ModelAdmin模型
05  class PersonAdmin(admin.ModelAdmin):
06      list_display = ('name','age', 'dep') # list
07      fieldsets = (
08          ["Main", {
09              "fields": (
10                  'name',
11                  'dep'
12              ),
13          }],
14          ["Advanced", {
15              'classes': ('collapse',), # CSS
16              'fields': ('age',),
17          }],
18      )
19  # 在此处注册模型
20  admin.site.register(Dep)
21  admin.site.register(Person, PersonAdmin)
```

【代码分析】

在第06行代码中，通过list_display属性将Person模型的字段以列表的形式显示出来。

下面刷新一下浏览器中的后台管理界面，具体页面效果如图7.18所示。

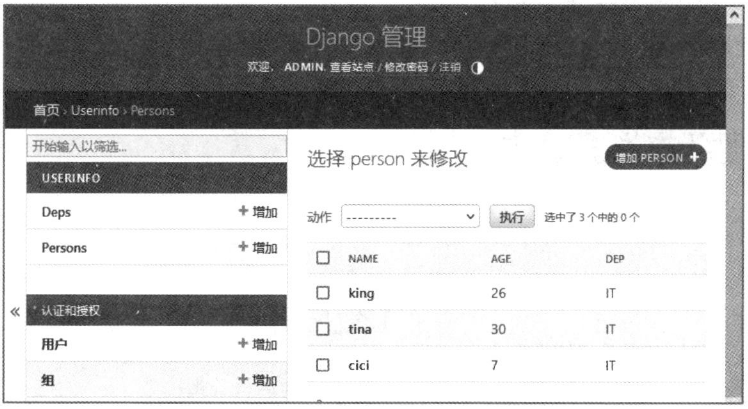

图 7.18　自定义列表方式的后台管理模型

对于自定义的后台管理模块，如果想把以列表方式进行显示的模型字段定义为可编辑的，可以通过使用list_editable属性来指定具体的模型字段名称（除primary_name字段之外），具体代码如下：

【代码7-8】（详见源代码MyAdminSite项目的userinfo/admin.py文件）

```
01  from django.contrib import admin
02  from .models import Dep, Person
03
04  # 此处是ModelAdmin模型
05  class PersonAdmin(admin.ModelAdmin):
06      list_display = ('name','age', 'dep') # list
07      list_editable = ('age',) # list_editable
08      fieldsets = (
09          ["Main", {
10              "fields": (
11                  'name',
12                  'dep'
13              ),
14          }],
15          ["Advanced", {
16              'classes': ('collapse',), # CSS
17              'fields': ('age',),
18          }],
19      )
20  # 在此处注册模型
21  admin.site.register(Dep)
22  admin.site.register(Person, PersonAdmin)
```

【代码分析】

在第07行代码中，通过list_editable属性将Person模型的字段age定义为可编辑的样式进行显示。

下面刷新一下浏览器中的后台管理界面，具体页面效果如图7.19所示，Person模型的age字段显示为可编辑的列表样式。

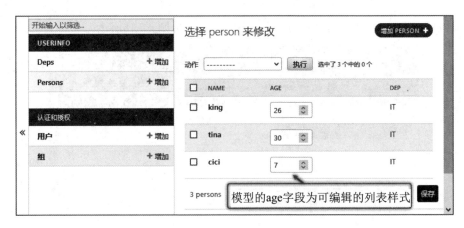

图 7.19　定制可编辑列表方式的后台管理模型

关于自定义后台管理模型的样式，读者可以参看Django框架官方文档中对于ModelAdmin类的介绍，其中包含了很多很实用的功能。

7.6　注册装饰器

在Django后台管理模块中，除了使用常用的admin.site.register()方法进行注册之外，还可以通过使用装饰器的方式连接模型和ModelAdmin类。使用该方式的具体代码如下：

【代码7-9】（详见源代码MyAdminSite项目的userinfo/admin.py文件）

```
01  from django.contrib import admin
02  from .models import Dep, Person
03
04  # ModelAdmin模型，在此处注册模型
05  @admin.register(Dep, Person)
06  class PersonAdmin(admin.ModelAdmin):
07      fields = ('name', 'dep')
```

【代码分析】

在第05行代码中，通过@admin.register修饰器注册了Dep模型和Person模型。

7.7　本 章 小 结

Django框架提供了一个强大且完整的后台管理功能（admin.py），支持在Web界面对后台数据库的模型对象进行管理操作，这是Django框架区别于其他Web开发框架的显著特点之一。希望本章的内容对读者掌握Django后台管理（Admin）的使用方法有所帮助。

第 8 章

Django 框架异常管理与自动化测试

本章主要介绍 Django 框架中异常管理与自动化测试方面的内容，包括 Django 框架异常处理、自动化测试与测试工具等。

通过本章的学习可以掌握以下知识：

❋ Django框架异常处理
❋ Django框架自动化测试
❋ Django框架测试工具

8.1 Django框架异常处理

本节介绍关于Django框架异常的内容。Django框架提出了一些属于自己内部定义的异常，这与标准的Python异常是一样的。

8.1.1 Django 框架核心异常

Django框架的核心异常处理类定义在django.core.exceptions模块中，具体异常类型如下：

1. AppRegistryNotReady异常

定义： exception AppRegistryNotReady。
说明： 在应用程序加载过程中，尝试使用模型初始化ORM会引发此异常。

2. ObjectDoesNotExist异常

定义：exception ObjectDoesNotExist。

说明：模型不存在（Model.DoesNotExist）的异常基类。针对ObjectDoesNotExist的try/except操作，将会捕获所有模型的DoesNotExist异常。请参看get()方法。

3. EmptyResultSet异常

定义：exception EmptyResultSet。

说明：如果查询不会返回任何结果，则在查询生成期间可能会引发EmptyResultSet异常。大多数的Django项目不会遇到此异常，但是该异常对于实现自定义查询和表达式可能会很有用。

4. FieldDoesNotExist异常

定义：exception FieldDoesNotExist。

说明：当模型或父级模型上不存在请求的字段时，模型的_meta.get_field()方法会引发FieldDoesNotExist异常。

5. MultipleObjectsReturned异常

定义：exception MultipleObjectsReturned。

说明：Model.MultipleObjectsReturned异常类的基类。针对MultipleObjectsReturned的try/except操作，将会捕获所有模型的MultipleObjectsReturned异常。请参看get()方法。

6. SuspiciousOperation异常

定义：exception SuspiciousOperation。

说明：当用户执行了从安全角度来看应视为可疑的操作（例如篡改会话Cookie）时，会引发SuspiciousOperation异常。该类的子类清单包括：

```
DisallowedHost
DisallowedModelAdminLookup
DisallowedModelAdminToField
DisallowedRedirect
InvalidSessionKey
RequestDataTooBig
SuspiciousFileOperation
SuspiciousMultipartForm
SuspiciousSession
TooManyFieldsSent
```

如果SuspiciousOperation异常达到ASGI/WSGI处理程序级别，则将其记录在错误级别，并导致HttpResponseBadRequest异常。请参看日志文档查看更多信息。

7. PermissionDenied异常

定义：exception PermissionDenied。

说明：当用户没有执行所请求操作的权限时，将引发PermissionDenied异常。

8. ViewDoesNotExist异常

定义：exception ViewDoesNotExist。

说明：当请求的视图不存在时，django.urls路由会引发ViewDoesNotExist异常。

9. MiddlewareNotUsed异常

定义：exception MiddlewareNotUsed。

说明：当服务器配置中未使用到某个中间件时，将会引发MiddlewareNotUsed异常。

10. ImproperlyConfigured异常

定义：exception ImproperlyConfigured。

说明：当以某种方式对Django项目进行不正确的配置时，将会引发ImproperlyConfigured异常。例如，当settings.py配置中的一个值不正确或无法解析时，就会引发该异常。

11. FieldError异常

定义：exception FieldError。

说明：当模型字段存在问题时，将会引发FieldError异常。该异常会在以下情况被引发：

- 模型中的字段与抽象基类中同名的字段发生冲突时。
- 当无限循环是由顺序引起时。
- 无法从过滤器参数中解析关键字时。
- 无法通过查询参数中的关键字确定字段时。
- 当指定字段上不允许加入时。
- 当字段名称无效时。
- 无法查询时。
- 包含无效的"order_by"参数时。

12. ValidationError异常

定义：exception ValidationError。

说明：当数据无法通过表单或模型字段验证时，将会引发ValidationError异常。

13. RequestAborted异常（Django 3.0版本新增）

定义：exception RequestAborted。

说明：当处理程序正在读取HTTP正文的过程被中断并且客户端连接被关闭时，或者当客户端不发送数据并且服务器关闭连接超时时，将会引发RequestAborted异常。该异常通常出现在HTTP处理程序模块内部，不太可能在其他地方见到该异常。

14. SynchronousOnlyOperation异常（Django 3.0版本新增）

定义：exception SynchronousOnlyOperation

说明：当从异步上下文（具有运行中的异步事件循环的线程）中调用仅在同步Python代码中允许的代码时，将会引发SynchronousOnlyOperation异常。Django框架异常通常严重依赖于线程安全性才能正常运行，并且在共享同一线程的协程下无法正常工作。如果试图从异步线程中调用仅同步代码，则需要创建一个同步线程并在其中调用它，可以使用asgiref.sync.sync_to_async()方法完成此操作。

8.1.2 URL Resolver Exceptions

Django框架的URL解析异常（URL Resolver Exceptions）类定义在django.urls模块中，具体异常类型如下：

1. Resolver404异常

定义：exception Resolver404。

说明：如果传递给resolve()方法的路由未映射到视图，则resolve()方法会引发Resolver404异常。该异常类是django.http.Http404的子类。

2. NoReverseMatch异常

定义：exception NoReverseMatch。

说明：当无法根据提供的参数识别URLconf模块中的匹配URL时，django.urls模块会引发NoReverseMatch异常。

8.1.3 数据库异常

Django框架的数据库异常（Database Exceptions）类定义在django.db模块中，其涵盖了标准数据库异常，以便Django代码可以保证这些类的通用实现，具体异常类型如下：

- Error异常
- InterfaceError异常
- DatabaseError异常
- DataError异常
- OperationalError异常
- IntegrityError异常
- InternalError异常
- ProgrammingError异常
- NotSupportedError异常

Django框架用于数据库异常的包装器的行为与基础数据库异常完全相同，具体异常类型如下：

1. models.ProtectedError异常

说明：在使用django.db.models.PROTECT时引发，以防止删除引用的对象。models.ProtectedError异常类是IntegrityError的子类。

2. models.RestrictedError异常

说明：在使用django.db.models.RESTRICT时引发，以防止删除引用的对象。models.RestrictedError异常类是IntegrityError的子类。

8.1.4　其他异常

（1）Django框架的HTTP异常（HTTP Exceptions）类定义在django.http模块中，具体异常类型为UnreadablePostError，该异常会在用户取消上传时被引发。

（2）Django框架的Transaction异常（Transaction Exceptions）类定义在django.db.transaction模块中，具体异常类型为TransactionManagementError，与数据库事务有关的所有问题都会引发TransactionManagementError异常。

（3）Django框架的Testing Framework异常（Testing Framework Exceptions）类定义在django.test模块中，具体异常类型为RedirectCycleError：

定义：exception client.RedirectCycleError。

说明：当测试客户端检测到循环或重定向链过长时，将会引发RedirectCycleError异常。

8.2　Django框架自动化测试

本节介绍关于Django框架自动化测试的内容，自动化测试是实际项目开发中必不可少的工具。

8.2.1　自动化测试概述

对于使用Django框架的Web开发人员而言，自动化测试是一个非常有用的解决Bug的工具。设计人员可以使用一组测试（一个测试套件）来解决或避免许多问题，具体包括：

（1）在编写新代码时，可以使用测试来验证代码是否按预期进行工作。

（2）重构或修改旧代码时，可以使用测试来确保所做的更改不会意外影响应用程序的行为。

测试Web应用程序是一项复杂的工作，因为Web应用程序通常是由几层逻辑组成的，从HTTP级别的请求处理到表单验证与处理，再到模板渲染等。借助Django的测试执行框架和各种实用程序，可以实现模拟HTTP请求、插入测试数据、检查应用程序的输出，以及验证常规代码是否在执行其应该做的事情。

8.2.2　编写和运行自动化测试

本小节主要分为两个部分，首先是说明如何使用Django框架编写测试，然后解释如何运行这些测试。学习完本小节的内容后，读者会发现Django框架的自动化测试确实很容易。

Django框架的单元测试使用了Python标准库模块unittest，该模块使用基于类的方法来定义测试。这里使用django.test.TestCase子类进行单元测试，django.test.TestCase是unittest.TestCase的子类，在事务中运行每个测试以提供独立的方式。

在编写实际测试用例之前，先简单介绍一下TestCase类的结构。常见的TestCase类由test_func()函数、setUp()函数和tearDown()函数组成。

- test_func()是指实际编写了测试逻辑的函数。
- setUp()函数是在test_func()函数之前执行的函数，常用于测试之前的初始化操作。
- tearDown()函数是在test_func()函数之后执行的函数，常用于测试结束之后的收尾操作。

首先，我们创建一个用于自动化测试的项目MyTestSite，并添加一个应用testapp。然后，创建一个用于测试的模型，具体代码如下：

【代码8-1】（详见源代码MyTestSite项目的testapp/models.py文件）

```
01  from django.db import models
02
03  # 在此处创建模型
04  class Students(models.Model):
05      name = models.CharField(max_length=32)
06      age = models.IntegerField()
```

【代码分析】

在第01行代码中，通过import关键字引入models模块。

在第04～06行代码中，创建了一个学生模型Students，继承自models.Model模型类。详细说明如下：

在第05行代码中，创建了一个CharField类型的name字段属性。

在第06行代码中，创建了一个IntegerField类型的age字段属性。

接下来，我们就可以在tests.py（创建应用时默认已存在）文件中编写自动化测试的代码了，具体如下：

【代码8-2】（详见源代码MyTestSite项目的testapp/tests.py文件）

```
01  from django.test import TestCase
02
03  from .models import Students
04
05  # Create your tests here.
06  class ModelTest(TestCase):
07      def setUp(self):
08          Students.objects.create(name='cici', age=7)
09          pass
10
11      def test_students_model(self):
12          s = Students.objects.get(name='cici')
13          self.assertEqual(s.name, 'cici')
14          pass
15
16      def tearDown(self):
17          pass
```

【代码分析】

在第01行代码中，通过import关键字引入TestCase模块。

在第03行代码中，通过import关键字引入测试代码中需要的Students模型。

在第06～17行代码中，创建了一个测试类ModelTest，继承自TestCase测试类，详细说明如下：

- 在第07～09行代码中，在setUp()函数中进行了Students模型的初始化操作。在第08行代码中，创建了一条Students模型的学生数据（name='cici', age=7），我们将使用这条数据进行测试演示。
- 在第11～14行代码中，定义了一个测试方法test_students_model()，包含一个自身的self参数。注意，方法名称必须以"test"开头。其中，第13行代码通过self调用assertEqual()方法进行测试，判断学生的姓名是否与测试要求一致。
- 在第16、17行代码中，定义了tearDown()函数，这里没有定义实际的操作代码。

下面，我们通过命令行指令python manage.py test app进行自动化测试，效果如图8.1所示。

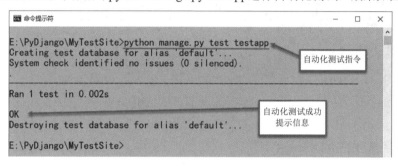

图 8.1　MyTestSite 项目自动化测试（1）

图8.1显示的是测试成功的情况，如果测试时发现错误会是什么情况呢？下面我们对【代码8-2】稍加修改，加入一些错误测试，具体代码如下：

【代码8-3】（详见源代码MyTestSite项目的testapp/tests.py文件）

```
01  from django.test import TestCase
02
03  from .models import Students
04
05  # Create your tests here.
06  class ModelTest(TestCase):
07      def setUp(self):
08          Students.objects.create(name='cici', age=7)
09          pass
10
11      def test_students_model(self):
12          s = Students.objects.get(name='cici')
13          self.assertEqual(s.name, 'cici')
14          self.assertEqual(s.age, 8)
15          pass
16
17      def tearDown(self):
18          pass
```

【代码分析】

在第14行代码中，通过self调用assertEqual()方法进行测试，判断学生的年龄是否与测试要求一致。

下面，我们再次通过命令行指令python manage.py test app进行自动化测试，效果如图8.2所示。初始化学生的年龄为7，当我们测试年龄值是否等于8时，给出了错误提示信息（很清楚提示了"7 != 8"）。

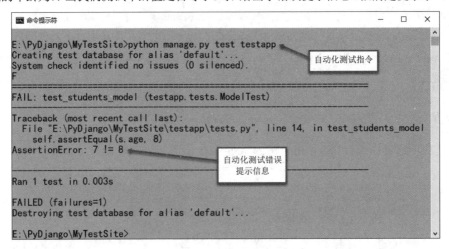

图 8.2　MyTestSite 项目自动化测试（2）

8.2.3　数据库自动化测试

本小节基于前一小节介绍的Django项目（MyTestSite）介绍数据库自动化测试的过程。

首先，完善一下用于测试的模型，具体代码如下：

【代码8-4】（详见源代码MyTestSite项目的testapp/models.pym文件）

```
01  from django.db import models
02
03  # 在此处创建模型
04  class Teachers(models.Model):
05      name = models.CharField(max_length=32)
06      pass
07
08  class Clazz(models.Model):
09      name = models.CharField(max_length=16)
10      teachers = models.ManyToManyField(Teachers)
11      pass
12
13  class Students(models.Model):
14      name = models.CharField(max_length=32)
15      age = models.IntegerField()
16      clazz = models.ForeignKey(Clazz, on_delete=models.CASCADE)
17      pass
```

【代码分析】

在第01行代码中，通过import关键字引入models模块。

在第04～06行代码中，创建了一个教师模型Teachers，继承自models.Model模型类，详细说明如下：

- 在第05行代码中，创建了一个CharField类型的name字段属性。

在第08～11行代码中，创建了一个班级模型Clazz，继承自models.Model模型类，详细说明如下：

- 在第09行代码中，创建了一个CharField类型的name字段属性。
- 在第10行代码中，创建了一个与教师模型Teachers多对多关系的字段属性teachers。

在第13～17行代码中，创建了一个学生模型Students，继承自models.Model模型类，详细说明如下：

- 在第14行代码中，创建了一个CharField类型的name字段属性。
- 在第15行代码中，创建了一个IntegerField类型的age字段属性。
- 在第16行代码中，创建了一个班级模型Clazz的外键字段属性clazz。

然后，我们就可以在tests.py（创建应用时默认已存在）文件中编写自动化测试的代码了，具体如下：

【代码8-5】（详见源代码MyTestSite项目的testapp/tests.py文件）

```
01  from django.test import TestCase
02
03  from .models import Teachers, Clazz, Students
04
05  # Create your tests here.
06  class ModelTest(TestCase):
07      def setUp(self):
08          t1 = Teachers.objects.create(name='liu')
09          t2 = Teachers.objects.create(name='guan')
10          t3 = Teachers.objects.create(name='zhang')
11          c = Clazz.objects.create(name='A1')
12          c.save()
13          c.teachers.add(t1)
14          c.teachers.add(t2)
15          c.teachers.add(t3)
16          c.save()
17          Students.objects.create(name='cici', age=7, clazz=c)
18          pass
19
20      def test_teachers_model(self):
21          t1 = Teachers.objects.get(name='liu')
22          self.assertEqual(t1.name, 'liu')
23          t2 = Teachers.objects.get(name='guan')
24          self.assertEqual(t2.name, 'guan')
25          t3 = Teachers.objects.get(name='zhang')
```

```
26          self.assertEqual(t3.name, 'zhang')
27          pass
28
29      def test_clazz_model(self):
30          t1 = Teachers.objects.get(name='liu')
31          t2 = Teachers.objects.get(name='guan')
32          t3 = Teachers.objects.get(name='zhang')
33          c = Clazz.objects.get(name='A1')
34          self.assertEqual(c.name, 'A1')
35          self.assertIn(t1, c.teachers.all())
36          self.assertIn(t2, c.teachers.all())
37          self.assertIn(t3, c.teachers.all())
38          pass
39
40      def test_students_model(self):
41          s = Students.objects.get(name='cici')
42          self.assertEqual(s.name, 'cici')
43          c = Clazz.objects.get(name='A1')
44          self.assertEqual(s.clazz, c)
45          pass
46
47      def tearDown(self):
48          pass
```

【代码分析】

在第07～18行代码中，在setUp()函数中分别对Teachers模型、Clazz模型和Students模型进行了初始化操作。

在第20～27行代码、第29～38行代码和第40～45行代码中，分别定义了一组测试方法test_teachers_model()、test_clazz_model()和test_students_model()，具体说明如下：

- 在第35～37行代码中，分别通过self调用assertIn()方法进行测试，用于判断3个教师模型对象t1、t2和t3是否包含在班级模型Clazz的教师字段teachers里。
- 在第44代码中，通过self调用assertEqual()方法进行测试，判断学生模型Students的外键clazz是否与班级模型Clazz的字段c一致。

下面，我们通过命令行指令python manage.py test app进行自动化测试，效果如图8.3所示。

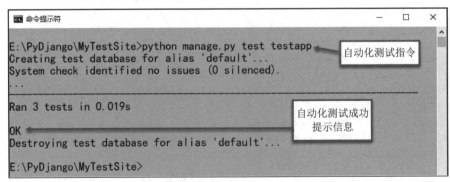

图 8.3　MyTestSite 项目数据库自动化测试（1）

图8.3显示的是测试成功的情况，下面我们对【代码8-5】稍加修改，加入一些错误测试，具体代码如下：

【代码8-6】（详见源代码MyTestSite项目的testapp/tests.py文件）

```
01  from django.test import TestCase
02
03  from .models import Teachers, Clazz, Students
04
05  # Create your tests here.
06  class ModelTest(TestCase):
07      def setUp(self):
08          t1 = Teachers.objects.create(name='liu')
09          t2 = Teachers.objects.create(name='guan')
10          t3 = Teachers.objects.create(name='zhang')
11          c = Clazz.objects.create(name='A1')
12          c.save()
13          c.teachers.add(t1)
14          c.teachers.add(t2)
15          c.teachers.add(t3)
16          c.save()
17          Students.objects.create(name='cici', age=7, clazz=c)
18          pass
19
20      def test_teachers_model(self):
21          t1 = Teachers.objects.get(name='liu')
22          self.assertEqual(t1.name, 'liu')
23          t2 = Teachers.objects.get(name='guan')
24          self.assertEqual(t2.name, 'guan')
25          t3 = Teachers.objects.get(name='zhang')
26          self.assertEqual(t3.name, 'zhang')
27          pass
28
29      def test_clazz_model(self):
30          t1 = Teachers.objects.get(name='liu')
31          t2 = Teachers.objects.get(name='guan')
32          t3 = Teachers.objects.get(name='zhang')
33          c = Clazz.objects.get(name='A1')
34          self.assertEqual(c.name, 'A1')
35          self.assertIn(t1, c.teachers.all())
36          self.assertIn(t2, c.teachers.all())
37          self.assertNotIn(t3, c.teachers.all())
38          pass
39
40      def test_students_model(self):
41          s = Students.objects.get(name='cici')
42          self.assertEqual(s.name, 'cici')
43          c = Clazz.objects.get(name='A1')
44          self.assertEqual(s.clazz, c)
45          pass
46
```

```
47      def tearDown(self):
48          pass
```

【代码分析】

在第37行代码中，将通过self调用的assertIn()方法修改为assertNotIn()方法进行测试，判断教师模型对象t3是否不包含在班级模型Clazz的教师字段teachers里。

下面，我们再次通过命令行指令python manage.py test app进行自动化测试，效果如图8.4所示。因为教师模型对象t3包含在班级模型Clazz的教师字段teachers里，所以使用assertNotIn()方法进行测试时给出了相应的错误提示信息。

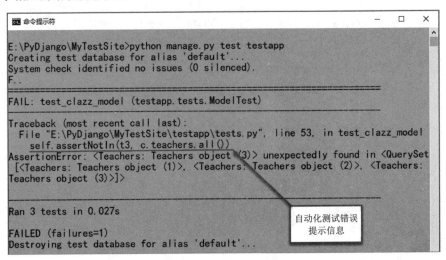

图 8.4　MyTestSite 项目数据库自动化测试（2）

8.3　Django框架测试工具

在Django框架的测试工具（Testing Tools）中，还提供了一个Test Client类，可以模拟一个简单的静态浏览器，允许用来测试视图函数。通过Test Client可以完成以下一些事情：

（1）模拟HTTP请求（GET和POST）方式，观察从HTTP（headers、status codes）到页面内容的响应结果。

（2）检查重定向链（如果有的话），在每一步检查URL和status code。

（3）测试一个被用于渲染Django模板的给定请求（request），包括特定值的模板上下文（context）。

这里，在项目MyTestSite目录下新建一个App应用clientapp，用于演示测试工具代码实例。

首先，在URLConf模块中定义一个URL路由，具体代码如下：

【代码8-7】（详见源代码MyTestSite项目的clientapp/urls.py文件）

```
01  from django.urls import path
02
03  from . import views
```

```
04
05  urlpatterns = [
06      path('', views.index, name='index'),
07      path('getclient/', views.get_client, name='getclient'),
08  ]
```

【代码分析】

在第07行代码中，定义了一个URL路由'getclient/'，对应视图文件views.py中的视图函数get_client。

然后，在视图文件views.py中定义视图函数get_client，具体代码如下：

【代码8-8】（详见源代码MyTestSite项目的clientapp/views.py文件）

```
01  def get_client(request):
02      p = request.GET.get('p')
03      if p == "get":
04          return HttpResponse("p=" + p)
05      else:
06          return HttpResponse("This is get_client view.")
07      pass
```

【代码分析】

在第02行代码中，通过request对象调用request.GET.get()方法获取URL路由地址中参数p的值。

在第03～06行代码中，通过if条件语句判断参数p的值是否为字符串"get"，根据判断结果选择输出相对应的内容。

最后，我们在tests.py（创建应用时默认已存在）文件中编写Test Client测试代码，具体如下：

【代码8-9】（详见源代码MyTestSite项目的clientapp/tests.py文件）

```
01  from django.test import TestCase, Client
02
03  # Create your tests here.
04  class ClientTest(TestCase):
05      def setUp(self):
06          pass
07
08      def test_get_client(self):
09          c = Client()
10          rep_get = c.get('/getclient/?p=get')
11          print(rep_get.request)
12          pass
13      pass
```

【代码分析】

在第01行代码中，通过import关键字引入TestCase模块和Client模块。

在第04～13行代码中，创建了一个测试类ClientTest，继承自TestCase测试类，详细说明如下：

- 在第08～12行代码中，定义了一个测试方法test_get_client()，包含一个自身的self参数，详细说明如下：

- ◆ 在第09行代码中，定义了一个Client类的对象c。
- ◆ 在第10行代码中，通过对象c调用get()方法模拟发送GET方式的URL路由请求，地址对应【代码8-7】中定义的路由。同时，get()方法的返回值保存在Response类型的变量rep_get中。
- ◆ 在第11行代码中，通过变量rep_get获取Response类型的属性content中的内容。

下面，我们通过命令行指令python manage.py test app进行自动化测试，效果如图8.5所示。

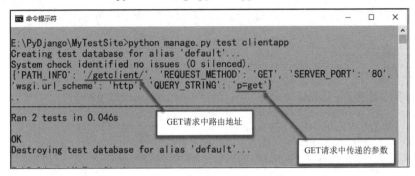

图 8.5　clientapp 测试工具模拟 GET 请求（1）

Response 类型的属性 content 内容中包含了路由参数（PATH_INFO）、请求方式（REQUEST_METHOD）和查询字符串（QUERY_STRING）等信息。

下面，通过FireFox浏览器打开MyTestSite项目中定义的clientapp测试应用地址，具体如图8.6所示。浏览器地址栏中GET请求传递的参数与页面中显示的内容是一致的。

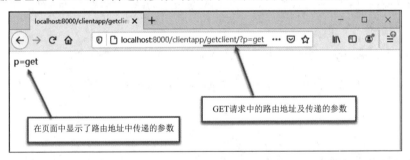

图 8.6　clientapp 测试工具模拟 GET 请求（2）

上面是通过测试工具模拟发送GET请求的代码实例，下面再继续介绍一下如何通过测试工具模拟发送POST请求。

首先，在URLConf模块中再定义一个URL路由，具体代码如下：

【代码8-10】（详见源代码MyTestSite项目的clientapp/urls.py文件）

```
01  from django.urls import path
02
03  from . import views
04
05  urlpatterns = [
06      path('', views.index, name='index'),
07      path('getclient/', views.get_client, name='getclient'),
08      path('postclient/', views.post_client, name='postclient'),
09  ]
```

【代码分析】

在第08行代码中，定义了一个URL路由'postclient/'，对应视图文件views.py中的视图函数post_client。

然后，在视图文件views.py中定义视图函数post_client，具体代码如下：

【代码8-11】（详见源代码MyTestSite项目的clientapp/views.py文件）

```
01  def post_client(request):
02      if request.method == 'POST':
03          p = request.POST.get('p')
04          context = {}
05          context['p'] = p
06          return render(request, 'show_p.html', {'pinfo': context})
07      else:
08          return HttpResponse("This is post_client view.")
09      pass
```

【代码分析】

在第02～08行代码中，通过if条件语句判断request.method中HTTP方式是否为POST，如果结果为True，则继续执行下面的代码，否则返回一条字符串信息。

在第03行代码中，通过request对象调用request.POST.get()方法获取URL路由中参数p的值。

在第04～05行代码中，定义一个上下文变量context，并将参数p的值保存进去。

在第06行代码中，调用render()方法将context的内容渲染到HTML模板show_p.html中进行显示。

最后，我们在tests.py（创建应用时默认已存在）文件中编写Test Client测试代码，具体如下：

【代码8-12】（详见源代码MyTestSite项目的clientapp/tests.py文件）

```
01  from django.test import TestCase, Client
02
03  # Create your tests here.
04  class ClientTest(TestCase):
05      def setUp(self):
06          pass
07
08      def test_post_client(self):
09          c = Client()
10          rep_post = c.post('/postclient/', data={'p':'post'}, follow = True)
11          # 测试HTTP请求的返回码是否正确
12          self.assertEqual(rep_post.status_code, 200)
13          print(rep_post.request)
14          pass
15      pass
```

【代码分析】

在第01行代码中，通过import关键字引入TestCase模块和Client模块。

在第04～13行代码中，创建了一个测试类ClientTest，继承自TestCase测试类，详细说明如下：

- 在第08～15行代码中，定义了一个测试方法test_post_client()，包含一个自身的self参数。详细说明如下：

  - 在第09行代码中，定义了一个Client类的对象c。
  - 在第10行代码中，通过对象c调用get()方法模拟发送POST方式的URL路由请求，地址对应【代码8-10】中定义的路由。同时，post()方法的返回值保存在Response类型的变量rep_post中。
  - 在第12行代码中，通过self调用assertEqual()方法测试HTTP请求的返回码status_code是否正确，如果正确则返回码为200。
  - 在第13行代码中，通过变量rep_get获取Response类型的属性request中的内容。

下面，我们通过命令行指令python manage.py test app进行自动化测试，效果如图8.7所示。返回的HTTP状态码为200，表示POST请求发送成功了。

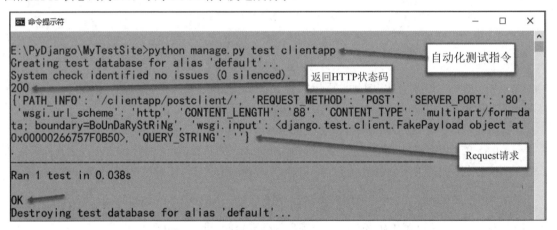

图 8.7　clientapp 测试工具模拟 POST 请求

下面，我们在应用中创建一个真实的表单（代码参考第6章中关于Form表单的内容），并实际发送一个POST请求。

首先，通过FireFox浏览器打开clientapp测试应用中定义的表单，具体如图8.8所示。

图 8.8　clientapp 实际 POST 请求（1）

在表单文本输入框中填写与【代码8-12】中的第10行代码中相同的参数，然后单击Submit按钮进行提交，页面效果如图8.9所示。实际发送的POST请求地址和传递的参数与通过Test Client方式模拟发送的是一致的。

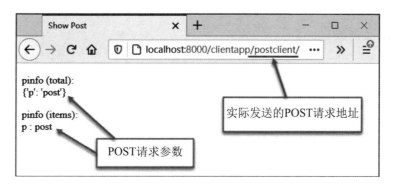

图 8.9　clientapp 实际 POST 请求（2）

8.4　本 章 小 结

在Web项目中统一进行异常处理可以防止代码中有未获捕获的错误出现,而自动化测试代码可以自动检查程序是否满足设计要求。Django框架提供了完善的异常处理与自动化测试方法,希望读者可以很好地掌握它们的使用方法。

第 9 章
用户 Auth 认证系统

本章主要介绍 Django 框架中用户 Auth 认证系统的相关技术，包括 Auth 模块的基础知识、安装与使用等。

通过本章的学习可以掌握以下知识：

※ Django框架Auth模块的基础知识
※ Django框架Auth模块的安装方法
※ Django框架Auth模块的使用方法

9.1　用户Auth认证系统基础

本节主要介绍一下Django框架用户Auth认证系统的概念。用户Auth认证系统是Django框架内置的一个模块，主要处理用户账户、用户组、用户权限，以及基于Cookie的用户会话。

用户Auth认证模块相当于Django框架的身份验证系统，同时负责处理身份验证和用户授权。简要地说，身份验证将验证用户是否为框架声称的身份，而授权则确定允许经过身份验证的用户执行的操作。

用户Auth认证系统由以下功能构成：

- 用户（Users）。
- 权限：二进制（是/否）标志，指示用户是否可以执行特定任务。
- 用户组（Groups）：一种将标签和权限应用于多个用户的通用方法。
- 可配置的哈希密码系统。
- 用于用户登录或限制内容的表单和查看工具。
- 即插即用的后端系统。

Django框架中的身份验证系统设计为高度通用性，不提供网络身份验证系统中常见的某些功能。这些常见问题中的一些解决方案已在第三方程序包中实现，具体如下：

- 增强密码验证。
- 限制登录尝试。
- 针对第三方的身份验证（例如：OAuth）。
- 对象级别的权限。

9.2 安装用户Auth认证模块

在Django框架用户Auth认证系统中，身份验证支持被绑定在django.contrib.auth模块中。默认情况下，所需的配置已包含在创建项目时生成的配置文件settings.py中，由INSTALLED_APPS选项设置中列出的两个属性组成，具体如下：

- django.contrib.auth：包含身份验证框架的核心及其默认模型。
- django.contrib.contenttypes：Django框架的内容类型的系统，它允许权限与所创建的模型相关联。

此外，还可以在MIDDLEWARE配置项中设置如下属性：

- SessionMiddleware：管理跨请求会话。
- AuthenticationMiddleware：使用会话将用户与请求相关联。

通过以上设置后，在命令行中运行指令manage.py migrate，为Auth模块相关模型创建必要的数据库表，并为已安装的应用程序中定义的任何模型创建权限。以上就是安装用户Auth认证模块的基本过程。

9.3 使用Django身份验证系统

Django身份验证同时提供身份验证和授权，由于这些功能有些耦合，因此通常称之为身份验证系统。

9.3.1 用户对象介绍

用户对象是身份验证系统的核心，通常代表与网站进行交互的人员，并用于启用类似限制访问权限、注册用户个人资料、将内容与创建者相关联等场景。

Django身份验证系统中仅存在一类用户，即超级用户（Superusers）或管理员用户这类设置了特殊属性的用户对象，而不是不同类的用户对象。默认的用户对象主要包括以下属性：

```
Username
Password
Email
first_name
last_name
```

更详细的说明请参阅完整的官方API文档。

9.3.2　创建用户对象

创建用户对象最直接方法就是直接使用用户内置的create_user()函数，具体代码如下：

【代码9-1】

```
01  >>> from django.contrib.auth.models import User
02  >>> user = User.objects.create_user('king', 'king@email.com', 'kingpwd')
03  # At this point, user is a User object that has already been saved
04  # to the database. You can continue to change its attributes
05  # if you want to change other fields.
06  >>> user.last_name = 'wang'
07  >>> user.save()
```

【代码分析】

在第01行代码中，通过import关键字引入了User模块。

在第02行代码中，通过create_user()函数创建了一个Users对象的用户user。

在第06行代码中，为用户user定义了last_name属性。

在第07行代码中，调用save()方法保存用户数据信息。

9.3.3　创建超级用户

创建超级用户（superuser）是在命令行中通过createsuperuser命令实现的，具体命令行指令如下：

```
python manage.py createsuperuser --username=king --email=king@example.com
```

输入上述指令后，系统将提示用户输入密码，输入完成后将立即创建用户。如果在上述指令中不使用"--username"或"--email"选项，则命令执行过程中将会提示用户输入这些选项值。

9.3.4　更改密码

Django框架不会在用户模型上存储原始（明文）密码，而仅存储一个hash散列密码。因此，请勿尝试直接操作用户的密码属性，这也是创建用户时使用辅助功能的原因。

如果想更改用户密码，主要可以通过以下几种方式：

1. 命令行方式

在命令行中，通过changepassword命令可以更改用户密码，具体命令行指令如下：

```
python manage.py changepassword --username=king
```

输入上述指令后，命令执行过程中会提示用户更改给定用户的密码，而且必须重复输入两次（用于校验）。如果两次密码相匹配，则新密码将立即生效。如果指令中不指定用户，则该指令将尝试更改用户名与当前系统用户匹配的密码。

2. 编程方式

我们可以在代码中使用set_password()函数方法，以编程方式更改密码，具体代码如下：

【代码9-2】

```
01  >>> from django.contrib.auth.models import User
02  >>> u = User.objects.get(username='king')
03  >>> u.set_password('your-new-password')
04  >>> u.save()
```

3. 管理员系统方式

如果已经安装了Django管理员，则还可以在身份验证系统的管理页面上更改用户的密码。

4. 视图和表单方式

Django框架还提供了视图和表单，用于允许用户更改自己的密码。

9.3.5　验证用户

Django框架使用authenticate()方法来验证一组凭据。关于authenticate()方法的语法说明如下：

```
authenticate(request=None, **credentials)
```

该方法在默认情况下使用凭据作为关键字参数、用户名和密码，并针对每个身份验证后端进行检查，如果凭据对后端有效，则返回User对象；如果凭据对于任何后端均无效，或者后端会引发PermissionDenied异常，则返回None。代码示例如下：

【代码9-3】

```
01  from django.contrib.auth import authenticate
02  user = authenticate(username='king', password='your secret password')
03  if user is not None:
04      # A backend authenticated the credentials
05  else:
06      # No backend authenticated the credentials
```

request是一个可选的HttpRequest，通过身份验证被传递给后端的authenticate()方法。

9.3.6　默认权限

当在Django项目配置文件中的INSTALLED_APPS设置选项中添加django.contrib.auth模块时，该模块将为已安装的一个应用中定义的模型创建4个默认权限，即添加、更改、删除和查看。

上述4个权限将会在运行python manage.py migrate命令后被创建。将django.contrib.auth模块添加到INSTALLED_APPS设置选项后，第一次运行迁移（migrate）命令时将为所有先前安装的模型以及当时正在安装的所有新模型创建默认权限。然后，在每次运行迁移（migrate）命令时会为新模型创建默认权限。

假定有一个带有App标签名称foo和模型名称Bar的应用程序，如果要测试其基本权限，则应使用如下方法：

```
add: user.has_perm('foo.add_bar')
change: user.has_perm('foo.change_bar')
delete: user.has_perm('foo.delete_bar')
view: user.has_perm('foo.view_bar')
```

另外，权限模型很少会被直接访问。

9.3.7 用户组

用户组对象与用户一样，也是身份验证系统的核心。使用django.contrib.auth.models.Group模型是对用户进行分组的通用方法，可以向同一个组内的用户应用权限或其他标签。一个用户可以属于任意数量的用户组。

用户组中的用户会自动拥有授予该组的权限。例如，如果站点编辑器组具有can_edit_home_page权限，则该用户组中的任何用户都将具有该权限。

除了权限之外，用户组是对用户进行分组并为其提供一些标签或扩展功能的便捷方法。例如，可以创建一个"特殊用户"组并编写代码，使其可以访问网站中仅为成员的部分，或向其发送仅为成员的电子邮件。

9.3.8 权限与授权

Django框架带有内置的权限系统，其提供了一种将权限分配给特定用户和用户组的方法。Django权限与授权由后台管理使用，不过也推荐在自己的代码中来使用。Django框架的后台管理使用以下权限：

- 对视图对象的访问仅限于对该类型对象具有"视图"或"更改"权限的用户。
- 只有对该对象类型具有"添加"权限的用户，才能查看添加的表单和添加的对象。
- 只有对该对象类型具有"更改"权限的用户，才能查看更改的列表和更改的对象。
- 删除对象的权限，仅限于对该对象类型具有"删除"权限的用户。

此外，不仅可以按照对象类型设置权限，还可以按照特定对象实例设置权限。通过使用ModelAdmin模型类提供的has_view_permission()、has_add_permission()、has_change_permission()和has_delete_permission()方法，可以为同一类型的不同对象实例自定义权限。

当用户对象具有两个多对多字段（组和用户权限）时，用户对象可以使用与任何其他Django模型相同的方式来访问其相关对象，代码示例如下：

【代码9-4】

```
01  myuser.groups.set([group_list])
02  myuser.groups.add(group, group, ...)
03  myuser.groups.remove(group, group, ...)
04  myuser.groups.clear()
05  myuser.user_permissions.set([permission_list])
06  myuser.user_permissions.add(permission, permission, ...)
07  myuser.user_permissions.remove(permission, permission, ...)
08  myuser.user_permissions.clear()
```

9.3.9 Web 请求中的身份验证

Django框架使用会话和中间件将身份验证系统挂接到请求对象（request）中，在代表当前用户的每个请求上提供一个request.user属性。如果当前用户尚未登录，则此属性将设置为AnonymousUser类的实例，否则将是User类的实例。

可以使用is_authenticated属性来进行区分，代码示例如下：

【代码9-5】

```
01  if request.user.is_authenticated:
02      # Do something for authenticated users.
03      ...
04  else:
05      # Do something for anonymous users.
06      ...
```

9.3.10 在管理员中管理用户

在Django框架中，如果同时安装了django.contrib.admin和django.contrib.auth模块，那么管理员将提供一种方便的方式来查看和管理用户、组和权限。

此时，可以像创建任何Django模型一样创建和删除用户，还可以创建组，并且可以将权限分配给用户或组。

此外，用户在Django后台管理内进行模型编辑的日志也将被存储和显示。

9.4 本 章 小 结

Auth认证系统是Django框架自带的用户认证模块，可以快速实现用户注册、用户登录、用户认证、注销、修改密码等功能，免去了开发人员自行构建用户管理模块的重复工作。

第 10 章
Django 安全与国际化

本章主要介绍 Django 框架中安全与国际化方面的内容，包括安全、劫持保护、跨站点请求伪造保护、登录加密、安全中间件、国际化和本地化等。

通过本章的学习可以掌握以下知识：

❋ Django框架安全
❋ Django框架国际化
❋ Django框架本地化

10.1　Django框架安全

本节主要介绍Django框架安全方面的内容。安全是Web应用程序开发中最重要的主题之一，对此Django框架提供了多种保护工具和机制。

10.1.1　安全概述

Django框架安全中包括了保护Django驱动的网站的建议，具体内容如下：

1. 跨站点脚本（XSS）保护

XSS攻击使用户可以将客户端脚本注入其他用户的浏览器中。只要在包含数据到页面中之前未对数据进行充分的清理，XSS攻击就可以源自任何不受信任的数据源，例如Cookie或Web服务。

使用Django模板可保护站点免受大多数XSS攻击，但更重要的是要了解其提供的保护及其限制。Django模板会转义特定字符，这对于HTML来说尤其危险。尽管这可以保护用户免受大多数恶意输入的侵害，但这并不是绝对安全的。

2. 跨站点请求伪造（CSRF）保护

CSRF攻击允许恶意用户使用另一用户的凭据执行操作，而无须该用户的授权或同意。Django拥有针对大多数CSRF攻击的内置保护，只需在适当的地方使用该功能即可。

但是，该功能与任何缓解技术一样，都存在局限性。例如，可以全局禁用CSRF模块或针对特定视图禁用CSRF模块，如果站点具有无法控制的子域，则还会有其他限制。

CSRF保护通过检查每个POST请求中的机密来起作用。这样可以确保恶意用户无法简单地将表单POST"重播"到我们的网站，而让另一个登录用户不经意间提交该表单。恶意用户必须知道特定于用户的秘密（如使用Cookie）。

在与HTTPS一起部署时，CsrfViewMiddleware将检查HTTP引用标头是否设置为相同来源（包括子域和端口）上的URL。因为HTTPS提供了额外的安全性，所以必须通过转发不安全的连接请求并对支持的浏览器使用HSTS，来确保使用HTTPS可用的连接。

另外，除非绝对必要，否则请务必谨慎使用csrf_exempt装饰器标记视图。

3. SQL注入保护

SQL注入是一种攻击，恶意用户能够在数据库上执行任意SQL代码。这可能导致记录被删除或数据被泄露。

由于Django框架的查询集是使用查询参数化构造的，因此可以防止SQL注入。查询的SQL代码是与查询的参数分开定义的。由于参数可能是用户提供的，因此是不安全的，底层数据库驱动程序会对其进行转义。

Django框架还允许开发人员编写原始查询SQL或执行自定义SQL。这些功能应谨慎使用，并且应始终小心谨慎地转义用户可以控制的任何参数。此外，在使用extra()和RawSQL时，应谨慎行事。

4. 点击劫持保护

点击劫持是一种攻击，其中恶意站点将另一个站点包装在框架中，可能导致毫无戒心的用户被诱骗在目标站点上执行意外动作。

Django框架包含X-Frame-Options中间件形式的点击劫持保护，在支持的浏览器中，该中间件可以防止网站在框架内呈现。我们可以基于每个视图禁用保护，也可以配置发送的确切报头值。

强烈建议将中间件用于任何不需要将其页面包装在框架中的第三方站点，或者只需要允许站点的一小部分使用中间件的站点。

5. SSL/HTTPS

在HTTPS后面部署站点对于安全性而言总是更好的选择，否则，恶意网络用户可能会嗅探身份验证凭据或客户端与服务器之间传输的任何其他信息，并且在某些情况下（活动的网络攻击者）可能会更改任一方向发送的数据。

6. Host Header验证

在某些情况下，Django框架使用客户端提供的Host Header构造URL。在清除这些值以防止跨站点脚本攻击的同时，可以将伪造的Host值用于跨站点请求伪造，缓存中毒攻击和电子邮件中的中毒链接。

因为即使是安全的Web服务器配置也容易受到伪造的HostHeader的影响，所以Django框架会根据django.http.HttpRequest.get_host()方法中的ALLOWED_HOSTS设置来验证Host头。

此验证仅通过get_host()方法进行，如果代码直接从request.META访问Host Header，则会绕过此安全保护措施。

7. 会话（Session）安全性

类似于CSRF限制（要求部署站点以使不受信任的用户无法访问任何子域），django.contrib.sessions也具有限制。

10.1.2　点击劫持保护

点击劫持中间件和装饰器提供了易于使用的保护，以防止发生点击劫持。当恶意站点诱使用户单击已加载到隐藏框架或iframe中的另一个站点的隐藏元素时，会发生这种类型的攻击。

如何防止点击劫持呢？现代浏览器采用的是X-Frame-Options HTTP Header，该Header指示是否允许在框架或iframe中加载资源。如果响应包含Header值为SAMEORIGIN的Header，则浏览器将仅在请求源自同一站点的情况下才将资源加载到框架中。如果将Header设置为DENY，则无论哪个站点发出请求，浏览器都将阻止加载资源到框架中。

Django框架提供了一些简单的方法来将该Header包含在网站的响应中：

- 一个简单的中间件，可在所有响应中设置Header。
- 一组视图装饰器，可用于覆盖中间件或仅设置某些视图的Header。
- 如果响应中不存在X-Frame-Options HTTP Header，则仅由中间件或视图装饰器来设置。

通过在项目配置文件setting.py中为全部响应设置X-Frame-Options，可以实现防止点击劫持。如果要为站点中的所有响应设置相同的X-Frame-Options值，则将django.middleware.clickjacking.XFrameOptionsMiddleware放入配置的MIDDLEWARE选项中，具体代码如下：

【代码10-1】

```
MIDDLEWARE = [
    ...
    'django.middleware.clickjacking.XFrameOptionsMiddleware',
    ...
]
```

通过startproject命令生成的Django项目，在设置文件中启用此中间件。

10.1.3　CSRF 保护

CSRF中间件和模板标签提供了易于使用的跨站点请求伪造保护。当恶意网站包含链接、表单按钮，或某些旨在使用我们的浏览器访问恶意网站的登录用户的凭据在网站上执行某些操作的JavaScript脚本时，就会发生这种类型的攻击。此外，还涵盖了一种相关的攻击类型——登录CSRF，攻击站点在其中诱骗用户的浏览器使用他人的凭据登录到该站点。

要在视图中利用CSRF保护，请执行以下操作：

默认情况下，在MIDDLEWARE设置中激活CSRF中间件。如果要覆盖该设置，则在假定已处理CSRF攻击的任何视图中间件之前，先添加django.middleware.csrf.CsrfViewMiddleware。如果要禁用该设置，则可以在要保护的特定视图上使用csrf_protect()方法。

在使用POST表单的任何模板中，如果表单用于内部URL，则在<form>元素内使用{% csrf_token %}标记，具体代码如下：

【代码10-2】

```
<form method="post">
    {% csrf_token %}
    ...
</form>
```

对于以外部URL为目标的POST表单，则不要这样配置，因为会导致CSRF令牌泄漏，从而导致漏洞。

在相应的视图函数中，确保使用RequestContext进行响应，以便{% csrf_token %}可以正常工作。如果正在使用render()函数，则通用视图或contrib应用程序就已经被覆盖了，因为它们都使用RequestContext。

10.1.4　登录加密

Web应用程序安全性的黄金法则是永远不要信任来自不受信任来源的数据。但是，有时通过不受信任的介质传递数据可能会很有用。例如，加密签名的值可以在不检测任何篡改的情况下安全地通过不受信任的通道传递。

Django框架提供了用于签名的低级API和用于设置与读取签名的Cookie的高级API，这是Web应用程序实现签名的方式。

下面是一些很有用的签名：

- 生成"恢复我的账户"URL路由，以发送给丢失密码的用户。
- 确保存储在隐藏表单字段中的数据未被篡改。
- 生成一次性加密URL，以允许临时访问受保护的资源。

保护SECRET_KEY

在通过使用startproject命令创建新的Django项目时，会自动生成settings.py文件，并获得一个随机的SECRET_KEY值。此值是保护签名数据的关键（保持此安全性至关重要），否则攻击者可能会使用它来生成自己的签名值。

10.1.5　登录加密安全中间件

通过django.middleware.security.SecurityMiddleware中间件对请求/响应周期提供了一些安全性增强，每个设置均可独立启用或禁用。具体设置项目如下：

```
SECURE_BROWSER_XSS_FILTER
SECURE_CONTENT_TYPE_NOSNIFF
```

```
SECURE_HSTS_INCLUDE_SUBDOMAINS
SECURE_HSTS_PRELOAD
SECURE_HSTS_SECONDS
SECURE_REDIRECT_EXEMPT
SECURE_SSL_HOST
SECURE_SSL_REDIRECT
```

例如，如果将SECURE_HSTS_SECONDS设置为非零整数值，则SecurityMiddleware中间件将在所有HTTPS响应上设置此Header。

10.2　Django国际化和本地化

本节主要介绍Django框架国际化和本地化方面的内容。Django提供了一个强大的国际化和本地化的框架，来帮助世界各地区的开发人员进行应用程序的开发。

10.2.1　国际化与本地化概述

在Django框架中，国际化和本地化的目标是允许单个Web应用程序针对不同的语言和格式提供相应的内容。Django框架完全支持文本翻译、日期、时间和数字格式以及时区格式。

实际上，Django框架主要做了以下两件事：

- 允许开发人员在模板上指定针对本地语言进行翻译，或者格式化其应用程序的相对应部分。
- 根据特定用户的喜好对特定用户的Web应用程序使用特定的挂钩进行本地化操作。

很明显，翻译取决于目标语言，格式通常取决于目标国家，浏览器在"接受语言"Header中提供此信息。但是，时区或许并不是很容易获得。

所谓的"国际化"和"本地化"这两个名词常常会引起混乱，下面是一个简化的定义：

- 国际化：为本地化准备软件，通常由开发人员完成。
- 本地化：编写翻译和本地格式，通常由翻译人员完成。

以下是一些其他术语，可以帮助我们处理通用语言：

- 语言环境名称（Locale Name）：可以是形式为ll的语言规范，也可以是形式为ll_CC的语言和国家/地区组合。例如，it、de_AT、es、pt_BR。语言部分总是小写，国家部分总是大写，分隔符是一个下画线。
- 语言代码（Language Code）：代表一种语言的名称。浏览器使用此格式在"接受语言"HTTP Header中发送其接受的语言的名称。例如，it、de-at、es、pt-br。语言代码通常以小写形式表示，但是HTTP Accept-Language Header不区分大小写；分隔符是破折号。
- 消息文件（Message File）：消息文件是纯文本文件，代表一种语言，其中包含所有可用的翻译字符串以及应如何以给定语言表示。例如，消息文件的扩展名为".po"。
- 翻译字符串（Translation String）：可以翻译的文字。
- 格式文件（Format File）：格式文件是一个Python模块，用于定义给定语言环境的数据格式。

10.2.2　国际化

在Django框架项目中，为了使Django项目可翻译，必须在Python代码和模板中添加最少数量的钩子，这些钩子称为翻译字符串。其功能是告诉Django框架，"如果可以使用该语言的翻译版本，则应将其翻译成最终用户的语言。"。标记可翻译字符串是设计人员的责任，系统只能翻译它知道的字符串。

Django框架提供实用程序将翻译字符串提取到消息文件中。该文件是翻译人员提供与目标语言等效的翻译字符串的便捷方式。翻译人员填写完消息文件后，必须对其进行编译。此过程依赖于GNU gettext工具集。

一旦完成此操作，Django框架会根据用户的语言偏好，即时翻译每种可用语言的Web应用程序。

Django框架的国际化钩子在默认情况下处于启用状态，这意味着在Django框架的某些位置存在一些与i18n相关的开销。如果不使用国际化，则应在设置文件中将USE_I18N设置为False。然后，Django框架将进行一些优化，以免加载国际化机制。

在Python代码中进行标准的国际化翻译，是通过使用gettext()函数指定翻译字符串实现的。按照惯例，可以将其导入为较短的别名——"_"，以节省输入内容。在下面这个代码示例中，字符串"I like Python and Django."将被标记为翻译字符串。

【代码10-3】

```
01  from django.http import HttpResponse
02  from django.utils.translation import gettext as _
03
04  def my_view(request):
05      output = _("I like Python and Django.")
06      return HttpResponse(output)
```

【代码分析】

在第02行代码中，通过import关键字在django.utils.translation模块中引入gettext()函数，并定义为别名"_"。

在第05行代码中，通过gettext()函数的别名定义了翻译字符串。

如果不想使用别名，则【代码10-3】可以写成如下形式，这点完全基于个人的喜好。

【代码10-4】

```
01  from django.http import HttpResponse
02  from django.utils.translation import gettext
03
04  def my_view(request):
05      output = gettext("I like Python and Django.")
06      return HttpResponse(output)
```

10.2.3 本地化

在Django框架项目中，一旦标记了应用程序的字符串文字以进行后续翻译，就需要编写（或获取）翻译本身。大致过程如下：

首先，为新的语言创建消息文件。这个消息文件就是一个纯文本文件，代表一种语言，其中包含所有可用的翻译字符串以及应如何以给定语言表示。消息文件的扩展名为".po"。

Django框架带有django-admin makemessages工具，该工具可自动创建和维护这些文件。如果想创建或更新一个消息文件，请执行下面的命令：

```
django-admin makemessages -l en
```

其中，en代表打算在消息文件中使用的语言环境名称。

该脚本应从以下两个位置之一运行：

- Django项目的根目录（包含manage.py的目录）。
- Django项目下某个应用的根目录。

10.3　本　章　小　结

Django框架中的安全与国际化功能有效地解决了劫持保护、跨站点请求伪造保护、登录加密、安全中间件、国际化和本地化等方面的设计需求，这正是Django框架的功能亮点之一。

第 **11** 章

常用的 Web 应用程序工具

本章主要介绍 Django 框架中常用的 Web 应用程序工具方面的内容，包括缓存、日志、发送邮件、分页、消息框架、序列化、会话、静态文件管理和数据验证等。

通过本章的学习可以掌握以下知识：

* ❋ Django 缓存
* ❋ Django 日志
* ❋ Django 发送邮件
* ❋ Django 分页
* ❋ Django 消息框架
* ❋ Django 序列化
* ❋ Django 会话
* ❋ Django 静态文件管理
* ❋ Django 数据验证

11.1 Django缓存

本节主要介绍关于Django框架缓存方面的内容。Web缓存可以实现加快页面打开速度、减少网络带宽消耗和降低服务器压力等功能，这些是开发Web应用程序必须考虑的问题。

11.1.1 Django 缓存概述

对于Web动态网站而言，其基本权衡是动态的。每次用户请求页面时，Web服务器都会进行各种计算，包括从数据库查询数据、将模板渲染成实际的页面内容、处理业务逻辑，以及最终创建可供站点访问者查看的页面。从处理开销的角度来看，这种动态处理方式相较于从文件中读取数据的传统服务器系统而言，成本要高得多。

对于大多数Web应用程序而言，此开销并不大，因为大多数Web应用程序只是流量一般的中小型网站。但是，对于中到高流量站点，则必须尽可能减少开销。这就是Web应用缓存的由来。

缓存某些内容是为了保存成本高昂的计算结果，以便下次不必重复执行计算。下面是一些伪代码，用于说明如何在动态生成的网页中进行缓存。

【代码11-1】

```
01  given a URL, try finding that page in the cache
02  if the page is in the cache:
03      return the cached page
04  else:
05      generate the page
06      save the generated page in the cache (for next time)
07      return the generated page
```

Django框架带有一个强大的缓存系统，可以保存动态页面，因此不必为每个请求都计算它们。为了方便起见，Django框架提供了不同级别的缓存粒度，既可以缓存特定视图的输出，也可以仅缓存难以生成的片段，甚至可以缓存整个站点。

Django框架还可以与下游缓存（例如Squid和基于浏览器的缓存）配合使用。这些缓存类型并不直接受Django控制，但可以通过提供HTTP头信息来对它们进行提示，告诉它们应该缓存站点的哪些部分以及如何进行缓存。

11.1.2　设置缓存

缓存系统通常需要进行一些配置，以便明确告诉系统应该将缓存的数据存放在哪里。具体来说，可以选择将缓存数据存储在数据库中、文件系统上或直接存放在内存中。这些不同的存储方式会对缓存性能产生重要影响，因为某些缓存类型可能比其他缓存类型更快。Web项目的缓存首选项在配置文件中的"CACHES"选项中进行设置。

Memcached是Django框架原生支持的最快、最高效的缓存类型，是一种完全基于内存的缓存服务器。相信Memcached对于大多数设计人员来说并不陌生，其最初是为处理LiveJournal.com网站上的高负载而开发的，随后由Danga Interactive开源。Facebook和Wikipedia等网站使用它来减少数据库访问，并显著提高了网站性能。

Memcached作为守护程序运行，并分配了指定数量的RAM，其所做的只是提供一个用于添加、检索和删除缓存中数据的快速接口。所有数据都直接存储在内存中，因此没有数据库或文件系统使用的开销。

在本地安装好Memcached后，还需要安装Memcached的绑定，最常见的两种Python Memcached绑定方式是python-memcached和pylibmc。

在Django框架中使用Memcached，有下面两种方式：

- 将 BACKEND 选 项 设 置 为 django.core.cache.backends.memcached.MemcachedCache 或 django.core.cache.backends.memcached.PyLibMCCache，这取决于所选择的Memcached绑定。
- 将LOCATION选项设置为"ip:port"值，其中ip是Memcached守护程序的IP地址，port是运行Memcached的端口；或者设置为"unix:path"值，其中path是Memcached Unix套接字文件的路径。

Memcached使用python-memcached绑定在本地主机（127.0.0.1）的端口（11211）上运行，代码示例如下：

【代码11-2】

```
CACHES = {
    'default': {
        'BACKEND': 'django.core.cache.backends.memcached.MemcachedCache',
        'LOCATION': '127.0.0.1:11211',
    }
}
```

可以使用python-memcached绑定通过本地Unix套接字文件/tmp/memcached.sockf运行的Memcached，代码示例如下：

【代码11-3】

```
CACHES = {
    'default': {
        'BACKEND': 'django.core.cache.backends.memcached.MemcachedCache',
        'LOCATION': 'unix:/tmp/memcached.sock',
    }
}
```

当使用pylibmc进行绑定时，切记请不要包括"unix:/"前缀，代码示例如下：

【代码11-4】

```
CACHES = {
    'default': {
        'BACKEND': 'django.core.cache.backends.memcached.PyLibMCCache',
        'LOCATION': '/tmp/memcached.sock',
    }
}
```

11.1.3 数据库缓存

Django框架可以将其缓存的数据存储在我们的数据库中。如果拥有快速索引良好的数据库服务器，则此方法效果最佳。

要将数据库表用作缓存后端，请执行以下操作：

- 将BACKEND设置为django.core.cache.backends.db.DatabaseCache。
- 将LOCATION设置为表名，即数据库表的名称。该名称可以是任何想要的名称，只要它是数据库中尚未使用的有效表名即可。

在下面的代码实例中，缓存表名为"my_cache_table"。

【代码11-5】

```
CACHES = {
    'default': {
```

```
        'BACKEND': 'django.core.cache.backends.db.DatabaseCache',
        'LOCATION': 'my_cache_table',
    }
}
```

在使用数据库缓存之前，必须使用以下命令创建缓存表：

```
python manage.py createcachetable
```

这个命令将在数据库中创建一张表，该表的格式与Django的数据库缓存系统期望的格式相同，且该表的名称取自LOCATION。

如果将数据库缓存与多个数据库一起使用，则还需要为数据库缓存表设置路由说明。为了进行路由，数据库高速缓存表在名为django_cache的应用程序中显示为名为CacheEntry的模型。该模型不会出现在模型缓存中，但是可以将模型的详细信息用于路由目的。

例如，下面代码实例中的路由器会将所有缓存读取操作定向到cache_replica，并将所有写入操作定向到cache_primary，同时缓存表将同步到cache_primary。

【代码11-6】

```
01  class CacheRouter:
02      """A router to control all database cache operations"""
03
04      def db_for_read(self, model, **hints):
05          "All cache read operations go to the replica"
06          if model._meta.app_label == 'django_cache':
07              return 'cache_replica'
08          return None
09
10      def db_for_write(self, model, **hints):
11          "All cache write operations go to primary"
12          if model._meta.app_label == 'django_cache':
13              return 'cache_primary'
14          return None
15
16      def allow_migrate(self, db, app_label, model_name=None, **hints):
17          "Only install the cache model on primary"
18          if app_label == 'django_cache':
19              return db == 'cache_primary'
20          return None
```

如果没有为数据库缓存模型指定路由方向，则缓存后端将使用默认数据库。当然，如果不使用数据库缓存后端，则无须为数据库缓存模型提供路由指令。

11.2　Django日志

本节主要介绍关于Django框架日志方面的内容。Django使用Python的内置日志记录模块执行系统日志记录，主要包括了Logger、Handler、Filter和Formatter这4个模块。

11.2.1　Logger

Logger是进入日志系统的入口点，每个Logger都是一个命名的存储集合，可以将消息写入其中以进行处理。

Logger具有日志级别，日志级别描述了Logger将处理的消息的严重性。Python定义了以下日志级别：

- DEBUG：用于调试目的的底层系统信息。
- INFO：通用系统信息。
- WARNING：描述已发生的警告问题的信息。
- ERROR：描述已发生的主要问题的信息。
- CRITICAL：描述已发生的严重问题的信息。

写入Logger的每条消息都是一个日志记录。每个日志记录还具有指示该特定消息的严重性的日志级别。日志记录还可以包含有用的元数据，该元数据描述了正在记录的事件，可以包括详细信息，例如堆栈跟踪或错误代码。

将消息提供给Logger时，会将消息的日志级别与Logger的日志级别进行比较。如果消息的日志级别达到或超过Logger本身的日志级别，则将对消息进行进一步处理；如果没有，该消息将被忽略。

当Logger确定需要处理消息后，就会将消息传递给相应处理程序（Handle）。

11.2.2　Handler

处理程序是确定Logger中每个消息发生什么情况的引擎，描述了特定的日志记录行为。例如，将消息写到屏幕、文件或网络套接字。

如同Logger一样，处理程序也具有日志级别。如果日志记录的日志级别不满足或超过处理程序的级别，则处理程序将忽略该消息。

一个Logger可以具有多个处理程序，并且每个处理程序可以具有不同的日志级别。这样，可以根据消息的重要性提供不同形式的通知。例如，可以安装一个处理程序，将ERROR和CRITICAL消息转发到分页服务，而另一个处理程序将所有消息（包括ERROR和CRITICAL消息）记录到文件中，以供以后分析。

11.2.3　Filter

Filter（过滤器）用于提供额外的控制，以控制哪些日志记录从logger传递到Handle。

默认情况下，将处理所有符合日志级别要求的日志消息。但是，通过安装过滤器可以在日志记录过程中放置其他条件。例如，可以安装一个过滤器，该过滤器仅允许发出来自特定来源的ERROR消息。

过滤器还可以用于在发出之前修改日志记录。例如，可以编写一个过滤器，如果满足一组特定的条件，则将ERROR日志记录降级为WARNING记录。

过滤器可以安装在Logger或Handle上，在一个链中可以使用多个过滤器来执行多个过滤操作。

11.2.4　Formatter

最终的日志记录需要呈现为文本，而格式器（Formatter）描述了该文本的确切格式。格式化程序通常由包含LogRecord属性的Python格式化字符串组成。不过，也可以编写自定义格式化程序，以实现特定的格式化行为。

11.2.5　使用日志记录

使用日志记录的方法很简单，在Django项目的配置文件setting.py中配置好Logger、Handle、Filter和Formatters后，就可以将需要的日志记录的调用放入代码中。下面是几个比较常用的代码实例。

第一个是一个相对简单的配置，用于将Django框架的Logger中的所有日志记录写入本地文件。

【代码11-7】

```
01  LOGGING = {
02      'version': 1,
03      'disable_existing_loggers': False,
04      'handlers': {
05          'file': {
06              'level': 'DEBUG',
07              'class': 'logging.FileHandler',
08              'filename': 'debug.log',
09          },
10      },
11      'loggers': {
12          'django': {
13              'handlers': ['file'],
14              'level': 'DEBUG',
15              'propagate': True,
16          },
17      },
18  }
```

第二个是一个相对完整的配置，包括Logger、Handle、Filter和Formatter的全部配置信息。

【代码11-8】

```
01  LOGGING = {
02      'version': 1,
03      'disable_existing_loggers': False,
04      'formatters': {
05          'verbose': {
06   'format': '%(levelname)s %(asctime)s %(module)s %(process)d %(thread)d
%(message)s'
07          },
08          'simple': {
09              'format': '%(levelname)s %(message)s'
10          },
```

```
11        },
12        'filters': {
13            'special': {
14                '()': 'project.logging.SpecialFilter',
15                'foo': 'bar',
16            },
17            'require_debug_true': {
18                '()': 'django.utils.log.RequireDebugTrue',
19            },
20        },
21        'handlers': {
22            'console': {
23                'level': 'INFO',
24                'filters': ['require_debug_true'],
25                'class': 'logging.StreamHandler',
26                'formatter': 'simple'
27            },
28            'mail_admins': {
29                'level': 'ERROR',
30                'class': 'django.utils.log.AdminEmailHandler',
31                'filters': ['special']
32            }
33        },
34        'loggers': {
35            'django': {
36                'handlers': ['console'],
37                'propagate': True,
38            },
39            'django.request': {
40                'handlers': ['mail_admins'],
41                'level': 'ERROR',
42                'propagate': False,
43            },
44            'myproject.custom': {
45                'handlers': ['console', 'mail_admins'],
46                'level': 'INFO',
47                'filters': ['special']
48            }
49        }
50  }
```

这个Logger配置完成了以下工作:

（1）将配置标识为dictConfig版本（version=1）。目前，这是唯一的dictConfig格式版本。

（2）定义了两个Formatter。

- 简单信息：仅输出日志级别名称（例如DEBUG）和日志消息。格式字符串是普通的Python格式字符串，描述了将在每条记录行上输出的详细信息。可在Formatter对象中找到可以输出的详细信息的完整列表。

- 详细信息：输出日志级别名称、日志消息、生成日志消息的时间、进程、线程和模块。

（3）定义了两个Filters。

- project.logging.SpecialFilter：使用特殊别名。如果此过滤器需要其他参数，则可以在过滤器配置字典中将它们作为其他关键字提供。
- django.utils.log.RequireDebugTrue：当DEBUG为True时，会传递记录。

（4）定义了两个Handler。

- 控制台：一个StreamHandler，它将任何INFO（或更高版本）消息输出到sys.stderr。该处理程序使用简单的输出格式。
- mail_admins：一个AdminEmailHandler，通过电子邮件将任何ERROR（或更高版本）消息发送到站点ADMINS。该处理程序使用特殊的过滤器。

（5）配置了3个Logger。

- django：该Logger将所有消息传递到控制台处理程序。
- django.request：该Logger将所有错误消息传递给mail_admins处理程序。另外，该记录器被标记为不传播消息，这意味着Logger将不会处理写入django.request的日志消息。
- myproject.custom：该Logger将所有信息传递到INFO或更高级别，还将特殊过滤器传递给两个处理程序——控制台和mail_admins。这意味着所有INFO级别的消息（或更高级别）将被打印到控制台，错误和严重消息也将通过电子邮件输出。

下面通过一个代码实例演示一下Logger的用法。首先，新建一个简单Django项目MyLogSite，然后创建一个简单的视图，通过该视图输出日志信息。具体代码如下：

【代码11-9】（详见源代码MyLogSite项目中的MyLogSite/views.py文件）

```
01  from django.http import HttpResponse
02
03  import logging
04  logger = logging.getLogger('django')
05
06  def index(request):
07      logger.info('info')
08      logger.error('error')
09      logger.warn('warn')
10      logger.debug('debug')
11      return HttpResponse("This is homepage!")
```

【代码分析】

在第03行代码中，通过import关键字引入了logging对象。

在第04行代码中，通过logging对象调用getLogger('django')方法获取logger对象。

在第06～11行代码定义的视图函数中，通过logger对象分别调用info()方法、error()方法、warn()方法和debug()方法输出日志信息。

最后，在项目配置文件settings.py中配置logger信息，具体代码如下：

【代码11-10】（详见源代码MyLogSite项目中的MyLogSite/settings.py文件）

```
01  BASE_LOG_DIR = os.path.join(BASE_DIR, "logs")
02
03  LOGGING = {
04      'version': 1,
05      'disable_existing_loggers': False,
06      'handlers': {
07          'file': {
08              'level': 'DEBUG',
09              'class': 'logging.FileHandler',
10              'filename': os.path.join(BASE_LOG_DIR, 'opt.log'),
11          },
12      },
13      'loggers': {
14          'django': {
15              'handlers': ['file'],
16              'level': 'DEBUG',
17              'propagate': True,
18          },
19      },
20  }
```

【代码分析】

在第01行代码中，配置了日志文件的输出目录BASE_LOG_DIR。注意，日志输出目录（logs）一般配置在项目根目录下。

第03～20行代码定义了Logger配置信息，与【代码11-7】基本一致。需要注意第10行代码中，通过前面定义的BASE_LOG_DIR参数指定了具体的日志信息文件opt.log。

下面，演示一下Django项目中Logger日志的使用效果。首先，查看一下项目根目录下的logs目录情况，如图11.1所示。

然后，通过Firefox浏览器打开MyLogSite项目运行一下，如图11.2所示。页面中出现了提示信息，表示项目运行成功。

图 11.1　MyLogSite 项目日志 logs 目录（1）

再查看一下项目根目录下的logs目录情况，如图11.3所示。

图 11.2　运行 MyLogSite 项目

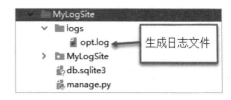

图 11.3　MyLogSite 项目日志 logs 目录（2）

如图11.3中的箭头和标识所示，Logger日志信息文件opt.log已经生成了。下面我们打开该日志文件查看一下，如图11.4中的箭头和标识所示，虽然Logger日志信息文件opt.log中输出了很多信息，但还是可以找到【代码11-9】中通过logger对象输出的调试信息。

图 11.4　MyLogSite 项目的日志信息（opt.log）文件

11.3　发　送　邮　件

尽管使用Python的smtplib模块发送电子邮件相对容易，但Django还是在其上提供了两个轻巧的包装程序。提供这些包装程序的目的是使电子邮件发送速度更快，使开发过程中的电子邮件发送测试更加容易，并为不能使用SMTP的平台提供支持。

Django框架发送邮件的代码位于django.core.mail模块中，最简单的方法就是通过调用send_mail()方法来实现。

send_mail()方法的语法格式如下：

```
send_mail(
    subject,
    message,
    from_email,
    recipient_list,
    fail_silently=False,
    auth_user=None,
    auth_password=None,
    connection=None,
    html_message=None)
```

其中的subject、message、from_email和recipient_list参数是必需的。

- subject参数：字符串。
- message参数：字符串。
- from_email参数：字符串。
- recipient_list参数：邮件地址的字符串列表。
- fail_silently参数：布尔值。如果参数设为False，则send_mail()方法将会触发一个smtplib.SMTPException异常。

- auth_user参数：用于验证SMTP服务器的可选用户名。如果未提供此选项，则Django框架将使用EMAIL_HOST_USER设置的值。
- auth_password参数：用于验证SMTP服务器的可选用户名密码。如果未提供此选项，则Django框架将使用EMAIL_HOST_PASSWORD设置的值。
- connection参数：用于发送邮件的可选电子邮件后端。如果未指定，将使用默认后端的实例。
- html_message参数：如果提供了html_message参数，则生成的电子邮件将是多部分/替代电子邮件，其消息为"text/plain"类型，而html_message为"text/html"内容类型。
- 返回值：该函数的返回值将是成功传递的消息数（可以为0或1，因为只能发送一条消息）。

请看下面关于发送邮件的代码实例。

【代码11-11】

```
01  from django.core.mail import send_mail
02
03  send_mail(
04      'Subject here',
05      'Here is the message.',
06      'from@example.com',
07      ['to@example.com'],
08      fail_silently=False,
09  )
```

使用 EMAIL_HOST 和 EMAIL_PORT 设置中指定的 SMTP 主机和端口发送邮件。EMAIL_HOST_USER和EMAIL_HOST_PASSWORD设置（如果已设置）用于对SMTP服务器进行身份验证，而EMAIL_USE_TLS和EMAIL_USE_SSL设置控制是否使用安全连接。

11.4　分　页

Django框架提供了一些类来帮助管理分页（Paginator）数据，即通过"上一页/下一页"链接拆分到多个页面的数据。这些类位于django/core/paginator.py模块中。Django框架使用的分页方法就是通过调用Paginator类来实现的。

Paginator类的语法格式如下：

```
class Paginator(object_list, per_page, orphans=0, allow_empty_first_page=True)
```

下面是在视图中对查询集进行分页的代码示例，同时提供视图和随附的模板，以说明如何显示结果。具体代码如下：

【代码11-12】

```
01  from django.core.paginator import EmptyPage, PageNotAnInteger, Paginator
02  from django.shortcuts import render
03
04  def listing(request):
05      contact_list = Contacts.objects.all()
06      paginator = Paginator(contact_list, 25) # Show 25 contacts per page
```

```
07      page = request.GET.get('page')
08      contacts = paginator.get_page(page)
09      return render(request, 'list.html', {'contacts': contacts})
```

HTML模板list.html可以包括页面之间的导航，以及对象本身的任何有趣信息，具体代码如下：

【代码11-13】

```
01  {% for contact in contacts %}
02      {# Each "contact" is a Contact model object. #}
03      {{ contact.full_name|upper }}<br />
04      ...
05  {% endfor %}
06
07  <div class="pagination">
08      <span class="step-links">
09          {% if contacts.has_previous %}
10              <a href="?page=1">&laquo; first</a>
11              <a href="?page={{ contacts.previous_page_number }}">previous</a>
12          {% endif %}
13
14          <span class="current">
15              Page {{ contacts.number }} of {{ contacts.paginator.num_pages }}.
16          </span>
17          {% if contacts.has_next %}
18              <a href="?page={{ contacts.next_page_number }}">next</a>
19              <a href="?page={{ contacts.paginator.num_pages }}">last  </a>
20          {% endif %}
21      </span>
22  </div>
```

11.5　消　息　框　架

在Web应用程序中，经常需要在处理表单或某些其他类型的用户输入后，向用户显示一次性通知消息（也称为"即时消息"）。

因此，Django消息框架为匿名用户和经过身份验证的用户提供基于Cookie和基于会话的消息传递的全面支持。Django消息框架可以将消息临时存储在一个请求中，并检索它们以在后续请求（通常是下一个请求）中显示。每条消息都标记有确定其优先级的特定级别（例如info、warning或error）。

Django消息框架通过中间件类和相应的上下文处理器来实现。在使用startproject命令创建的默认配置文件settings.py中，已经包含启用消息功能所需的所有设置，详细说明如下：

- INSTALLED_APPS 选项中的'django.contrib.messages'模块。
- MIDDLEWARE选项中包括的'django.contrib.sessions.middleware.SessionMiddleware'模块和'django.contrib.messages.middleware.MessageMiddleware'模块。默认的存储后端依赖于会话。
- TEMPLATES选项中设置的包括'django.contrib.messages.context_processors.messages'模块的Django模板后台中的'context_processors'选项。

如果不想使用消息，则可以从INSTALLED_APPS和MIDDLEWARE选项的MessageMiddleware行，以及TEMPLATES选项的消息上下文处理器中删除django.contrib.messages模块。

11.6　序　列　化

Django的序列化框架提供了一种将Django模型"翻译"为其他格式的机制。通常，这些其他格式是基于文本的，并用于通过网络格式发送Django数据，但是序列化程序可以处理任何格式（无论是否基于文本）。

在Django框架的最高级别上，序列化数据是一个相对简单的操作，通过serialize()序列化函数就可以完成。具体代码如下：

【代码11-14】

```
01  from django.core import serializers
02  data = serializers.serialize("xml", SomeModel.objects.all())
```

serialize()序列化函数的参数是要将数据序列化为的格式（请参阅序列化格式）和要序列化的QuerySet。实际上，第二个参数可以是产生Django模型实例的任何迭代器，但几乎总是一个QuerySet。

11.7　会　　话

Django框架提供了对匿名会话的全面支持，会话框架可以在每个站点访问者的基础上存储和检索任意数据。会话在服务器端存储数据，并抽象化Cookie的发送和接收。Cookie包含会话ID，而不是数据本身（除非使用的是基于Cookie的后端）。

在Django框架中，会话是通过一个中间件实现的。如果想启动会话功能，需要进行如下操作：在项目的配置文件settings.py中编辑MIDDLEWARE选项设置，并确保它包含django.contrib.sessions.middleware.SessionMiddleware模块。其实，使用startproject命令创建的项目中，配置文件settings.py默认已经激活了SessionMiddleware模块。

11.8　静态文件管理

Django框架通过django.contrib.staticfiles模块，将来自每个应用程序或指定的任何其他位置的静态文件收集到一个易于在生产中使用的位置，这就是Django框架的静态文件管理功能。

有关静态文件管理设置的详细信息，请参见下面关于staticfiles的设置：

```
STATIC_ROOT
STATIC_URL
STATICFILES_DIRS
STATICFILES_STORAGE
STATICFILES_FINDERS
```

Django静态文件管理模块django.contrib.staticfiles定义了3个用文件管理的命令，具体如下：

1. collectstatic命令

使用方法：django-admin collectstatic。

功能：收集静态文件并放置于STATIC_ROOT。

2. findstatic命令

使用方法：django-admin findstatic staticfile [staticfile ...]。

功能：查找一个或多个相对路径（需要允许finders属性）。

3. runserver命令

使用方法：django-admin runserver [addrport]。

功能：如果已经安装staticfiles应用，则会覆盖core runserver命令，并添加自动提供的静态文件服务。另外，静态文件服务不是通过MIDDLEWARE运行的。

11.9 数 据 验 证

Django框架的数据验证是通过编写验证器实现的。数据验证器通过一个值来调用，如果不满足某些条件，则会引发ValidationError异常。数据验证器对于在不同类型的字段之间重用验证逻辑很有用。

在下面的代码实例中，数据验证器实现了只允许偶数通过验证的功能。具体代码如下：

【代码11-15】

```
01  from django.core.exceptions import ValidationError
02  from django.utils.translation import gettext_lazy as _
03
04  def validate_even(value):
05      if value % 2 != 0:
06          raise ValidationError(
07              _('%(value)s is not an even number'),
08              params={'value': value},
09          )
10      pass
```

11.10 本 章 小 结

本章主要介绍了Django框架中常用的Web应用程序工具，主要包括缓存、日志、发送邮件、分页、消息框架、序列化、会话、静态文件管理和数据验证等。本章的内容在Django框架项目开发中非常实用，建议读者认真学习，并能够尝试将所学知识应用到Django框架的实际项目开发过程中。

第 **12** 章

投票应用系统实战

本章讲解基于 Django 框架开发的一个实战应用，主要介绍如何开发一个完整的投票应用系统，具体包括项目框架构建、模型和 Admin 站点定义、视图和模板开发、表单与通用视图、静态文件等内容。

通过本章的学习可以掌握以下知识：

❋ 构建投票项目应用架构
❋ 模型和Admin站点定义
❋ 视图与模板开发
❋ 表单与通用视图
❋ 加入静态文件

12.1 构建投票应用项目架构

本章将实现一个投票应用程序，该应用程序主要包括两部分功能：一部分是让用户进行查看和投票的公共站点，一部分是让用户能够添加、修改和删除投票的管理站点。

首先，在命令行中通过django-admin startproject命令创建一个项目名称为"MyPollsSite"的Web投票应用程序，具体命令如下：

```
django-admin startproject MyPollsSite
```

在执行完上述命令后，Django框架会自动构建一个Web应用程序的项目架构，具体如图12.1所示。在MyPollsSite项目中已经自动创建了一系列目录及Python模块文件，下面详细介绍。

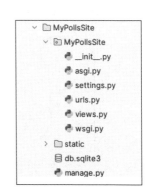

图 12.1　创建 MyPollsSite 投票应用程序项目架构

- 最外层的MyPollsSite根目录是项目的容器（仅仅表示容器）。在该容器下还有一个同名的MyPollsSite目录，这个才是项目的主应用，该目录下创建了一组Python文件，详细说明如下：

  - __init__.py：一个空文件，功能是通知Python解释器当前目录是一个Python包。
  - settings.py：Django项目的配置文件（最重要）。具体请参看Django settings了解细节。
  - urls.py：Django项目的URL路由声明。具体请参看官方提供的"URL调度器"文档来获取更多的内容。
  - wsgi.py：作为运行在WSGI兼容的Web服务器上的项目入口。具体请参阅官方提供的"如何使用WSGI进行部署"了解更多细节。

- manage.py：该文件在MyPollsSite容器的根目录下，是最重要的一个Python模块。设计人员通过该模块，可以使用多种方式来管理Django项目的命令行工具。
- db.sqlite3：Django项目的默认数据库配置模块，Django框架默认使用SQLite数据库模型。

在项目容器内的MyPollsSite主应用目录中，包含了一组Python模块，对于通过django-admin startproject命令创建的默认Django项目，使用Django简易服务器就可以运行了。启动简易服务器需要在MyPollsSite容器根目录的命令行中进行，具体命令如下：

```
python manage.py runserver
```

上述命令行运行成功后，会给出很多提示信息，如图12.2中的箭头所示，提示服务器已经在http://127.0.0.1:8000上启动了。

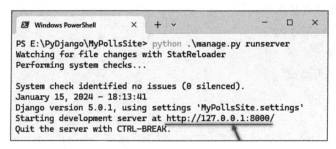

图 12.2　启动 Django 简易服务器

然后，打开FireFox浏览器输入http://127.0.0.1:8000，页面效果如图12.3所示。看到这个页面就说明Django项目已经运行成功了，该页面就是Django项目的默认效果。

图 12.3　测试默认的 Django 应用程序

至此，Django应用程序的开发环境已经配置成功，接下来就可以继续开发实际应用了。

　　在Django项目中，每一个应用都是一个Python包，并且遵循着相同的技术规范。通过Django框架自带的startapp工具，就可以自动生成应用的基础目录结构。应用一般要放置于与manage.py模块的同级目录下，而不是主应用的目录下。这样，创建的每一个应用都可以作为顶级模块导入，而不是主应用的子模块。

　　现在，先确定命令行处于manage.py文件同级目录下，然后运行下面的命令来创建投票应用pollsapp。

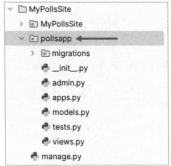

图 12.4　创建 pollsapp 应用

```
django-admin startapp pollsapp
```

　　上述命令行执行成功后，会创建一个pollsapp目录，具体如图12.4所示。投票应用pollsapp目录的内容与主应用MyPollsSite目录类似，主要不同之处就是包含了一个views.py文件，该文件就是默认的视图文件。

　　下面，我们开始尝试编写第一个视图。打开pollsapp目录中的views.py视图文件，并写入下面的代码。

【代码12-1】（详见源代码MyPollsSite目录的pollsapp\views.py文件）

```
01   from django.http import HttpResponse
02
03   # 在此处创建视图
04   def index(request):
05       return HttpResponse("This is pollsapp index page.")
```

【代码分析】

　　在第01行代码中，通过import关键字导入HttpResponse对象（请求与响应）。

　　在第04、05行代码中，定义了一个视图函数index。其中，第05行代码通过调用HttpResponse对象返回一行文本信息，该行文本信息会渲染到浏览器页面中。

　　这个基本上是Django框架中最简单的视图函数了。不过仅仅写好视图函数还不够，还需要配置一个URL路由映射到该视图函数，URL路由就需要在URLconf模块（urls.py）中定义了。

　　下面，在pollsapp目录里新建一个urls.py文件（需要注意，通过startapp命令创建的应用默认是不包括这个文件的），然后写入下面的代码。

【代码12-2】（详见源代码MyPollsSite目录的pollsapp\urls.py文件）

```
01   from django.urls import path
02
03   from . import views
04
05   urlpatterns = [
06       path('', views.index, name='index'),
07   ]
```

【代码分析】

　　在第01行代码中，通过import关键字导入path对象（路径）。

　　在第03行代码中，通过import关键字导入本地视图文件（views.py）。

在第05～07行代码中，在URLconf模块配置路由路径。其中，在第06行代码中通过path对象定义pollsapp应用的默认路由指向视图函数index。

上面配置的是pollsapp应用的路由，工作还没有完成，还需要在项目的根URLconf模块（在项目的主应用目录中）中指定刚刚创建的pollsapp应用路由模块pollsapp.urls。具体方法是，在根URLconf模块中的urlpatterns列表里插入一个include()方法，将pollsapp应用路由模块pollsapp.urls包括进去。

接下来，打开MyPollsSite主应用目录下的urls.py文件（注意是通过startproject命令自动创建的），具体代码如下：

【代码12-3】（详见源代码MyPollsSite目录的MyPollsSite\urls.py文件）

```
01  from django.contrib import admin
02  from django.urls import path
03
04  urlpatterns = [
05      path('admin/', admin.site.urls),
06  ]
```

【代码分析】

在第05行代码是通过path对象定义的项目管理后台的路由，该路由是系统默认配置好的。

然后，我们在其中添加如下代码：

【代码12-4】（详见源代码MyPollsSite目录的MyPollsSite\urls.py文件）

```
01  from django.contrib import admin
02  from django.urls import include, path
03
04  urlpatterns = [
05      path('pollsapp/', include("pollsapp.urls")),
06      path('admin/', admin.site.urls),
07  ]
```

【代码分析】

在第02行代码中，通过import关键字导入include对象（包含路径）。

在第04～07行代码中，在URLconf模块配置路由路径。其中，在第05行代通过path对象定义了pollsapp应用的默认路由，并通过include()方法包含路由模块的路径。这样，项目的完整路由就配置好了。

最后，打开FireFox浏览器并输入pollsapp应用的路由地址http://127.0.0.1:8000/pollsapp，页面效果如图12.5所示。页面中成功渲染出了视图函数index中定义的字符串文本信息。

图 12.5　测试 pollsapp 应用效果

12.2　模型和Admin站点定义

本节主要介绍投票应用程序的数据库配置、模型的创建和激活、添加数据、模型自定义方法和管理后台站点的定义。

12.2.1　数据库配置

Django框架项目的数据库配置同样是在settings.py配置文件中定义的。Django框架默认使用SQLite数据库。因为Python内置了SQLite数据库，所以无须额外安装第三方数据库就可以使用。

当然，如果想使用其他功能扩展性更强的数据库，就需要安装相应的数据库绑定（Database Bindings），然后改变settings.py配置文件中DATABASES 'default'配置项中的一些键值。具体描述如下：

- ENGINE：数据库引擎。可选值有django.db.backends.sqlite3、django.db.backends.postgresql、django.db.backends.mysql或django.db.backends.oracle。
- NAME：数据库的名称。如果使用的是SQLite引擎，则数据库将是本地机器上的一个文件。在这种情况下，NAME属性应该是此文件的绝对路径（包括文件名）。例如，默认值os.path.join(BASE_DIR, 'db.sqlite3')将会把数据库文件存储在项目的根目录下。

如果不使用SQLite数据库，则必须添加一些额外设置，例如USER、PASSWORD、HOST等。在编辑settings.py配置文件前，先设置TIME_ZONE为自己所在的时区。

此外，关注一下settings.py配置文件头部的INSTALLED_APPS配置项设置。这里包括会在项目中启用的所有Django应用。通常，INSTALLED_APPS默认包括了以下Django框架自带的应用：

- django.contrib.admin：管理后台站点。
- django.contrib.auth：用户认证授权系统。
- django.contrib.contenttypes：内容类型框架。
- django.contrib.sessions：会话框架。
- django.contrib.messages：消息框架。
- django.contrib.staticfiles：管理静态文件的框架。

这些应用已经被默认启用了，其目的是给常规项目开发提供方便。

某些默认开启的应用需要至少一张数据表，所以在使用这些应用之前，需要在数据库中创建一些表。具体方法是执行以下命令：

```
python manage.py migrate
```

上面这个migrate命令检查INSTALLED_APPS配置项设置，为其中的每个应用创建需要的数据表。至于具体会创建什么表，这取决于settings.py配置文件中每个应用的数据库迁移文件。执行migrate命令所进行的每个迁移操作，都会在终端显示出来。如果感兴趣的话，通过数据库的客户端工具可以查看Django到底创建了哪些表。

12.2.2 创建模型

在Django框架的Web项目中写一个数据库驱动，第一步就是定义模型，也就是数据库结构设计和附加的其他元数据。

在本章这个简单的投票应用中，需要创建两个模型：问题（Question）和选项（Choice）。问题模型包括问题描述和发布时间；选项模型有两个字段，选项描述和当前得票数，每个选项属于一个问题。这些模型可以通过简单的Python类来描述。

Django模型一般要写在models.py模块文件中，其与视图模块文件views.py处于同一级目录下。下面，我们就打开pollsapp目录中的models.py模型文件，写入下面的代码。

【代码12-5】（详见源代码MyPollsSite目录的pollsapp\models.py文件）

```
01  from django.db import models
02
03  # 在此处创建模型
04  class Question(models.Model):
05      question_text = models.CharField(max_length=200)
06      pub_date = models.DateTimeField('date published')
07
08  class Choice(models.Model):
09      question = models.ForeignKey(Question, on_delete=models.CASCADE)
10      choice_text = models.CharField(max_length=200)
11      votes = models.IntegerField(default=0)
```

【代码分析】

在第01行代码中，通过import关键字导入models对象。

在第04～06行代码中，定义了继承自Model类的Question模型，详细说明如下：

- 在第05行代码中，创建了一个CharField类型的question_text（问题描述）字段属性。
- 在第06行代码中，创建了一个DateTimeField类型的pub_date（发布时间）字段属性。

在第08～11行代码中，定义了继承自Model类的Choice模型，详细说明如下：

- 在第09行代码中，创建了一个Question类型的外键（question）字段属性。
- 在第10行代码中，创建了一个CharField类型的choice_text（选择描述）字段属性。
- 在第11行代码中，创建了一个IntegerField类型的votes（投票数）字段属性，并通过default参数初始化了默认值"0"。

这段代码很简单，每个模型均为django.db.models.Model类的子类。每个模型有一些类变量，均表示模型里的一个数据库字段。每个字段均是Field类的实例，例如CharField表示字符字段，DateTimeField表示日期时间字段。

在定义某些Field类的实例时是需要参数的。例如CharField类型需要一个最大长度（max_length）参数。这些参数不止用来定义数据库结构，也用于实现数据验证。Field类也能够接收多个可选参数，在第11行代码中，我们将votes字段的默认值设定为0。

需要注意的是，第09行代码使用ForeignKey（外键）定义了一个关系，表示每个选项（Choice）

对象都关联到一个问题（Question）对象。Django模型支持所有常用的数据库关系：多对一、多对多和一对一（参见模型）。

12.2.3　激活模型

上面的【代码12-5】仅仅是定义了数据库模型，在激活模型之前它是不能起到实际作用的。因此，在定义好数据库模型之后一定还要激活这些模型。激活模型相当于完成了以下操作：

- 为该Django应用创建数据库schema（即生成CREATE TABLE语句）。
- 创建可以与Question和Choice对象进行交互的Python数据库API。

下面，我们介绍一下激活模型的具体步骤。

首先，确认pollsapp应用已经成功安装到MyPollsSite项目容器中了。这项工作需要通过settings.py配置文件中的INSTALLED_APPS选项来完成，具体代码如下：

【代码12-6】（详见源代码MyPollsSite目录的MyPollsSite\settings.py文件）

```
01  INSTALLED_APPS = [
02      'django.contrib.admin',
03      'django.contrib.auth',
04      'django.contrib.contenttypes',
05      'django.contrib.sessions',
06      'django.contrib.messages',
07      'django.contrib.staticfiles',
08      'pollsapp.apps.PollsappConfig',
09  ]
```

【代码分析】

第08行定义的点式路径代码（'pollsapp.apps.PollsappConfig'）实现了pollsapp应用安装的功能。其中，pollsapp字段表示应用名称，apps字段表示应用类别（App应用），PollsappConfig表示应用配置（定义在每个应用目录下的apps.py文件中，该文件是自动创建的）。

下面，看一下pollsapp应用的配置文件apps.py，具体代码如下：

【代码12-7】（详见源代码MyPollsSite目录的pollsapp\apps.py文件）

```
01  from django.apps import AppConfig
02
03  # app config
04  class PollsappConfig(AppConfig):
05      name = 'pollsapp'
```

【代码分析】

在第01行代码中，通过import关键字导入了AppConfig对象。

在第04、05行代码中，定义了pollsapp应用的配置类PollsappConfig，继承自AppConfig类。该类名PollsappConfig对应于【代码12-6】中第08行代码定义的点式路径中的"PollsappConfig"字段。具体说明如下：

- 在第05行代码中，定义了一个name属性，表示该pollsapp应用的名称。

至此，MyPollsSite项目就已经包含了pollsapp应用。

然后，通过在命令行运行下面的命令来迁移模型：

```
python manage.py makemigrations pollsapp
```

我们将会在命令行看到类似于如图12.6所示的输出信息。

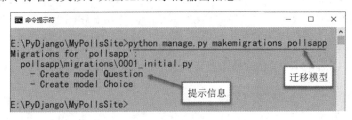

图 12.6　迁移模型

如图12.6中的箭头和标识所示，提示信息表明已经成功创建了Question模型和Choice模型。

通过运行上述makemigrations命令，Django框架会检测模型文件是否被修改，并且把修改的部分存储为一次迁移。迁移是Django框架对于模型定义产生变化后的存储形式。

下面，我们看看迁移命令会执行哪些SQL语句，先通过sqlmigrate命令接收一个迁移的名称，然后返回对应的SQL语句。

```
python manage.py sqlmigrate pollsapp 0001
```

我们将会在命令行看到类似于如图12.7所示的输出信息。

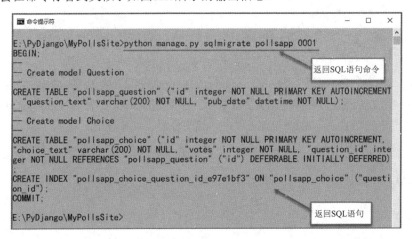

图 12.7　返回 SQL 语句

如图12.7中的箭头和标识所示，通过sqlmigrate命令返回了所对应的SQL语句。

最后，Django框架针对模型有一个自动执行数据库迁移并同步管理数据库结构的migrate命令，负责在数据库里创建新定义的模型的数据表。

```
python manage.py migrate pollsapp 0001
```

我们将会在命令行看到类似于如图12.8所示的输出信息。

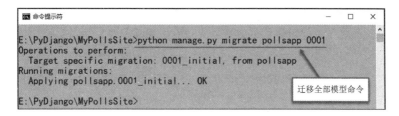

图 12.8　迁移全部模型

如图12.8中的箭头和标识所示，通过migrate命令完成了迁移全部模型的操作。migrate命令选中所有还没有执行过的迁移并应用在数据库上，也就是将对模型的更改同步到数据库结构上。

迁移是非常强大的功能，专注于使数据库平滑升级而不会丢失数据，能在开发过程中持续地改变数据库结构而不需要重新删除和创建表。

总结起来，修改模型需要按照以下三步来进行：

（1）编辑models.py文件，改修改模型。

（2）运行python manage.py makemigrations命令为模型改变去生成迁移文件。

（3）运行python manage.py migrate来应用数据库迁移。

12.2.4　添加数据

现在，就可以进入交互式的Python命令行尝试为模型添加数据了。一般通过shell命令打开Python命令行：

```
python manage.py shell
```

交互式的Python命令行打开后的效果如图12.9所示。

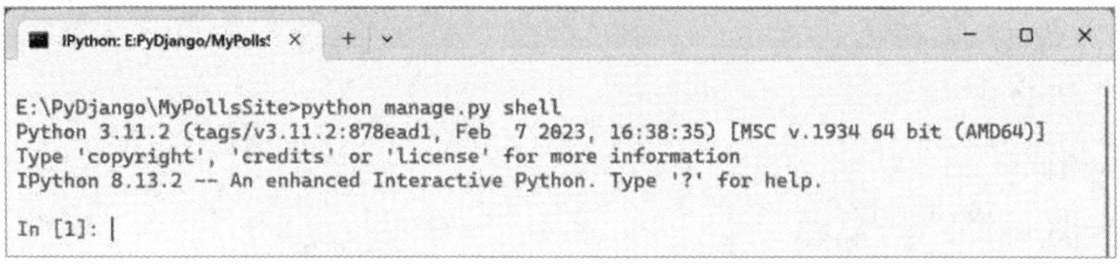

```
IPython: E:PyDjango/MyPolls!   ×    +                             —    □    ×

E:\PyDjango\MyPollsSite>python manage.py shell
Python 3.11.2 (tags/v3.11.2:878ead1, Feb  7 2023, 16:38:35) [MSC v.1934 64 bit (AMD64)]
Type 'copyright', 'credits' or 'license' for more information
IPython 8.13.2 -- An enhanced Interactive Python. Type '?' for help.

In [1]: |
```

图 12.9　交互式 Python 命令行（1）

命令行中出现了交互式Python提示符，就可以为Question和Choice模型添加数据了。具体代码如下：

【代码12-8】

```
01  from pollsapp.models import Choice, Question
02  from django.utils import timezone
03
04  q = Question(question_text="Do you like python?", pub_date=timezone.now())
05  q.save()
```

交互式的Python命令行输出后的效果如图12.10所示，我们已经成功在Question模型中添加了一条数据信息。

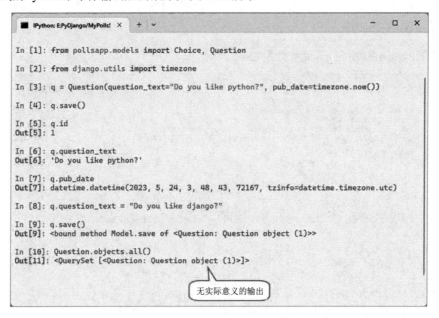

图 12.10　交互式 Python 命令行（2）

然后，我们可以尝试修改一下该条数据信息，具体代码如下：

【代码12-9】

```
01  q.question_text = "Do you like django?"
04  q.save()
```

交互式的Python命令行输出后的效果如图12.11所示。

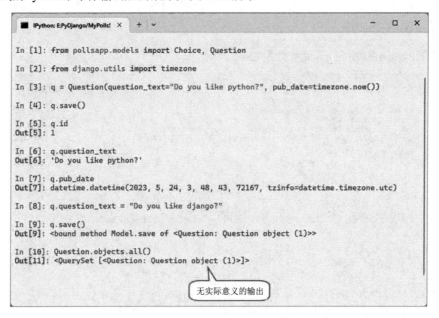

图 12.11　交互式 Python 命令行（3）

如图12.11中的箭头和标识所示，命令行中并没有显示出具有实际意义的信息。针对这个问题，可以通过编辑Question模型的代码（位于pollsapp/models.py中）来修复，具体就是给Question和Choice模型增加__str__()方法。

【代码12-10】（详见源代码MyPollsSite目录的pollsapp\models.py文件）

```
01  from django.db import models
02
03  # 在此处创建模型
04  class Question(models.Model):
05      question_text = models.CharField(max_length=200)
06      pub_date = models.DateTimeField('date published')
07      def __str__(self):
08          return self.question_text
09
10  class Choice(models.Model):
11      question = models.ForeignKey(Question, on_delete=models.CASCADE)
12      choice_text = models.CharField(max_length=200)
13      votes = models.IntegerField(default=0)
14      def __str__(self):
15          return self.choice_text
```

【代码分析】

在第07、08行代码中，为Question模型增加了__str__()方法。

在第14、15行代码中，为Choice模型增加了__str__()方法。

为模型增加__str__()方法是非常重要的，它不仅能为命令行的使用带来方便，同时在Django项目自动生成的后台管理模块中的模型也使用这个方法来表示对象。

下面，我们再通过交互式的Python命令行进行测试，输出后的效果如图12.12所示，命令行中成功显示出了Question模型中定义的数据信息。

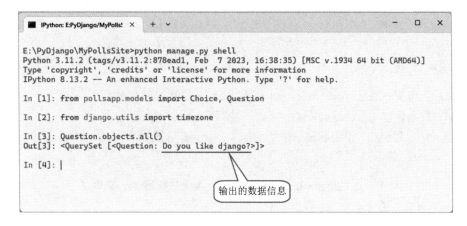

图 12.12　交互式 Python 命令行（4）

12.2.5　模型自定义方法

除了使用模型的内置方法之外，还可以为模型添加自定义方法。下面，我们在Question模型中添加一个自定义方法，用于判断某一条"问题"数据是不是刚刚发布的，具体代码如下：

【代码12-11】

```
01   from django.db import models
02   from django.utils import timezone
03
04   # 导入datetime模块
05   import datetime
06
07   # 在此处创建模型
08
09
10   class Question(models.Model):
11       question_text = models.CharField(max_length=200)
12       pub_date = models.DateTimeField('date published')
13
14       # 如果这个问题是刚刚发布的
15       def was_published_recently(self):
16           return self.pub_date >= timezone.now() - datetime.timedelta(days=1)
17
18       def __str__(self):
19           return self.question_text
20
21
22   class Choice(models.Model):
23       question = models.ForeignKey(Question, on_delete=models.CASCADE)
24       choice_text = models.CharField(max_length=200)
25       votes = models.IntegerField(default=0)
26
27       def __str__(self):
28           return self.choice_text
```

【代码说明】

在第02行代码中，通过import关键字引入了timezone对象。

在第05行代码中，通过import关键字导入了时间（datetime）模块。

在第15、16行代码中，为Question模型增加了一个was_published_recently()自定义方法。详细说明如下：

- 在第16行代码中，通过timezone对象和datetime模块进行验算，判断某一条"问题"信息的发布时间是否在一天以内。

下面，我们通过交互式的Python命令行进行测试，输出后的效果如图12.13所示。

通过Question模型的自定义方法was_published_recently()进行判断，得出该条"问题"信息的发布时间是在一天以内。

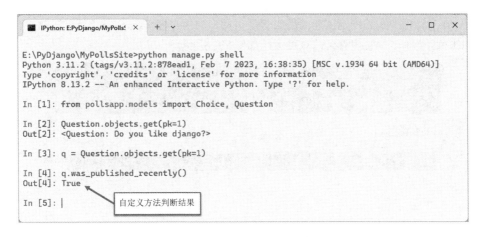

图 12.13　模型自定义方法

12.2.6　管理后台站点

关于管理后台模块，我们在前面的章节中做过详细介绍，这里再复习一遍。

首先，需要创建一个能登录管理后台站点的超级管理员用户。创建方法是在命令行中运行下面的命令：

```
python manage.py createsuperuser
```

效果如图12.14所示，使用了默认的系统管理员用户（king），还输入了电子邮箱，确认了密码（共两次），最后，命令行窗口提示信息显示超级管理员用户创建成功了。

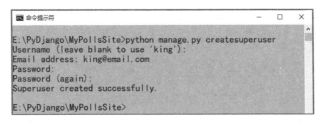

图 12.14　创建管理后台（Admin）站点的超级管理员用户

然后，在命令行窗口中启动开发服务器。服务器启动成功后，打开Firefox浏览器并访问项目管理后台目录"/admin/"，具体地址为 http://127.0.0.1:8000/admin/。此时，应该会看见管理后台站点登录界面，如图12.15所示，我们在页面中看到了登录对话框。

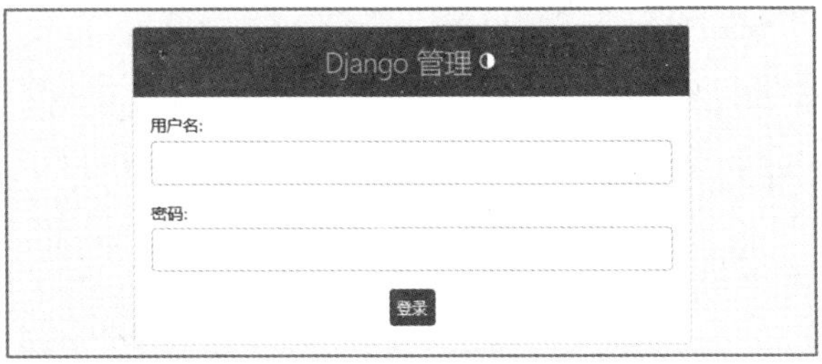

图 12.15　管理后台站点登录页面

最后，在对话框中输入刚刚创建的超级管理员用户的用户名（king）和密码进行登录。如果验证成功，则页面会跳转到管理后台站点页面，如图12.16所示。

图 12.16　管理后台站点页面

在站点中单击Users列表，展开全部用户列表，如图12.17所示。在用户列表中可以看到我们刚刚创建的超级管理员用户king。

图 12.17　管理后台站点 Users 列表

管理后台模块的功能远远不止管理用户，还可以管理全部项目应用的模型。下面，我们将pollsapp应用的模型加入管理后台模块，操作方法就是将pollsapp应用的模块注册到管理后台模块admin.py中，具体代码如下：

【代码12-12】

```
01  from django.contrib import admin
02
03  # 在此处注册模型
04
05  from .models import Question
06
07  admin.site.register(Question)
```

【代码说明】

在第02行代码中，通过import关键字引入了admin对象。

在第05行代码中，通过import关键字导入了Question模型。

在第07行代码中，通过admin对象调用register()方法，将Question模型注册到管理后台中。

最后，刷新一下管理后台站点页面，如图12.18中的箭头所示，pollsapp应用中显示出Question模型，Question列表中显示出添加的"问题"数据信息（"Do you like Django?"）。

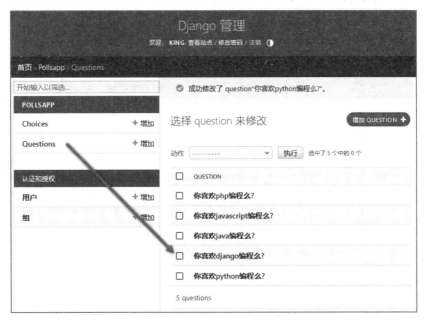

图 12.18　将 Question 模型注册到管理后台站点中

单击该条"问题"数据信息，就会跳转到字段的详情页面，如图12.19中的箭头所示，页面中显示了该条"问题"数据的详细字段信息，包括标题和发布时间。当然，我们也可以直接通过该页面修改字段数据信息。

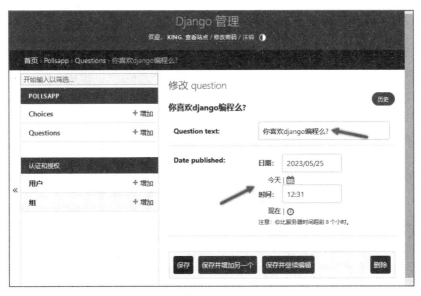

图 12.19　查看 Question 模型数据信息

12.3　视图与模板

本节主要介绍如何为投票应用程序编写更多的视图函数，以完成更多的业务功能。

12.3.1　投票应用视图介绍

在本项目投票应用中，我们主要需要定义下列几个功能视图：

- 问题索引页：展示最近的几个投票问题。
- 问题详情页：展示某个投票的问题和不带结果的选项列表。
- 问题结果页：展示某个投票的结果。
- 投票处理器：用于响应用户为某个问题的特定选项投票的操作。

在Django框架项目中，网页和其他内容都是从视图派生而来的，每一个视图表现为一个简单的Python函数。Django框架将会根据用户请求的URL路由地址来选择使用具体的视图。

12.3.2　定义视图函数

根据前一小节中所描述的视图功能，我们打开pollsapp目录中的视图模块文件views.py，在视图函数index中写入如下代码：

【代码12-13】（详见源代码MyPollsSite目录的pollsapp\views.py文件）

```
01  from django.http import HttpResponse
02
03  from .models import Question
04
05  # 在此处创建视图
06
07  def index(request):
08      latest_question_list = Question.objects.order_by('pub_date')[:5]
09      output = '<br>'.join([q.question_text for q in latest_question_list])
10      return HttpResponse("This is pollsapp index page!<br><br>" + output)
```

【代码分析】

在第03行代码中，通过import关键字导入Question模型对象。

在第07～10行代码中，定义了视图函数（index）。详细说明如下：

- 在第08行代码中，通过Question对象调用order_by('pub_date')方法，获取了基于字段pub_date排序的数据列表latest_question_list。
- 在第09行代码中，通过迭代列表变量latest_question_list获取了每一项"问题"数据中question_text 字段的内容，并组合为一个字符串变量 output进行保存。
- 在第10行代码中，调用HttpResponse对象返回数据信息。

然后，打开Firefox浏览器并访问pollsapp应用的默认视图，具体地址为http://127.0.0.1:8000/ pollsapp/，页面效果如图12.20所示。页面中显示了Question模块中question_text字段内容的列表。

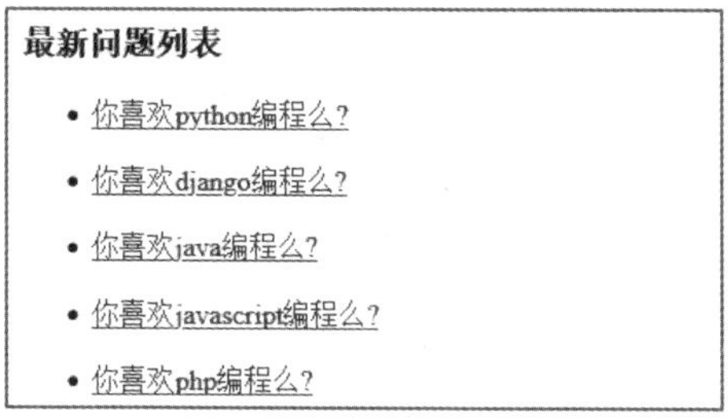

最新问题列表

- 你喜欢python编程么?
- 你喜欢django编程么?
- 你喜欢java编程么?
- 你喜欢javascript编程么?
- 你喜欢php编程么?

图 12.20　演示 pollsapp 应用默认视图

12.3.3　使用模板优化默认视图

根据前一小节中所描述的内容，视图完成了页面渲染功能，不过这种方式并不是Django框架所推荐的。Django框架推荐使用模板系统将所创建视图的页面代码与渲染操作分离开来。

首先打开pollsapp目录，在其中新建一个名称为"templates"的子目录；然后在该子目录下新建一个名称为"pollsapp"（Django建议与应用名称一致）的二级子目录，在该子目录下创建一个名称为"index.html"的HTML模板。

【代码12-14】（详见源代码MyPollsSite目录的pollsapp\templates\pollsapp\index.html文件）

```
01  <!DOCTYPE html>
02  <html lang="en">
03  <head>
04      <meta charset="UTF-8">
05      <link rel="stylesheet" type="text/css" href="/static/css/myclass.css"/>
06      <title>PollsApp Index Page</title>
07  </head>
08  <body>
09
10      <h3>Latest Question List</h3>
11      {% if latest_question_list %}
12      <ul>
13          {% for question in latest_question_list %}
14          <li>
15              <a href="/pollsapp/{{ question.id }}/">
{{ question.question_text }}</a>
16          </li>
17          {% endfor %}
18      </ul>
19      {% else %}
20          <p>No polls are available.</p>
21      {% endif %}
22
23  </body>
24  </html>
```

【代码分析】

在第11～21行代码中，先通过{% if %}条件语句判断上下文参数latest_question_list是否为空列表，如果不为空，则通过第13～17行代码中的{% for %}循环语句，获取列表参数latest_question_list中的每一项内容。详细说明如下：

在第15行代码中，定义了一个超链接标签，将question.id字段的内容绑定到href属性中，将question_text字段的内容作为超链接标签的文本信息进行显示。

接下来，重新改写一下视图模块文件views.py中的视图函数index，具体代码如下：

【代码12-15】（详见源代码MyPollsSite目录的pollsapp\views.py文件）

```
01  from django.http import HttpResponse
02  from django.shortcuts import render
03  from django.template import loader
04
05  from .models import Question
06
07  # 在此处创建视图
08
09  def index(request):
10      latest_question_list = Question.objects.order_by('pub_date')[:5]
11      template = loader.get_template('pollsapp/index.html')
12      context = {
13          'latest_question_list': latest_question_list,
14      }
15      return HttpResponse(template.render(context, request))
```

【代码分析】

在第02行代码中，通过import关键字导入render对象。

在第03行代码中，通过import关键字导入loader对象。

在第09～15行代码中，定义了视图函数index。详细说明如下：

- 在第11行代码中，通过loader对象调用get_template()方法加载了视图的HTML模板template。
- 在第12～14行代码中，通过上下文变量context定义了属性latest_question_list，保存为第10行代码定义的列表数据变量latest_question_list。
- 在第15行代码中，通过template对象调用render()方法，将上下文参数渲染到HTML模板中去。

最后，在Firefox浏览器中刷新一下pollsapp应用的默认视图，具体地址为http://127.0.0.1:8000/pollsapp/，页面效果如图12.21所示。页面中显示了通过HTML渲染的question_text字段内容的列表。

图 12.21　使用模板的 pollsapp 应用默认视图

12.3.4　去除模板中的 URL 硬编码

在【代码12-14】的第15行代码中，定义超链接标签的href属性时使用的是硬编码方式。虽然硬编码方式也可以实现相应的功能，但对于一个包含很多应用的项目来说，"硬编码"和"强耦合"的链接修改起来无比困难。任何一个Web框架对于硬编码方式的使用都是不推荐的（除非特定情况）。

因此，Django框架模板层定义了内置标签和过滤器的功能。对于硬编码来说，完全可以通过使用Django模板的{% url %}内置标签进行替换，只需要借助URL路由模块的name参数就可以完成。

下面是原始设计的硬编码方式的超链接定义：

```
<a href="/pollsapp/{{ question.id }}/">{{ question.question_text }}</a>
```

通过使用{% url %}内置标签，可以替换为如下定义：

```
<a href="{% url 'detail' question.id %}">{{ question.question_text }}</a>
```

然后，在URLConf模块中增加对应name参数（'detail'）的路由定义，具体代码如下：

【代码12-16】（详见源代码MyPollsSite目录的pollsapp\urls.py文件）

```
01  from django.urls import path
02
03  from . import views
04
05  urlpatterns = [
06      # ex: /pollsapp/
07      path('', views.index, name='index'),
08      # ex: /pollsapp/1/
09      path('<int:question_id>/', views.detail, name='detail'),
10  ]
```

【代码分析】

在第01行代码中，通过import关键字导入path对象。

在第03行代码中，通过import关键字引入views模块。

在第09行代码中，在urlpatterns路由列表中通过path()函数增加了一个路由定义。其中，路由地址为int类型的question_id字段值，对应于视图函数detail，name参数定义为'detail'。这个name参数值就是在上面通过{% url %}内置标签引用的路由地址'detail'。

接着，在视图模块文件views.py中新增一个视图函数detail，用于处理【代码12-16】中第09行代码新增的路由，具体代码如下：

【代码12-17】（详见源代码MyPollsSite目录的pollsapp\views.py文件）

```
01  def detail(request, question_id):
02      return HttpResponse("You're looking at question %s." % question_id)
```

【代码分析】

在第01、02行代码中，定义了视图函数detail，包含一个参数question_id，该参数代表Question模型的id索引。详细说明如下：

- 在第02行代码中，通过HttpResponse对象返回一行字符串信息，包含了参数question_id的值。

最后，在Firefox浏览器中刷新一下pollsapp应用的默认视图，具体地址为http://127.0.0.1:8000/pollsapp/，页面效果如图12.22所示。

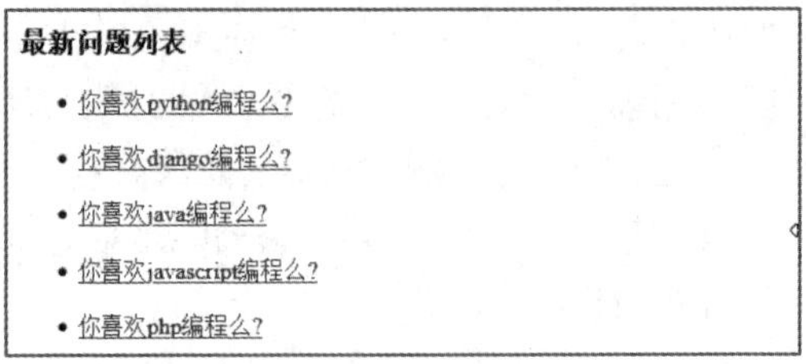

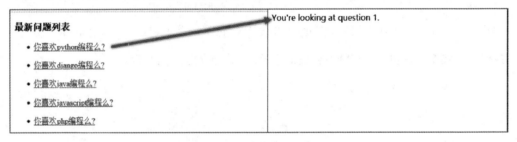

图 12.22　去除 pollsapp 应用模板中的硬编码（1）

在页面中单击任意一个超链接，将会跳转到视图函数detail渲染的页面，效果如图12.23所示。

图 12.23　去除 pollsapp 应用模板中的硬编码（2）

12.3.5　为 URL 模块添加命名空间

在一个真实的Django框架项目中，可能会有多个应用。那么，Django如何识别重名的URL路由地址呢？

这里举一个例子，假设一个项目的A应用定义了一个detail视图，同时B应用也定义了一个同名的detail视图，Django是如何通过{% url %}内置标签识别具体是哪一个应用的URL路由呢？

Django框架给出的做法是使用命名空间（app_name），通过在应用的URLconf模块中定义命名空间提供给{% url %}内置标签来引用。下面，修改一下【代码12-16】，添加上命名空间（app_name）的定义，具体代码如下：

【代码12-18】（详见源代码MyPollsSite目录的pollsapp\urls.py文件）

```
01  from django.urls import path
02
03  from . import views
04
05  app_name = "pollsapp"
06
07  urlpatterns = [
08      # ex: /pollsapp/
09      path('', views.index, name='index'),
10      # ex: /pollsapp/1/
```

```
11        path('<int:question_id>/', views.detail, name='detail'),
12    ]
```

【代码分析】

在第05行代码中，定义了该应用的命名空间（"pollsapp"）。

然后，就可以将命名空间（"pollsapp"）加入{% url %}内置标签来使用，具体代码如下：

```
<a href="{% url 'pollsapp:detail' question.id %}">{{ question.question_text }}</a>
```

12.3.6　使用模板优化 detail 视图

在本小节中，我们继续使用模板来优化前面定义的detail视图，并在视图中加入异常处理代码。

【代码12-19】（详见源代码MyPollsSite目录的pollsapp\views.py文件）

```
01  from django.http import HttpResponse
02  from django.http import Http404
03  from django.shortcuts import render
04  from django.template import loader
05
06  from .models import Question
07
08  # 在此处创建视图
09
10  def detail(request, question_id):
11      try:
12          question = Question.objects.get(pk=question_id)
13      except Question.DoesNotExist:
14          raise Http404("Question does not exist")
15      return render(request, 'pollsapp/detail.html', {'question': question})
```

【代码分析】

在第10~15行代码中，定义了视图函数detail，包含一个参数question_id，该参数代表Question模型的id索引。详细说明如下：

- 在第11~14行代码中，通过"try…except…"语句捕获异常。
- 在第15行代码中，通过调用render()方法将上下文参数渲染到HTML模板detail.html中。

然后，添加HTML模板文件（detail.html），将Question模型中的数据详情渲染在页面中进行显示。

【代码12-20】（详见源代码MyPollsSite目录的pollsapp\templates\pollsapp\detail.html文件）

```
01  <!DOCTYPE html>
02  <html lang="en">
03  <head>
04      <meta charset="UTF-8">
05      <link rel="stylesheet" type="text/css" href="/static/css/myclass.css"/>
06      <title>PollsApp Detail Page</title>
07  </head>
08  <body>
```

```
09
10     <h3>Latest Question Detail</h3>
11
12     {{ question }}
13
14 </body>
15 </html>
```

【代码分析】

在第12行代码中，通过上下文变量question在页面中显示问题详情。

最后，在 Firefox 浏览器中刷新一下 pollsapp 应用的默认视图，具体地址为 http://127.0.0.1:8000/pollsapp/。效果如图12.24所示，在页面中单击任意一个超链接，将会跳转到 HTML模板（detail.html）渲染的页面。

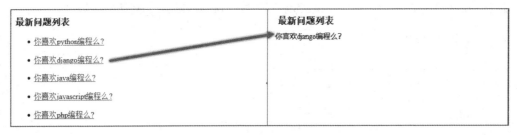

图 12.24　使用模板优化 detail 视图

12.4　表单与通用视图

在本节中，主要介绍如何为投票应用程序使用表单与通用视图，来完成更多的业务功能。

12.4.1　编写表单

首先，在12.3.6节的HTML模板（detail.html）中加入一个HTML表单（<form>）元素，完成一个用户选择意见并提交的功能，具体代码如下：

【代码12-21】（详见源代码MyPollsSite目录的pollsapp\templates\pollsapp\detail.html文件）

```
01 <!DOCTYPE html>
02 <html lang="en">
03 <head>
04     <meta charset="UTF-8">
05     <link rel="stylesheet" type="text/css" href="/static/css/mycss.css"/>
06     <title>PollsApp Detail Page</title>
07 </head>
08 <body>
09
10     <h3>{{ question.question_text }}</h3>
11
```

```
12       {% if error_message %}
13          <p><strong>{{ error_message }}</strong></p>
14       {% endif %}
15
16       <form action="{% url 'pollsapp:vote' question.id %}" method="post">
17          {% csrf_token %}
18          {% for choice in question.choice_set.all %}
19      <input type="radio" name="choice" id="choice{{ forloop.counter }}"
value="{{ choice.id }}" />
20          <label for="choice{{ forloop.counter }}">{{ choice.choice_text }}
</label><br/>
21          {% endfor %}
22          <input type="submit" value="Vote" />
23       </form>
24
25  </body>
26  </html>
```

【代码分析】

在第16～23行代码中，通过<form>标签定义了一个表单，详细说明如下：

- 在第16行代码中，定义了表单的action属性（提交到vote视图）和method属性（POST方式）。
- 在第18～21行代码中，通过{% for %}语句迭代Choice模型的字段，并生成一组单选按钮。其中，forloop.counter表示for循环已经执行的次数。
- 在第19行代码中，定义的每个单选按钮的name属性为choice，value属性为每个choice的id字段。

如此，当用户选择一个单选按钮并提交表单后，将发送一个POST数据（被选中的choice的id）到目标地址（vote视图）。

12.4.2　添加 vote 视图路由

在URLConf模块中增加关于vote视图的路由定义，具体代码如下：

【代码12-22】（详见源代码MyPollsSite目录的pollsapp\urls.py文件）

```
01  from django.urls import path
02
03  from . import views
04
05  urlpatterns = [
06      # ex: /pollsapp/
07      path('', views.index, name='index'),
08      # ex: /pollsapp/1/
09      path('<int:question_id>/', views.detail, name='detail'),
10      # ex: /pollsapp/1/vote/
11      path('<int:question_id>/vote/', views.vote, name='vote'),
12  ]
```

【代码分析】

在第11行代码中，在urlpatterns路由列表中，通过path()函数增加了一个路由定义。其中，路由地址为int类型的question_id字段值，对应于视图函数vote，name参数定义为'vote'。

12.4.3　定义 vote 视图函数

在本小节中，我们继续完成vote视图函数的编写，具体代码如下：

【代码12-23】（详见源代码MyPollsSite目录的pollsapp\views.py文件）

```
01   from django.http import HttpResponse
02   from django.http import HttpResponseRedirect
03   from django.http import Http404
04   from django.shortcuts import get_object_or_404, render
05   from django.urls import reverse
06   from django.template import loader
07
08   from .models import Question, Choice
09
10   # 在此处创建视图
11
12   def vote(request, question_id):
13       question = get_object_or_404(Question, pk=question_id)
14       try:
15           selected_choice = question.choice_set.get(pk=request.POST['choice'])
16       except (KeyError, Choice.DoesNotExist):
17           # 重新显示问题投票表单
18           return render(request, 'pollsapp/detail.html', {
19               'question': question,
20               'error_message': "You didn't select a choice.",
21           })
22       else:
23           selected_choice.votes += 1
24           selected_choice.save()
25           # 在成功处理后始终返回一个HttpResponseRedirect
26           return HttpResponseRedirect(reverse('pollsapp:results',
args=(question.id,)))
```

【代码分析】

在第12～26行代码中，定义了视图函数vote，包含一个参数question_id，该参数代表Question模型的id索引，详细说明如下：

- 在第13行代码中，通过调用get_object_or_404()方法获取question对象。
- 在第14～26行代码中，通过 "try…except…else…" 语句捕获异常。
- 在第18～20行代码中，通过调用render()方法将上下文参数渲染到HTML模板detail.html中。
- 第26行代码中，通过调用HttpResponseRedirect对象进行重定向操作，将路由指向results视图函数。

12.4.4 定义 results 视图函数

当用户针对Question类型进行投票后，vote视图将请求重定向到Question模块的结果视图函数results.py，具体代码如下：

【代码12-24】（详见源代码MyPollsSite目录的pollsapp\views.py文件）

```
01  from django.http import HttpResponse
02  from django.http import HttpResponseRedirect
03  from django.http import Http404
04  from django.shortcuts import get_object_or_404, render
05  from django.urls import reverse
06  from django.template import loader
07
08  from .models import Question, Choice
09
10  # 在此处创建视图
11
12  def results(request, question_id):
13      question = get_object_or_404(Question, pk=question_id)
14      return render(request, 'pollsapp/result.html', {'question': question})
```

【代码分析】

在第12～14行代码中，定义了视图函数results，包含一个参数question_id。详细说明如下：

- 在第13行代码中，通过调用get_object_or_404()方法获取question对象。
- 在第14行代码中，通过调用render()方法将上下文参数渲染到HTML模板result.html中。

12.4.5 定义 results 模板

添加HTML模板文件results.html，在浏览器中渲染投票结果页面。

【代码12-25】（详见源代码MyPollsSite目录的pollsapp\templates\pollsapp\ results.html文件）

```
01  <!DOCTYPE html>
02  <html lang="en">
03  <head>
04      <meta charset="UTF-8">
05      <link rel="stylesheet" type="text/css" href="/static/css/mycss.css"/>
06      <title>PollsApp Result Page</title>
07  </head>
08  <body>
09
10      <h3>{{ question.question_text }}</h3>
11
12      <ul>
13          {% for choice in question.choice_set.all %}
```

```
14          <li>{{ choice.choice_text }} -- {{ choice.votes }}
vote{{ choice.votes|pluralize }}</li>
15          {% endfor %}
16      </ul>
17
18      <a href="{% url 'polls:detail' question.id %}">Vote again?</a>
19
20  </body>
21  </html>
```

【代码分析】

在第12～16行代码中，通过{% for %}循环语句在页面中显示全部用户的投票结果。

12.4.6　添加 results 视图路由

在URLConf模块中增加关于results视图的路由定义，具体代码如下：

【代码12-26】（详见源代码MyPollsSite目录的pollsapp\urls.py文件）

```
01  from django.urls import path
02
03  from . import views
04
05  urlpatterns = [
06      # ex: /pollsapp/
07      path('', views.index, name='index'),
08      # ex: /pollsapp/1/
09      path('<int:question_id>/', views.detail, name='detail'),
10      # ex: /pollsapp/1/vote/
11      path('<int:question_id>/vote/', views.vote, name='vote'),
12      # ex: /pollsapp/1/results/
13      path('<int:question_id>/results/', views.results, name='results'),
14  ]
```

【代码分析】

在第11行代码中，在urlpatterns路由列表中，通过path()函数增加了一个路由定义。其中，路由地址为int类型的question_id字段值，对应于视图函数results，name参数定义为'results'。

最后，在Firefox浏览器中刷新一下pollsapp应用的默认视图，具体地址为http://127.0.0.1:8000/pollsapp/，效果如图12.25和图12.26所示。

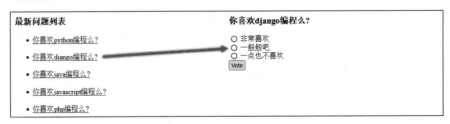

图 12.25　表单与通用视图（1）

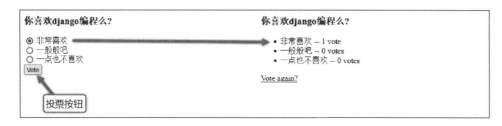

图 12.26 表单与通用视图（2）

12.5 加入静态文件

除了服务端生成的HTML以外，网络应用通常需要一些额外的静态文件（例如照片、脚本和样式表）来帮助渲染网络页面。在Django框架中，我们把这些文件统称为"静态文件"。

对于小微项目来说，这个问题没什么大不了的，因为这些静态文件可以放置在任何地方，只要服务程序能够找到它们即可。然而，在大型项目（包括由很多个应用组成的项目）中，处理不同应用所需要的静态文件的工作就显得有点麻烦了。而这就是django.contrib.staticfiles模块存在的意义，它将各个应用的静态文件统一收集起来。在生产环境中，这些文件就会集中在一个便于分发的地方。

Django框架的STATICFILES_FINDERS设置包含了一系列的查找器，它们知道去哪里找到静态文件。AppDirectoriesFinder是默认查找器中的一个，它会在每个INSTALLED_APPS选项中指定的应用的子文件中寻找名称为"static"的特定文件夹，就像我们在pollsapp应用中刚创建的那个一样。管理后台采用相同的目录结构管理自身的静态文件。

Django框架只会使用第一个找到的静态文件。如果在其他应用中有一个相同名字的静态文件，Django将无法区分它们。我们需要指引Django选择正确的静态文件，而最简单的方式就是把它们放入各自的命名空间。换句话讲，就是把这些静态文件放入另一个与应用名相同的目录中。

12.6 本 章 小 结

本章是基于Django框架开发的一个实战项目——开发一个完整的投票应用系统。希望本章的内容能够有助于读者掌握开发Django项目的基本流程，并能够进一步加深对Django框架设计原理的理解。

第 13 章

内容管理系统实战

本章基于 Django 框架开发的一个实战项目——一个轻量级的内容管理系统（简称为 CMS）。具体包括轻量级内容管理系统功能模块介绍、轻量级内容管理系统模型设计、构建内容管理系统项目架构、激活后台管理站点、内容管理系统主页、系统管理员功能模块、客户功能模块、博客和新闻功能模块、游客功能模块。

通过本章的学习可以掌握以下知识：

* 轻量级内容管理系统功能模块
* 轻量级内容管理系统模型设计
* 构建内容管理系统项目架构
* 激活后台管理站点
* 内容管理系统主页
* 系统管理员功能模块设计
* 客户功能模块
* 博客和新闻功能模块
* 游客功能模块

13.1 轻量级内容管理系统功能模块介绍

本章将为读者介绍的轻量级内容管理系统（CMS）项目，主要包括用户管理模块和内容管理模块两部分功能。其中，用户管理模块包括系统管理员（User）角色、客户（Customer）角色和游客（Guest）角色共3个级别的用户管理模式，而内容管理模块则包括轻博客（Blog）和新闻（News）两大部分内容。轻量级内容管理系统（CMS）功能模块的结构图如图13.1所示。

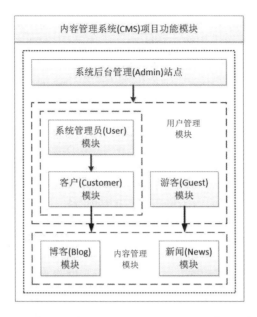

图 13.1　轻量级内容管理系统（CMS）功能模块结构图

说明如下：

- 系统后台管理（Admin）站点是Django框架默认创建的，激活该站点后设计人员就拥有超级权限，可以管理项目的全部数据。
- 在用户管理模块中，系统管理员（User）模块具有新增和编辑管理员等功能，同时还负责客户（Customer）角色的管理，包括新增客户、编辑客户信息和删除客户等功能。客户（Customer）角色主要与内容模块进行关联，而游客（Guest）模块仅仅具有浏览内容模块的功能。
- 在内容管理模块中，博客（Blog）模块和新闻（News）模块是通过客户（Customer）模块进行管理的。客户（Customer）角色负责博客（Blog）和新闻（News）内容的新增、编辑和删除，游客（Guest）角色仅仅可以浏览博客（Blog）和新闻（News）的内容。

13.2　轻量级内容管理系统模型设计

本节将介绍轻量级内容管理系统的模型设计，包括系统管理员（User）角色、客户（Customer）角色、游客（Guest）角色、博客（Blog）对象和新闻（News）对象的模型定义。

轻量级内容管理系统的E-R关系如图13.2所示，从图中可以看到各个对象及其属性。

User定义了一组字段属性，具体说明如下：

- id（PK）：id主键。
- username：系统管理员用户名。
- password：系统管理员登录密码。
- email：系统管理员电子邮箱。
- level：系统管理员级别（系统管理员定义为"10"）。

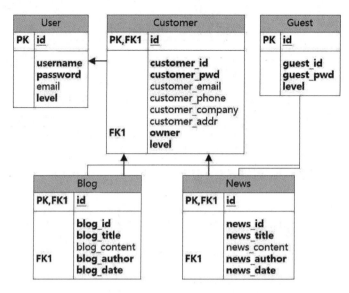

图 13.2　内容管理系统的 E-R 关系图

Customer定义了一组字段属性，具体说明如下：

- id（PK）：id主键。
- customer_id：客户用户名（id）。
- customer_pwd：客户登录密码。
- customer_email：客户电子邮箱。
- customer_phone：客户电话。
- customer_company：客户公司。
- customer_addr：客户地址。
- owner：所属管理员（外键：User.username）。
- level：客户级别（客户定义为"20"）。

Guest定义了一组字段属性，具体说明如下：

- id（PK）：id主键。
- guest_id：游客用户名（id）。
- guest_pwd：游客登录密码。
- level：游客级别（客户定义为"30"）。

Blog定义了一组字段属性，具体说明如下：

- id（PK）：id主键。
- blog_id：博客id（uuid类型）。
- blog_title：博客标题。
- blog_content：博客内容。
- blog_author：博客作者（外键：Customer.customer_id）。
- blog_date：博客发表日期。

News定义了一组字段属性，具体说明如下：

- id（PK）：id主键。
- news_id：新闻id（uuid类型）。
- news_title：新闻标题。
- news_content：新闻内容。
- news_author：新闻作者（外键：Customer.customer_id）。
- news_date：新闻发表日期。

13.3　构建内容管理系统项目架构

本节将介绍构建轻量级内容管理系统项目架构的步骤。

首先，在命令行中通过django-admin startproject命令创建一个项目名称为"MyCMSSite"的Web应用程序，具体命令如下：

```
django-admin startproject MyCMSSite
```

在执行完上述命令后，Django框架会自动构建一个Web应用程序的项目架构，具体如图13.3所示，在MyCMSSite项目中已经自动创建了一系列目录及Python模块文件，下面详细介绍一下。

图 13.3　创建 MyCMSSite 轻量级内容管理系统项目架构

- 最外层的MyCMSSite根目录是项目的容器（仅仅表示容器）。在该容器下还有一个同名的MyCMSSite目录，这个才是项目的主应用，该目录下创建了一组Python文件，详细说明如下：
  - __init__.py：一个空文件，功能是通知Python解释器当前目录是一个Python包。
  - settings.py：Django项目的配置文件（最重要）。具体请查看Django settings了解细节。
  - urls.py：Django项目的URL路由声明。具体请参看"URL调度器"文档来获取更多的内容。
  - wsgi.py：作为运行在WSGI兼容的Web服务器上的项目入口。具体请参阅"如何使用WSGI进行部署"了解更多细节。
- manage.py：该文件在MyPollsSite容器的根目录下，是最重要的一个Python模块。设计人员通过该模块，可以使用多种方式来管理Django项目的命令行工具。
- db.sqlite3：Django项目的默认数据库配置模块，Django框架默认使用SQLite数据库模型。本项目使用默认的SQLite数据库。

对于通过django-admin startproject命令创建的默认Django项目，使用Django简易服务器就可以运行了。启动简易服务器需要在MyCMSSite容器根目录的命令行中进行，具体命令如下：

```
python manage.py runserver
```

上述命令运行成功，说明Django项目已经在服务器地址（http://127.0.0.1:8000）上启动了。

13.4　激活后台管理站点

首先，需要创建一个能登录后台管理站点的超级管理员用户。创建方法是在命令行窗口中运行下面的命令：

```
python manage.py createsuperuser
```

效果如图13.4所示，用户名使用了默认的系统超级管理员用户king，接着输入电子邮箱，确认了登录密码（需两次相同），最后，命令行提示信息显示出超级管理员用户创建成功了。

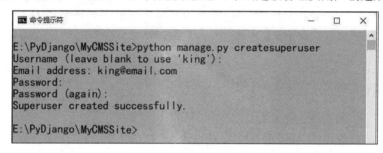

图 13.4　创建后台管理（Admin）站点的超级管理员用户

一般来讲，后台管理站点的路由是不需要设计人员手动配置的。在13.2节中，我们通过django-admin startproject命令自动创建的Django项目，会默认包含后台管理站点的路由定义。具体代码如下：

【代码13-1】（详见源代码MyCMSSite目录的MyCMSSite\urls.py文件）

```
01  from django.contrib import admin
02  from django.urls import path, include
03
04  urlpatterns = [
05      path('admin/', admin.site.urls),
06  ]
```

【代码分析】

在第01行代码中，通过import关键字导入admin对象（后台管理）。

在第02行代码中，通过import关键字导入path对象（路径）。

在第04～06行代码定义的urlpatterns路由数组列表中，通过path对象定义了后台管理站点的路由路径（'admin/'）。

然后，打开Firefox浏览器访问后台管理目录，地址为http://127.0.0.1:8000/admin/。此时，就能看到超级管理员登录页面，如图13.5所示。

在上面登录对话框中，输入刚刚创建的超级管理员用户的用户名king和密码进行登录，如果验证成功，则页面会跳转到后台管理站点页面，如图13.6所示。

图 13.5　后台管理站点登录页面　　　　　　　　图 13.6　后台管理站点页面

继续单击Users列表项，展开全部用户列表，如图13.7所示。在Users列表中可以看到我们刚刚
创建的超级管理员用户king。

图 13.7　后台管理站点的 Users 列表

13.5　内容管理系统主页

对于绝大多数Web应用系统，都需要一个系统主页作为用户访问的入口和内容的概览。本节介
绍一下内容管理系统主页的实现过程。

13.5.1　视图函数

在主目录MyCMSSite下创建一个视图文件views.py，在其中定义一个视图函数index，用于显示
系统主页的内容，具体代码如下：

【代码13-2】（详见源代码MyCMSSite目录的MyCMSSite\views.py文件）

```
01  from django.http import HttpResponse
02  from django.shortcuts import render
03
04  # 在此处创建视图
05  def index(request):
06      return render(request, 'index.html')
```

【代码分析】

在第01行代码中，通过import关键字导入HttpResponse对象（请求与响应）。

在第02行代码中，通过import关键字导入render对象（渲染视图）。

在第05、06行代码中，定义了一个视图函数index。其中，第06行代码通过调用render方法将视图渲染到一个HTML模板文件index.html。

13.5.2　配置路由

写好视图函数后，需要继续配置一个URL路由映射到该视图函数，URL路由需要在URLconf模块urls.py中来完成。具体代码如下：

【代码13-3】（详见源代码MyCMSSite目录的MyCMSSite\urls.py文件）

```
01  from django.contrib import admin
02  from django.urls import path, include
03
04  from . import views
05
06
07  urlpatterns = [
08      path('', views.index, name='index'),
09      path('admin/', admin.site.urls),
10  ]
```

【代码分析】

在第08行代码中，通过path对象定义整个项目的默认路由（""）所指向的视图函数index。

13.5.3　定义模板

Django框架默认将模板文件放置于项目根目录下的templates目录中，这一点是通过项目的系统模板配置项TEMPLATES来实现的。具体配置代码如下：

【代码13-4】（详见源代码MyCMSSite目录的MyCMSSite\settings.py文件）

```
01  TEMPLATES = [
02      {
03          'BACKEND': 'django.template.backends.django.DjangoTemplates',
04          'DIRS': [os.path.join(BASE_DIR, "templates")],
05          'APP_DIRS': True,
06          'OPTIONS': {
07              'context_processors': [
08                  'django.template.context_processors.debug',
09                  'django.template.context_processors.request',
10                  'django.contrib.auth.context_processors.auth',
11                  'django.contrib.messages.context_processors.messages',
12              ],
13          },
14      },
15  ]
```

【代码分析】

在第04行代码中，在DIRS参数中指定了模板文件的路径（templates）。

本项目的HTML模板文件样式是基于BootStrap框架实现的，BootStrap框架简单易用且页面风格简约明快，非常适合配合Django框架进行使用。具体使用时，需要将BootStrap框架所需的静态文件（脚本文件、CSS样式文件和图片资源）单独放置，本项目放置于根目录下一级的子目录static中。引入HTML模板文件时，要检查引用静态文件的路径，若不匹配，则需要调整到正确的路径下。

这里引用的HTML模板文件（详见源代码MyCMSSite目录的templates\index.html文件）请读者自行参考源代码，此处就不做具体介绍了。

13.5.4　测试应用

打开FireFox浏览器并输入应用的根路由地址http://127.0.0.1:8000，页面效果如图13.8所示，页面中成功渲染出了系统主页中的内容。另外，在页面右上角显示了一个"登录"按钮。

图 13.8　内容管理系统主页

13.6　系统管理员功能模块

本节主要介绍系统管理员功能模块的具体实现过程。绝大多数的Web应用系统，首先都会实现系统管理员这个功能模块。

13.6.1　功能模块设计

系统管理员拥有最高级别的权限，用于管理系统管理员模块、一般级别的用户模块、应用系统的业务模块和后台业务数据等。

系统管理员功能模块的结构图如图13.9所示。系统管理员功能模块主要负责系统管理员（User）和客户（Customer）的管理，包括登录/登出、注册和编辑等常规功能。

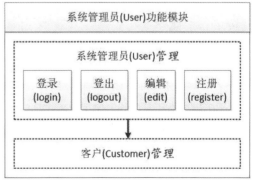

图 13.9　系统管理员功能模块结构图

13.6.2　构建应用架构

虽然本实战是一个轻量级的CMS系统，但也需要具备完整的CMS系统骨架，因此需要构建多个应用模块来实现具体功能。这里建议将系统管理员功能模块单独以应用的方式进行设计。

在Django项目中，每一个应用都是一个Python包，并且遵循着相同的技术规范。通过Django框架自带的startapp工具，就可以自动生成应用的基础目录结构。现在，我们创建系统管理员功能模块的login（应用），具体命令如下：

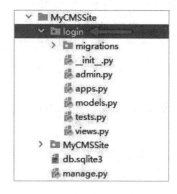

```
django-admin startapp login
```

上述命令行执行成功后，会在项目根目录下创建一个子目录login，具体如图13.10所示。系统管理员应用（login）目录的内容与主应用MyCMSSite目录类似。其中，models.py文件用于定义模型，views.py文件用于定义视图。

图 13.10　创建系统管理员功能模块的 login 应用

在创建好系统管理员应用（login）后，需要在项目配置文件settings.py中安装该应用，具体代码如下：

【代码13-5】（详见源代码MyCMSSite目录的MyCMSSite\settings.py文件）

```
01  INSTALLED_APPS = [
02      'django.contrib.admin',
03      'django.contrib.auth',
04      'django.contrib.contenttypes',
05      'django.contrib.sessions',
06      'django.contrib.messages',
07      'django.contrib.staticfiles',
08      'login.apps.LoginConfig',
09  ]
```

【代码分析】

在第08行代码中，在配置项INSTALLED_APPS中安装系统管理员应用login.apps.LoginConfig。

系统管理员应用安装完成后，需要继续在项目根路由中配置应用（login）的路径，具体代码如下：

【代码13-6】（详见源代码MyCMSSite目录的MyCMSSite\urls.py文件）

```
01  from django.contrib import admin
02  from django.urls import path, include
03
04  from . import views
05
06
07  urlpatterns = [
08      path('login/', include('login.urls', namespace='login')),
09      path('admin/', admin.site.urls),
10  ]
```

【代码分析】

第07～10行代码定义urlpatterns路由数组列表，其中第08行代码通过path对象定义了系统管理员应用login的路由路径（'login/'）。

13.6.3　模型设计

本小节介绍系统管理员角色的数据对象模型设计，具体的E-R关系请参考图13.2。Django框架规定对象模型的代码需要在模型文件models.py中定义，具体代码如下：

【代码13-7】（详见源代码MyCMSSite目录的login\models.py文件）

```
01  from django.db import models
02
03  # 在此处创建模型
04  class User(models.Model):
05      username = models.CharField(max_length=32)
06      password = models.CharField(max_length=16)
07      email = models.CharField(max_length=64)
08      level = models.SmallIntegerField(default=10)
09      objects = models.Manager()
10
11      def __str__(self):
12          return self.username
```

【代码分析】

在第01行代码中，通过import关键字导入models对象（模型）。

在第04～12行代码中，通过class关键字定义了模型对象User。其中，第05～08行代码定义了一组关于系统管理员的字段属性。

在第11、12行代码中，定义的函数__str__(self)用于返回模型对象User的实例对象的描述。

在定义好系统管理员角色的数据模型后，需要在管理配置文件admin.py中激活该数据模型；具体代码如下：

【代码13-8】（详见源代码MyCMSSite目录的login\admin.py文件）

```
01  from django.contrib import admin
02
03  from login import models
04
05  # 在此处注册模型
06  admin.site.register(models.User)
```

【代码分析】

在第01行代码中，通过import关键字导入admin对象（后台管理）。

在第03行代码中，通过import关键字从login应用中导入的models对象。

在第06行代码中，通过admin对象的register方法注册了login应用中的模型对象User，用以激活模型。

系统管理员数据模型激活后，就可以通过后台管理站点以人工方式添加数据记录了，效果如图13.11所示。

图 13.11 添加系统管理员

13.6.4 视图及模板（登录功能）

系统管理员应用login具有的登录和登出功能，可以通过默认视图函数index、登录视图函数login和登出视图函数logout来实现。本小节介绍一下相关视图函数的定义、相应的路由定义，以及对应的HTML模板文件等。

首先，介绍一下视图函数的定义，具体代码如下：

【代码13-9】（详见源代码MyCMSSite目录的login\views.py文件）

```
01  from django.contrib import auth
02  from django.http import HttpResponse, HttpResponseRedirect
03  from django.shortcuts import render
04  from login.models import User
05
06  # 在此处创建视图
07  def index(request):
08      userid = request.session.get('userid')
09      # 如果userid有效
10      if userid:
11          userinfo = User.objects.filter(username=userid)
12          for u in userinfo:
13              userid = u.username
14              pwd = u.password
15              email = u.email
16          context = {
17              "userid": userid,
18              "password": pwd,
19              "email": email,
20          }
21          return render(request, 'login/user.html', context)
```

```
22        else:
23            return render(request, 'login/login.html')
25
26    def login(request):
27        userid = request.POST['username']
28        pwd = request.POST['password']
29        u = User.objects.filter(username=userid, password=pwd)
30        if u:
31            request.session['userid'] = userid
32            return HttpResponseRedirect('/')
33        else:
34            request.session['userid'] = ""
35            return HttpResponseRedirect('/')
36
37    def logout(request):
38        auth.logout(request)
39        return HttpResponseRedirect('/')
```

【代码分析】

在第04行代码中，通过import关键字从login.models对象中导入系统管理员对象模型User。

在第07～23行代码中，定义了系统管理员应用login的默认视图函数index。通过判断session对象userid是否存在来执行相应操作，如果存在userid，则通过第21行代码路由到HTML模板文件user.html显示系统管理员信息；如果不存在userid，则通过第23行代码路由到HTML模板文件login.html显示登录页面。

第11～15行代码，通过User对象模型方法filter获取系统管理员信息，并通过for语句进行遍历和保存。

在第16～20行代码中，定义一个字典类型对象context，用来保存一组系统管理员信息。然后，在第21行代码中通过渲染方法render，将其以参数的方式传递到HTML模板文件user.html中。

在第26～35行代码中，定义系统管理员应用login的登录视图函数login，通过验证用户的登录名和密码是否合法来创建和保存session对象（userid）。

在第37～39行代码中，定义系统管理员应用login的登出视图函数logout，实现用户登出的功能。

然后，在系统管理员应用login的根路由中配置相关视图（index、login和logout）的路由，具体代码如下：

【代码13-10】（详见源代码MyCMSSite目录的login\urls.py文件）

```
01    from django.urls import path
02
03    from . import views
04
05    app_name = 'login'
06
07    urlpatterns = [
08        path('', views.index, name='index'),
09        path('login/', views.login, name='login'),
10        path('logout/', views.logout, name='logout'),
11    ]
```

【代码分析】

在第05行代码中，通过app_name参数定义应用名称为login，这样就可以很好地与其他应用的路由进行区分。

在第07～11行代码定义的urlpatterns路由数组列表中，第08行代码定义了应用的默认路由路径（"）所指向的视图函数index，第09行代码定义了应用的登录路由路径（'login/'）所指向的视图函数login，第10行代码定义了应用的登出路由路径（'logout/'）所指向的视图函数logout。

另外，由于实现了系统管理员功能模块，这里需要进一步完善内容管理系统的默认视图index，增加系统管理员角色的使用。

【代码13-11】（详见源代码MyCMSSite目录的MyCMSSite\views.py文件）

```
01   from django.http import HttpResponse
02   from django.shortcuts import render
03
04   from login.models import User
05
06   def index(request):
07       userid = request.session.get('userid', False)
08       # 如果userid有效
09       if userid:
10           userinfo = User.objects.filter(username=userid)
11           if userinfo:
12               for u in userinfo:
13                   userid = u.username
14                   pwd = u.password
15                   email = u.email
16                   level = u.level
17               context = {
18                   "userid": userid,
19                   "password": pwd,
20                   "email": email,
21                   "level": level
22               }
23               return render(request, 'index.html', context)
24           else:
25               return render(request, 'index.html')
26       else:
27           return render(request, 'index.html')
```

【代码分析】

在第03行代码中，通过import关键字导入了系统管理员应用login的模型User。

在第06～27行代码定义的默认视图函数index中，实现了系统管理员角色的使用，具体内容如下：

- 在第07行代码中，通过session对象userid获取了系统管理员id，后面通过判断系统管理员id是否有效来执行相应的操作。
- 在第10行代码中，通过对象userid访问数据库获取了系统管理员信息。
- 在第17～22行代码中，将系统管理员信息保存在字典对象context中。

- 第23行代码中，通过调用render方法将字典对象context的内容渲染到HTML模板文件 index.html中。

至于所涉及的HTML模板文件就不全部介绍了，这里主要介绍一下用于实现登录操作的HTML 模板文件（login.html）和内容管理系统主页的HTML模板文件（index.html）。

【代码13-12】（详见源代码MyCMSSite目录的templates\login\login.html文件）

```
01  <form action="login/" method="post">
02  {% csrf_token %}
03  <h3 class="h3 mb-3 fw-normal">用户登录</h3>
04  <div class="form-floating">
05      <input type="text" name="username" id="floatingInput">
06      <label for="floatingInput">用户名</label>
07  </div>
08  <div class="form-floating">
09      <input type="password" name="password" id="floatingPassword">
10      <label for="floatingPassword">密码</label>
11  </div>
12  <button type="submit">登  录</button>
13  </form>
```

【代码分析】

在第01～13行代码中，通过表单标签<form>定义了一个登录表单。其中，提交路径参数action 定义为"login/"，提交方式参数method定义为"post"。

在第05行和第09行代码中，通过标签<input>定义了用于输入登录名和密码的输入框；在第12 行代码中，通过标签<button>定义了用于提交表单的按钮。

下面，我们测试一下系统管理员模块的登录功能。在内容管理系统主页中，通过单击右上角 的"登录"按钮（或直接通过路由地址/login/）进行操作。登录界面的效果如图13.12所示。

图 13.12　登录操作（1）

我们通过使用之前手动创建的系统管理员"用户名"和"密码"信息进行登录操作。登录成 功后的页面效果如图13.13所示。登录成功后页面顶部会显示系统管理员id和Logout按钮，用户通过 单击Logout按钮完成登出操作。页面正文中会增加"用户管理模块"和"客户管理模块"的内容与 链接，这部分会在后文中详细介绍。

图 13.13　登录操作（2）

13.6.5　视图及模板（注册功能）

系统管理员应用login具有的注册功能，主要是通过注册视图函数register和register_submit实现的。本小节介绍一下相关视图函数的定义、相应的路由定义，以及对应的HTML模板文件等。

首先，介绍一下视图函数的定义，具体代码如下：

【代码13-13】（详见源代码MyCMSSite目录的login\views.py文件）

```
01  from django.http import HttpResponse, HttpResponseRedirect
02  from django.shortcuts import render
03  from login.models import User
04
05  def register(request):
06      return render(request, 'login/register.html')
07
08  def register_submit(request):
09      if request.method == 'POST':
10          form = EditUserForm(request.POST)
11          if form.is_valid():
12              u = User(**form.cleaned_data)
13              request.session['userid'] = u.username
14              u.save()
15              return HttpResponseRedirect('/')
16          else:
17              return HttpResponseRedirect('/')
18
19      return HttpResponseRedirect('/')
```

【代码分析】

在第03行代码中，通过import关键字从login.models对象中导入系统管理员对象模型User。

在第05、06行代码定义的视图函数register中，通过渲染方法render路由到HTML模板文件login/register.html。

在第08～19行代码中，定义了系统管理员应用login的注册视图函数register_submit。通过Form对象form获取了表单提交的数据集合cleaned_data，并保存到数据库模型User中。

然后，在系统管理员应用login的根路由中追加配置相关视图（register和register_submit）的路由，具体代码如下：

【代码13-14】（详见源代码MyCMSSite目录的login\urls.py文件）

```
01  from django.urls import path
02
03  from . import views
04
05  app_name = 'login'
06
07  urlpatterns = [
08      path('', views.index, name='index'),
09      path('login/', views.login, name='login'),
10      path('logout/', views.logout, name='logout'),
11      path('register/', views.register, name='register'),
12      path('register_submit/', views.register_submit, name='register_submit'),
13  ]
```

【代码分析】

在第07～13行代码定义的urlpatterns路由数组列表中，第11行代码定义了应用的注册路由路径'register/'所指向的视图函数register，第12行代码定义了应用的注册提交路由路径'register_submit/'所指向的视图函数register_submit。

关于HTML模板文件，这里主要介绍一下用于实现注册操作的register.html。

【代码13-15】（详见源代码MyCMSSite目录的templates\login\register.html文件）

```
01  <form action="/login/register_submit/" method="post">
02  {% csrf_token %}
03  <h3 class="h3 mb-3 fw-normal text-center">新用户注册</h3>
04  <div class="form-floating my-2">
05  <input type="text" name="username" value="" id="floatingUsername">
06  <label for="floatingUsername">用户名</label>
07  </div>
08  <div class="form-floating">
09  <input type="password" name="password" value="" id="floatingPassword">
10  <label for="floatingPassword">密码</label>
11  </div>
12  <div class="form-floating">
13  <input type="password" name="re-password" value="" id="floatingRePassword">
14  <label for="floatingRePassword">确认密码</label>
15  </div>
16  <div class="form-floating my-2">
17  <input type="text" name="email" value="" id="floatingEmail">
18  <label for="floatingEmail">电子邮箱</label>
19  </div>
20  <div class="form-floating my-2">
21  <button class="btn btn-primary w-100 py-2" type="submit">注册新用户</button>
22  </div>
23  <p>Created by king &copy; 2023</p>
24  </form>
```

【代码分析】

在第01～24行代码中，通过表单标签<form>定义了一个登录表单。其中，提交路径参数action定义为"/login/register_submit/"，提交方式参数method定义为"post"。

在第05行、第09行、第13行和第17行代码中，通过标签<input>定义了一组用于输入注册信息的输入框；第21行代码中，通过标签<button>定义了用于提交表单的按钮。

下面，我们测试一下系统管理员模块的注册功能。在登录页面（见图13.12）中，通过单击右上角的"新用户注册"按钮（或直接通过路由地址/login/register/）进行操作。注册页面的效果如图13.14所示，我们输入新的系统管理员信息进行注册操作。

提交后的页面效果如图13.15所示。刚刚新注册的系统管理员admin003已经成功提交到数据库中了。

图 13.14　注册操作（1）

图 13.15　注册操作（2）

13.6.6　视图及模板（编辑功能）

系统管理员应用login具有的编辑功能，主要是通过编辑视图函数edit和edit_submit实现的。本小节介绍一下相关视图函数的定义、相应的路由定义以及对应的HTML模板文件等。

首先，介绍一下视图函数的定义，具体代码如下：

【代码13-16】（详见源代码MyCMSSite目录的login\views.py文件）

```
01  from django.http import HttpResponse, HttpResponseRedirect
02  from django.shortcuts import render
03  from login.models import User
04
05  def edit(request):
06      userid = request.session.get('userid')
07      if userid:
08          user = User.objects.filter(username=userid)
```

```
09          for u in user:
10              userid = u.username
11              pwd = u.password
12              email = u.email
13          context = {
14              "userid": userid,
15              "password": pwd,
16              "email": email,
17          }
18          return render(request, 'login/edit.html', context)
19      else:
20          return HttpResponseRedirect('/')
21
22  def edit_submit(request):
23      if request.method == 'POST':
24          form = EditUserForm(request.POST)
25          if form.is_valid():
26              data = form.cleaned_data
27              User.objects.filter(username=data['username']).
28                  update(password=data['password'], email=data['email'])
29              request.session['userid'] = data['username']
30              return HttpResponseRedirect('/login/')
31          else:
32              return HttpResponseRedirect('/')
33      else:
34          return HttpResponseRedirect('/')
```

【代码分析】

在第03行代码中，通过import关键字从login.models对象中导入系统管理员对象模型User。

在第05～20行代码中定义的视图函数edit中，将通过session对象userid获取系统管理员信息并保存在字典对象context中，然后通过render方法渲染HTML模板文件login/edit.html并将对象（context）作为参数传递过去。

第22～34行代码中，定义了系统管理员应用login的编辑视图函数edit_submit。通过Form对象form获取了表单提交的数据集合cleaned_data，并保存到数据库模型User中。

然后，在系统管理员应用login的根路由中追加配置相关视图（edit和edit_submit）的路由，具体代码如下：

【代码13-17】（详见源代码MyCMSSite目录的login\urls.py文件）

```
01  from django.urls import path
02
03  from . import views
04
05  app_name = 'login'
06
07  urlpatterns = [
08      path('', views.index, name='index'),
09      path('login/', views.login, name='login'),
10      path('logout/', views.logout, name='logout'),
```

```
11      path('register/', views.register, name='register'),
12      path('register_submit/', views.register_submit, name='register_submit'),
13      path('edit/', views.edit, name='edit'),
14      path('edit_submit/', views.edit_submit, name='edit_submit'),
15  ]
```

【代码分析】

在第07～13行代码定义的urlpatterns路由数组列表中，第13行代码定义了应用的注册路由路径'edit/'所指向的视图函数edit，第14行代码定义了应用的注册提交路由路径'edit_submit/'所指向的视图函数edit_submit。

关于HTML模板文件，这里主要介绍一下用于实现编辑操作的edit.html。

【代码13-18】（详见源代码MyCMSSite目录的templates\login\edit.html文件）

```html
01  <form action="/login/edit_submit/" method="post">
02    {% csrf_token %}
03    <h3 class="h3 mb-3 fw-normal">编辑用户信息</h3>
04    <div class="form-floating my-2">
05      <input type="text" name="username" value={{ userid }} id="floatingUsername" readonly>
06      <label for="floatingUsername">用户名</label>
07    </div>
08    <div class="form-floating">
09      <input type="password" name="password" value={{ password }} id="floatingPassword">
10      <label for="floatingPassword">密码</label>
11    </div>
12    <div class="form-floating">
13  <input type="password" name="re-password" value={{ password }} id="floatingRePassword">
14      <label for="floatingRePassword">确认密码</label>
15    </div>
16    <div class="form-floating my-2">
17      <input type="text" name="email" value={{ email }} id="floatingEmail">
18      <label for="floatingEmail">电子邮箱</label>
19    </div>
20    <div class="form-floating my-2">
21      <button class="btn btn-primary w-100 py-2" type="submit">提  交</button>
22    </div>
23    <p>Created by king &copy; 2023</p>
24  </form>
```

【代码分析】

在第01～24行代码中，通过表单标签<form>定义了一个登录表单。其中，提交路径参数action定义为"/login/edit_submit/"，提交方式参数method定义为"post"。

在第05行、第09行、第13行和第17行代码中，通过标签<input>定义了一组用于输入注册信息的输入框，并通过Django模板语法（{{ }}）为每个属性value赋值了系统管理员信息；第21行代码中，通过标签<button>定义了用于提交表单的按钮。

下面，我们测试一下系统管理员模块的编辑功能。在项目主页（见图13.13）中，单击"用户管理模块"下面的链接，会路由到系统管理员个人信息页面，效果如图13.16所示。

图 13.16　编辑操作（1）

单击"修改个人信息"按钮，进入编辑页面，效果如图13.17所示。

图 13.17　编辑操作（2）

页面表单中显示的是刚刚注册的系统管理员admin003的个人信息。我们可以自行修改一些信息，并单击"提交"按钮，效果如图13.18所示，我们刚刚修改的个人信息中的电子邮箱，已经成功提交到数据库中了。

图 13.18　编辑操作（3）

13.7　客户功能模块

本节主要介绍客户功能模块的具体实现过程。对于内容管理系统来讲，客户角色是操作具体业务的主体。

13.7.1　功能模块设计

客户功能模块的结构图如图13.19所示。客户功能模块主要负责客户角色和内容模块的管理，包括浏览、添加、编辑和删除等常规功能。

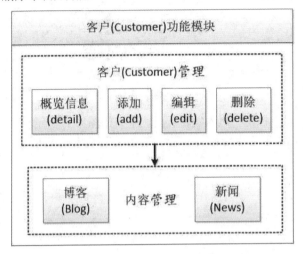

图 13.19　客户功能模块结构图

13.7.2　构建应用架构

这里，我们为客户功能模块创建单独的应用customer，具体命令如下：

```
django-admin startapp customer
```

上述命令行执行成功后，会在项目根目录下创建一个子目录customer，具体如图13.20所示。

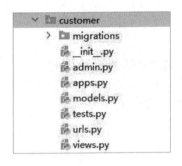

图 13.20　创建客户功能模块应用 customer

在创建好客户应用customer后，需要在项目配置文件settings.py中安装该应用，具体代码如下：

【代码13-19】（详见源代码MyCMSSite目录的MyCMSSite\settings.py文件）

```
01  INSTALLED_APPS = [
02      'django.contrib.admin',
03      'django.contrib.auth',
04      'django.contrib.contenttypes',
05      'django.contrib.sessions',
06      'django.contrib.messages',
07      'django.contrib.staticfiles',
08      'login.apps.LoginConfig',
09      'customer.apps.CustomerConfig',
10  ]
```

【代码分析】

在第08行代码中，在配置项INSTALLED_APPS中安装客户应用customer.apps.CustomerConfig。

客户应用安装完成后，需要继续在项目根路由中配置应用的路径，具体代码如下：

【代码13-20】（详见源代码MyCMSSite目录的MyCMSSite\urls.py文件）

```
01  from django.contrib import admin
02  from django.urls import path, include
03
04  from . import views
05
06
07  urlpatterns = [
08      path('login/', include('login.urls', namespace='login')),
09      path('customer/', include('cusotmer.urls', namespace='cusotmer')),
10      path('admin/', admin.site.urls),
11  ]
```

【代码分析】

在第07～10行代码定义的urlpatterns路由数组列表中，第09行代码通过path对象定义了客户应用customer的路由路径'customer/'。

13.7.3　模型设计

本小节介绍客户角色的数据对象模型设计，具体的E-R关系图请参考图13.2，具体代码如下：

【代码13-21】（详见源代码MyCMSSite目录的customer\models.py文件）

```
01  from django.db import models
02
03  from login.models import User
04
05  # 在此处创建模型
06  class Customer(models.Model):
07      customer_id = models.CharField(max_length=32)
08      customer_pwd = models.CharField(max_length=16)
09      customer_email = models.CharField(max_length=64)
10      customer_phone = models.CharField(max_length=16)
11      customer_company = models.CharField(max_length=32)
12      customer_addr = models.CharField(max_length=32)
13      level = models.SmallIntegerField(default=20)
14    owner=models.ForeignKey(User,on_delete=models.CASCADE,
related_name='customers')
15      objects = models.Manager()
16
17      class Meta(object):
18          db_table = 'customer'
19
```

```
20      def __str__(self):
21          return self.customer_id
```

【代码分析】

在第01行代码中，通过import关键字导入models对象（模型）。

在第03行代码中，通过import关键字从login.models对象中导入系统管理员对象模型User。

在第06～21行代码中，通过class关键字定义了模型对象Customer。其中，第07～14行代码定义了一组关于客户的字段属性，第14行代码定义一个外键用于关联模型User。

第20、21行代码中定义的函数__str__(self)用于返回模型对象Customer的实例对象的描述。

在定义好客户角色的数据模型后，需要在管理配置文件admin.py中激活该数据模型，具体代码如下：

【代码13-22】（详见源代码MyCMSSite目录的customer\admin.py文件）

```
01  from django.contrib import admin
02
03  from customer import models
04
05  # 在此处注册模型
06  admin.site.register(models.Customer)
```

【代码分析】

在第01行代码中，通过import关键字导入admin对象（后台管理）。

在第03行代码中，通过import关键字从customer应用中导入models对象。

在第06行代码中，通过admin对象的register方法注册了客户应用customer中的模型对象Customer，用以激活模型。

客户数据模型Customer激活后，就可以通过后台管理站点以人工方式添加数据记录了。效果如图13.21所示。

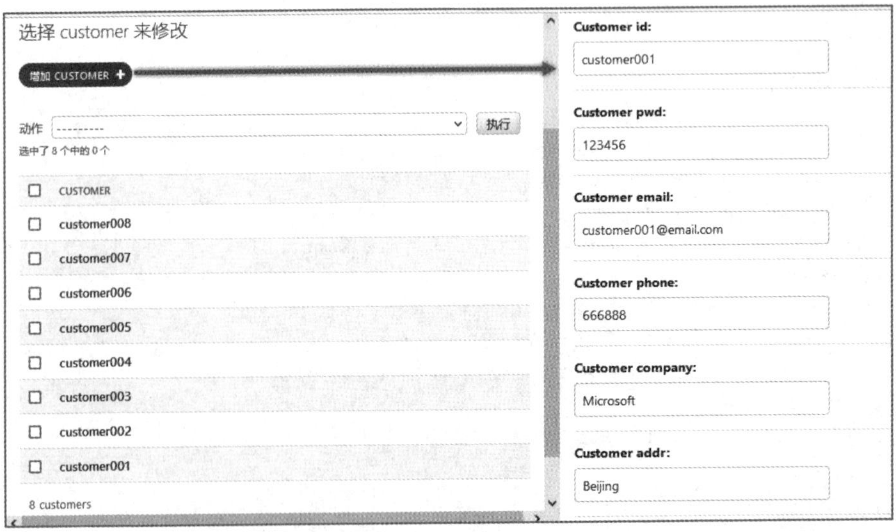

图 13.21　添加客户

13.7.4 视图及模板（概览功能）

客户应用customer具有的概览功能，是通过默认视图函数index实现的。本小节介绍一下相关视图函数的定义、相应的路由定义以及对应的HTML模板文件等。

首先，介绍一下视图函数的定义，具体代码如下：

【代码13-23】（详见源代码MyCMSSite目录的customer\views.py文件）

```
01  from django.http import HttpResponse, HttpResponseRedirect
02  from django.shortcuts import render
03
04  from login.models import User
05  from customer.models import Customer
06
07  # 在此处创建视图
08  def index(request):
09      userid = request.session.get('userid')
10      # 如果userid有效
11      if userid:
12          customer_info = Customer.objects.all()
13          user = User.objects.get(username=userid)
14          customers_info = user.customers.all()
15          context = {
16              "userid": userid,
17              "all_customer": customer_info,
18              "cur_customer": customers_info
19          }
20          return render(request, 'customer/customer.html', context)
21      else:
22          return render(request, 'customer/customer.html')
```

【代码分析】

在第04行代码中，通过import关键字从login.models对象中导入系统管理员对象模型User。

在第05行代码中，通过import关键字从customer.models对象中导入客户模型Customer。

在第08～22行代码中，定义了客户应用customer的默认视图函数index。具体说明如下：

- 第09行代码获取session对象userid。
- 第12行代码通过Customer对象的all方法，获取全部客户信息。
- 第13、14行代码借助Customer对象的外键，获取当前系统管理员下的全部客户信息。
- 第15～19行代码定义一个字典类型对象context，用来保存一组客户信息。
- 第20行代码通过渲染方法render将对象context以参数的方式传递到HTML模板文件customer.html中。

然后，在客户应用customer的根路由中配置相关视图（index）的路由，具体代码如下：

【代码13-24】（详见源代码MyCMSSite目录的customer\urls.py文件）

```
01  from django.urls import path
02
```

```
03   from . import views
04
05   app_name = 'customer'
06
07   urlpatterns = [
08       path('', views.index, name='index'),
09   ]
```

【代码分析】

在第05行代码中，通过app_name参数定义应用名称为customer，这样就可以很好地与其他应用的路由进行区分。

在第07～09行代码定义的urlpatterns路由数组列表中，第08行代码定义了应用的默认路由路径（''）所指向的视图函数index。

另外，由于实现了客户功能模块，这里需要进一步完善系统管理员的登录视图login，增加客户角色的使用，具体代码如下：

【代码13-25】（详见源代码MyCMSSite目录的login\views.py文件）

```
01   from django.contrib import auth
02   from django.http import HttpResponse, HttpResponseRedirect
03   from django.shortcuts import render
04   from login.models import User
05
06   # 在此处创建视图
07   def login(request):
08       userid = request.POST['username']
09       pwd = request.POST['password']
10       u = User.objects.filter(username=userid, password=pwd)
11       c = Customer.objects.filter(customer_id=userid, customer_pwd=pwd)
12       if u:
13           request.session['userid'] = userid
14           return HttpResponseRedirect('/')
15       elif c:
16           request.session['cid'] = userid
17           return HttpResponseRedirect('/')
18       else:
19           request.session['userid'] = ""
20           request.session['cid'] = ""
21           return HttpResponseRedirect('/')
```

【代码分析】

在第15～17行代码中，判断用户类型是否属于Customer模型，如果是，则创建和保存session对象cid。

同时，这里需要进一步完善内容管理系统的默认视图index，增加客户角色的使用，具体代码如下：

【代码13-26】（详见源代码MyCMSSite目录的MyCMSSite\views.py文件）

```python
01  from django.http import HttpResponse
02  from django.shortcuts import render
03
04  from login.models import User
05  from customer.models import Customer
06
07  def index(request):
08      userid = request.session.get('userid', False)
09      cid = request.session.get('cid', False)
10      # 如果userid有效
11      if userid:
12          userinfo = User.objects.filter(username=userid)
13          if userinfo:
14              for u in userinfo:
15                  userid = u.username
16                  pwd = u.password
17                  email = u.email
18                  level = u.level
19              context = {
20                  "userid": userid,
21                  "password": pwd,
22                  "email": email,
23                  "level": level
24              }
25              return render(request, 'index.html', context)
26          else:
27              return render(request, 'index.html')
28      elif cid:
29          customer_info = Customer.objects.filter(customer_id=cid)
30          if customer_info:
31              for ci in customer_info:
32                  userid = ci.customer_id
33                  pwd = ci.customer_pwd
34                  level = ci.level
35              context = {
36                  "customer_id": userid,
37                  "customer_pwd": pwd,
38                  "level": level
39              }
40              return render(request, 'index.html', context)
41          else:
42              return render(request, 'index.html')
43      else:
44          return render(request, 'index.html')
```

【代码分析】

在第04行代码中，通过import关键字导入系统管理员应用login的模型User。

在第05行代码中，通过import关键字导入客户应用customer的模型Customer。

在第07～44行代码定义的默认视图函数index中，增加了客户角色的使用，具体内容如下：

- 在第09行代码中，通过session对象cid获取客户id，后面通过判断客户id是否有效来执行相应的操作。
- 第29行代码中，通过对象userid访问数据库并获取系统管理员信息。
- 在第31～39行代码中，将客户信息保存在字典对象context中。
- 在第40行代码中，通过调用render方法将字典对象context以参数的形式传递到HTML模板文件index.html中。

下面我们测试一下客户模块的概览功能。在图13.13所示的页面中，单击"客户管理模块"下方的链接（或输入路由地址/customer/），进入客户信息概览页面，效果如图13.22所示。

图 13.22　客户信息概览

可以看到，图示页面包含了客户信息列表，并将全部客户信息和当前系统管理员下的客户信息做了分类显示。

13.7.5　视图及模板（新增功能）

客户应用customer具有的新增功能，是通过新增视图函数add_customer和add_save_customer实现的。本小节介绍一下相关视图函数的定义、相应的路由定义以及对应的HTML模板文件等。

首先，介绍一下视图函数的定义，具体代码如下：

【代码13-27】（详见源代码MyCMSSite目录的customer\views.py文件）

```
01  from django.http import HttpResponse, HttpResponseRedirect
02  from django.shortcuts import render
03
04  from login.models import User
05  from customer.models import Customer
```

```
06
07  # 在此处创建视图
08  def add_customer(request):
09      userid = request.session.get('userid')
10      # 如果userid有效
11      if userid:
12          context = {
13              "userid": userid
14          }
15          return render(request, 'customer/add.html', context)
16      else:
17          return HttpResponseRedirect('/')
18
19  def add_save_customer(request):
20      userid = request.session.get('userid')
21      # 如果userid有效
22      if userid:
23          u = User.objects.get(username=userid)
24          if request.method == 'POST':
25              form = EditCustomerForm(request.POST)
26              if form.is_valid():
27                  data = form.cleaned_data
28                  Customer.objects.create(
29                      customer_id=data['customer_id'],
30                      customer_pwd=data['customer_pwd'],
31                      customer_email=data['customer_email'],
32                      customer_phone=data['customer_phone'],
33                      customer_company=data['customer_company'],
34                      customer_addr=data['customer_addr'],
35                      owner=u)
36                  return HttpResponseRedirect('/customer/')
37              else:
38                  return HttpResponseRedirect('/')
39          else:
40              return HttpResponseRedirect('/')
41      else:
42          return HttpResponseRedirect('/')
```

【代码分析】

在第08～17行代码中,定义了客户应用customer的新增视图函数add_customer,具体说明如下:

- 在第09行代码获取了session对象userid。
- 在第12～14行代码中,定义了一个字典类型对象context,保存了系统管理员信息。
- 第15行代码通过渲染方法render将context以参数的方式传递到HTML模板文件add.html中。

在第19～42行代码中,定义了客户应用customer的新增视图函数add_save_customer,具体说明如下:

- 第20行代码获取了session对象userid。
- 第23行代码通过User对象的get方法获取了当前系统管理员对象u。

- 第27～35行代码通过Form对象form获取了表单提交的数据集合cleaned_data，并通过模型Customer的create方法依次将客户信息存储到数据库中。注意外键owner是通过对象u保存的。

然后，在客户应用customer的根路由中配置相关视图（add_customer和add_save_customer）的路由，具体代码如下：

【代码13-28】（详见源代码MyCMSSite目录的customer\urls.py文件）

```
01  from django.urls import path
02
03  from . import views
04
05  app_name = 'customer'
06
07  urlpatterns = [
08      path('', views.index, name='index'),
09      path('add_customer/', views.add_customer, name='add_customer'),
10      path('add_save_customer/', views.add_save_customer,
name='add_save_customer'),
11  ]
```

【代码分析】

在第07～11行代码定义的urlpatterns路由数组列表中，第09行代码定义了应用的路由路径'add_customer/'所指向的视图函数add_customer，第10行代码定义了应用的路由路径'add_save_customer/'所指向的视图函数add_save_customer。

至于所涉及的HTML模板文件就不全部介绍了，这里主要介绍一下用于实现新增操作的HTML模板文件add.html。

【代码13-29】（详见源代码MyCMSSite目录的templates\customer\add.html文件）

```
01  <form action="/customer/add_save_customer/" method="post">
02     {% csrf_token %}
03     <h3 class="h3 mb-3 fw-normal text-center">添加客户</h3>
04     <div class="form-floating my-2">
05      <input type="text" name="customer_id" value="" id="floatingCustomerId">
06      <label for="floatingCustomerId">客户名</label>
07     </div>
08     <div class="form-floating">
09      <input type="password" name="customer_pwd" value=""
id="floatingCustomerPwd">
10      <label for="floatingCustomerPwd">密码</label>
11     </div>
12     <div class="form-floating">
13     <input type="password" name="re_customer_pwd" value=""
id="floatingCustomerRePwd>
14      <label for="floatingCustomerRePwd">确认密码</label>
15     </div>
16     <div class="form-floating my-2">
17      <input type="text" name="customer_email" value=""
id="floatingCustomerEmail">
```

```
18      <label for="floatingCustomerEmail">电子邮箱</label>
19    </div>
20    <div class="form-floating my-2">
21      <input type="text" name="customer_phone" value=""
id="floatingCustomerPhone">
22      <label for="floatingCustomerPhone">联系电话</label>
23    </div>
24    <div class="form-floating my-2">
25      <input type="text" name="customer_company" value=""
id="floatingCustomerCompany">
26      <label for="floatingCustomerCompany">客户公司</label>
27    </div>
28    <div class="form-floating my-2">
29      <input type="text" name="customer_addr" value=""
id="floatingCustomerAddr">
30      <label for="floatingCustomerAddr">客户地址</label>
31    </div>
32    <div class="form-floating my-2">
33      <input name="customer_level" value="20" id="floatingCustomerLevel"
readonly>
34      <label for="floatingCustomerLevel">客户级别</label>
35    </div>
36    <div class="form-floating my-2">
37      <input name="owner" value={{ userid }} id="floatingOwner" readonly>
38      <label for="floatingOwner">所属管理员</label>
39    </div>
40    <div class="form-floating my-2">
41      <button class="btn btn-primary w-100 py-2" type="submit">添加新客户
</button>
42    </div>
43    <p>Created by king &copy; 2023</p>
44  </form>
```

【代码分析】

在第01～44行代码中，通过表单标签<form>定义了一个新增表单。其中，提交路径参数action定义为"/customer/add_save_customer/"，提交方式参数method定义为"post"。

在第05行、第09行、第13行、第17行、第21行、第25行和第29行代码中，通过标签<input>定义了一组用于输入客户信息的输入框。

在第33行代码中，定义了客户级别level的属性值（value="20"）。

在第37行代码中，通过 Django 模板语法定义了客户所属系统管理员 owner 的属性值（value={{ userid }}），"userid"表示当前的系统管理员。

在第41行代码中，通过标签<button>定义了用于提交表单的按钮。

下面我们测试一下客户模块的新增功能。在图13.22所示的页面中，单击右上角的"添加客户"链接，进入添加客户页面，效果如图13.23所示。

在添加客户页面录入好客户信息后，单击"添加新客户"按钮提交数据到数据库，效果如图13.24所示，新增的客户信息已经成功保存到数据库中了。

图 13.23　新增客户（1）

图 13.24　新增客户（2）

13.7.6　视图及模板（编辑功能）

客户应用 customer 具有的编辑和移除功能，是通过编辑视图函数 edit_customer、edit_save_customer 和移除视图函数 remove_customer 实现的。本小节介绍一下相关视图函数的定义、相应的路由定义，以及对应的 HTML 模板文件等。

首先，介绍一下视图函数的定义，具体代码如下：

【代码13-30】（详见源代码 MyCMSSite 目录的 customer\views.py 文件）

```
01  from django.http import HttpResponse, HttpResponseRedirect
02  from django.shortcuts import render
03
04  from login.models import User
05  from customer.models import Customer
06
07  # 在此处创建视图
08  def edit_customer(request, cid):
09      uid = request.session.get('userid')
10      # 如果userid有效
11      if uid:
12          u = User.objects.get(username=uid)
13          c = Customer.objects.get(customer_id=cid)
```

```
14          context = {
15              "userid": uid,
16              "customer_id": c.customer_id,
17              "customer_email": c.customer_email,
18              "customer_phone": c.customer_phone,
19              "customer_company": c.customer_company,
20              "customer_addr": c.customer_addr,
21              "owner": c.owner,
22          }
23          return render(request, 'customer/edit.html', context)
24      else:
25          return HttpResponseRedirect('/')
26
27 def edit_save_customer(request):
28      uid = request.session.get('userid')
29      if request.method == 'POST':
30          form = EditCustomerForm(request.POST)
31          if form.is_valid():
32              u = User.objects.get(username=uid)
33              data = form.cleaned_data
34              Customer.objects.filter(customer_id=data['customer_id']).
35              update(
36              customer_pwd=data['customer_pwd'],
37              customer_email=data['customer_email'],
38              customer_phone=data['customer_phone'],
39              customer_company=data['customer_company'],
40              customer_addr=data['customer_addr'],
41              owner=u)
42              return HttpResponseRedirect('/customer/')
43          else:
44              return HttpResponseRedirect('/')
45      else:
46          return HttpResponseRedirect('/')
47
48 def remove_customer(request, cid):
49      uid = request.session.get('userid')
50      # 如果userid有效
51      if uid:
52          Customer.objects.get(customer_id=cid).delete()
53          return HttpResponseRedirect('/customer/')
54      else:
55          return HttpResponseRedirect('/')
```

【代码分析】

在第08~25行代码中，定义了客户应用customer的编辑视图函数edit_customer，具体说明如下：

- 在第09行代码获取session对象uid。
- 第12行代码通过User对象的get方法获取当前系统管理员uid的对象u。
- 第13行代码通过Customer对象的get方法获取当前客户cid的对象c。
- 在第14~22行代码中，定义一个字典类型对象context，保存当前的客户信息。

- 第23行代码通过渲染方法render将对象context以参数的方式传递到HTML模板文件edit.html中。

第27～46行代码中，定义了客户应用customer的编辑视图函数edit_save_customer，具体说明如下：

- 第28行代码获取session对象uid。
- 第32行代码通过User对象的get方法获取当前系统管理员对象u。
- 第33～41行代码通过Form对象form获取表单提交的数据集合cleaned_data，并通过模型Customer的filter方法依次将客户信息更新到数据库中。注意外键owner通过对象u保存。

第48～55行代码中，定义了客户应用customer的移除视图函数remove_customer，具体说明如下：

- 第49行代码获取session对象uid。
- 第52行代码通过模型Customer的delete方法将当前客户信息从数据库中删除。

然后，在客户应用customer的根路由中配置相关视图（edit_customer和edit_save_customer）的路由，具体代码如下：

【代码13-31】（详见源代码MyCMSSite目录的customer\urls.py文件）

```
01  from django.urls import path
02
03  from . import views
04
05  app_name = 'customer'
06
07  urlpatterns = [
08      path('', views.index, name='index'),
09      path('add_customer/', views.add_customer, name='add_customer'),
10      path('add_save_customer/', views.add_save_customer,
name='add_save_customer'),
11      path('edit_customer/', views.edit_customer, name='edit_customer'),
12      path('edit_save_customer/', views.edit_save_customer,
name='edit_save_customer'),
13      path('remove_customer/', views.remove_customer, name='remove_customer'),
14  ]
```

【代码分析】

在第07～14行代码定义的urlpatterns路由数组列表中，第11行代码定义了应用的路由路径'edit_customer/'所指向的视图函数edit_customer，第12行代码定义了应用的路由路径'edit_save_customer/'所指向的视图函数edit_save_customer，第13行代码定义了应用的路由路径'remove_customer/'所指向的视图函数remove_customer。

下面，我们测试一下客户模块的编辑功能。在图13.24所示页面中，单击客户列表内的"more…"链接，进入当前客户信息的详情页面，效果如图13.25所示。

单击页面下方的"编辑"按钮，进入当前客户信息的编辑页面，效果如图13.26所示。

如图13.26箭头所示，我们修改一些客户信息后，单击"提交信息"按钮，效果如图13.27所示。

图 13.25 当前客户信息详情页面

图 13.26 当前客户信息编辑页面

图 13.27 编辑提交当前客户信息

如图13.27中的箭头所示，编辑修改的客户信息（Phone、Company和Addr）已经成功提交到数据库并进行更新了。

关于移除客户信息的功能，感兴趣的读者可自行对照视图代码进行测试。

13.8 博客和新闻功能模块

本节主要介绍博客和新闻功能模块的具体实现过程，这两个模块均为内容管理系统的具体业务功能。

13.8.1 功能模块设计

博客和新闻功能模块的结构图如图13.28所示。客户角色负责博客和新闻模块的内容管理，主要包括浏览、添加、编辑和删除等常规操作。

图 13.28　博客和新闻功能模块结构图

13.8.2 构建应用架构

这里，我们为博客和新闻功能模块分别创建单独的应用blog和news，具体命令如下：

```
django-admin startapp blog
django-admin startapp news
```

上述命令行执行成功后，会在项目根目录下分别创建两个子目录——blog和news，如图13.29和图13.30所示。

图 13.29　创建博客功能模块应用 blog

图 13.30　创建新闻功能模块应用 news

在创建好博客应用blog和新闻应用news后，需要在项目配置文件settings.py中安装这2个应用，具体代码如下：

【代码13-32】（详见源代码MyCMSSite目录的MyCMSSite\settings.py文件）

```
01  INSTALLED_APPS = [
02      'django.contrib.admin',
03      'django.contrib.auth',
04      'django.contrib.contenttypes',
05      'django.contrib.sessions',
06      'django.contrib.messages',
07      'django.contrib.staticfiles',
08      'login.apps.LoginConfig',
09      'customer.apps.CustomerConfig',
10      'blog.apps.BlogConfig',
11      'news.apps.NewsConfig',
12  ]
```

【代码分析】

在第10行代码中，在配置项INSTALLED_APPS中安装博客应用blog.apps.BlogConfig。

在第11行代码中，在配置项INSTALLED_APPS中安装新闻应用news.apps.NewsConfig。

博客应用和新闻应用安装完成后，需要继续在项目根路由中配置博客应用和新闻应用的路径，具体代码如下：

【代码13-33】（详见源代码MyCMSSite目录的MyCMSSite\urls.py文件）

```
01  from django.contrib import admin
02  from django.urls import path, include
03  from . import views
04
05  urlpatterns = [
06      path('login/', include('login.urls', namespace='login')),
07      path('customer/', include('cusotmer.urls', namespace='cusotmer')),
08      path('blog/', include('blog.urls', namespace='blog')),
09      path('news/', include('news.urls', namespace='news')),
10      path('admin/', admin.site.urls),
11  ]
```

【代码分析】

在第05~11行代码定义的urlpatterns路由数组列表中，第8行代码通过path对象定义博客应用blog的路由路径'blog/'，第9行代码通过path对象定义新闻应用news的路由路径'news/'。

13.8.3　模型设计

本小节介绍博客和新闻的数据对象模型设计，具体的E-R关系图请参考图13.2，具体代码如下：

【代码13-34】（详见源代码MyCMSSite目录的blog\models.py文件）

```
01  import uuid
02
```

```
03  from django.db import models
04
05  from customer.models import Customer
06
07  # 在此处创建模型
08  class Blog(models.Model):
09      blog_id = models.UUIDField(default=uuid.uuid1, editable=False)
10      blog_title = models.CharField(max_length=32, default='')
11      blog_content = models.TextField(null=True)
12      blog_author=models.ForeignKey(Customer, related_name='blogs')
13      blog_date = models.DateTimeField(auto_now_add=True)
14
15      class Meta(object):
16          db_table = 'blog'
17
18      def __str__(self):
19          return self.blog_title
```

【代码分析】

在第01行代码中，通过import关键字导入uuid对象。

在第05行代码中，通过import关键字从customer.models对象中导入客户对象模型Customer。

在第08~19行代码中，通过class关键字定义了模型对象Blog。其中，第09~13行代码定义了一组关于博客的字段属性，第09行代码通过uuid对象定义了全局唯一的博客id，第12行代码定义一个外键用于关联模型Customer。

在第18~19行代码中定义的函数__str__(self)用于返回模型对象Blog的实例对象的描述。

在定义好博客的数据模型后，需要在管理配置文件admin.py中激活该数据模型，具体代码如下：

【代码13-35】（详见源代码MyCMSSite目录的blog\admin.py文件）

```
01  from django.contrib import admin
02  from blog import models
03  # 在此处注册模型
04  admin.site.register(models.Blog)
```

【代码分析】

在第04行代码中，通过admin对象的register方法，注册博客应用blog中的模型对象Blog，用以激活模型。

新闻数据对象模型与博客数据对象模型的实现方法基本一致，读者请参考项目源代码进行了解。

13.8.4 视图及模板（浏览功能）

博客应用blog具有的浏览功能，是通过默认视图函数index实现的。本小节介绍一下相关视图函数的定义、相应的路由定义以及对应的HTML模板文件等。

首先，介绍一下视图函数的定义，具体代码如下：

【代码13-36】（详见源代码MyCMSSite目录的blog\views.py文件）

```
01  from django.http import HttpResponseRedirect
02  from django.shortcuts import render
03
04  import uuid
05
06  from login.models import User
07  from customer.models import Customer
08  from blog.models import Blog
09
10  # 在此处创建视图
11  def index(request):
12      cid = request.session.get('cid')
13      # 如果cid有效
14      if cid:
15          author = Customer.objects.get(customer_id=cid)
16          blog_list = author.blogs.all()
17          context = {
18              "cid": cid,
19              "blog_list": blog_list,
20          }
21          return render(request, 'blog/blog.html', context)
22      else:
23          return render(request, 'blog/blog.html')
```

【代码分析】

在第07行代码中，通过import关键字从customer.models对象中导入客户模型Customer。

在第08行代码中，通过import关键字从blog.models对象中导入博客对象模型Blog。

在第11～23行代码中，定义了博客应用blog的默认视图函数index，具体说明如下：

- 第12行代码获取session对象cid。
- 第15行代码通过Customer对象的get方法获取当前客户信息。
- 第16行代码借助Blog对象的外键获取当前客户下的全部博客信息。
- 第17～20行代码定义一个字典类型对象context，用来保存一组博客信息。
- 第21行代码通过渲染方法render将对象context以参数的方式传递到HTML模板文件 blog.html中。

然后，在博客应用blog的根路由中配置相关视图（index）的路由，具体代码如下：

【代码13-37】（详见源代码MyCMSSite目录的blog\urls.py文件）

```
01  from django.urls import path
02
03  from . import views
04
05  app_name = 'blog'
06
07  urlpatterns = [
```

```
08      path('', views.index, name='index'),
09 ]
```

【代码分析】

在第05行代码中，通过app_name参数定义应用名称为blog，这样就可以很好地与其他应用的路由进行区分。

在第07～09行代码定义的urlpatterns路由数组列表中，第08行代码定义了应用的默认路由路径（"）所指向的视图函数index。

新闻应用news的浏览功能与博客应用blog的实现方法基本一致，读者请参考项目源代码进行了解。

下面，我们测试一下博客模块和新闻模块的浏览功能。在项目主页中，单击页面右上角的"登录"按钮，效果如图13.31所示。

图 13.31　博客和新闻信息浏览（1）

使用客户账号进行登录，主页就会筛选出博客信息和新闻信息，效果如图13.32所示。单击"个人博客模块"下面的链接，就会进入详细的博客信息页面，效果如图13.33所示。

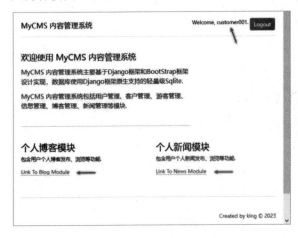

图 13.32　博客和新闻信息浏览（2）

图 13.33　博客和新闻信息浏览（3）

13.8.5　视图及模板（发布功能）

博客应用blog具有的发布新博客功能，是通过视图函数new和new_submit实现的。本小节介绍一下相关视图函数的定义、相应的路由定义以及对应的HTML模板文件等。

首先，介绍一下视图函数的定义，具体代码如下：

【代码13-38】（详见源代码MyCMSSite目录的blog\views.py文件）

```
01  from django.http import HttpResponse, HttpResponseRedirect
02  from django.shortcuts import render
03  import uuid
04  from blog.models import Blog
05  from customer.models import Customer
06
07  # 在此处创建视图
08  def new(request):
09      return render(request, 'blog/new.html')
10
11  def new_submit(request):
12      cid = request.session.get('cid')
13      if cid:
14          c = Customer.objects.get(customer_id=cid)
15          if request.method == 'POST':
16              form = BlogNewForm(request.POST)
17              if form.is_valid():
18                  #
19                  b = Blog(blog_id=uuid.uuid1().hex,
20                      blog_title=form.cleaned_data['blog_title'],
21                      blog_content=form.cleaned_data['blog_content'],
22                      blog_author=c)
23                  b.save()
24                  return HttpResponseRedirect('/blog/')
25              else:
26                  form = BlogSubmitForm()
27                  return HttpResponseRedirect('/blog/')
28          else:
29              return HttpResponseRedirect('/blog/')
30      else:
31          return HttpResponseRedirect('/blog/')
```

【代码分析】

在第08～17行代码中，定义了博客应用blog的发布新博客视图函数new，具体说明如下：

- 在第09行代码中，通过渲染方法render路由到HTML模板文件new.html中。
- 在第11～31行代码中，定义博客应用blog的发布新博客视图函数new_submit，具体说明如下：

    ◆ 第12行代码获取session对象cid。
    ◆ 第14行代码通过Customer对象的get方法获取当前客户对象c。

◆ 第19～23行代码通过Form对象form获取表单提交的数据集合cleaned_data，并通过模型 Blog依次将博客信息存储到数据库中。注意，外键blog_author通过对象c保存。

然后，在博客应用blog的根路由中配置相关视图（new和new_submit）的路由，具体代码如下：

【代码13-39】（详见源代码MyCMSSite目录的customer\urls.py文件）

```
01  from django.urls import path
02
03  from . import views
04
05  app_name = 'blog'
06
07  urlpatterns = [
08      path('', views.index, name='index'),
09      path('new/', views.new, name='new'),
10      path('new_submit/', views.new_submit, name='new_submit'),
11  ]
```

【代码分析】

在第07～11行代码定义的urlpatterns路由数组列表中，第09行代码定义了应用的路由路径'new/'所指向的视图函数new，第10行代码定义了应用的路由路径'new_submit/'所指向的视图函数new_submit。

至于所涉及的HTML模板文件就不全部介绍了，这里主要介绍一下用于实现发布新博客操作的HTML模板文件new.html。

【代码13-40】（详见源代码MyCMSSite目录的templates\blog\new.html文件）

```
01  <form action="/blog/new_submit/" method="post">
02    {% csrf_token %}
03    <h3 class="h3 mb-3 fw-normal">发布新博客</h3>
04    <div class="form-floating my-2">
05      <input type="text" name="blog_title" value="{{ blog_title }}"
id="floatingTitle" />
06      <label for="floatingTitle">博客标题</label>
07    </div>
08    <div class="form-floating my-2">
09      <textarea name="blog_content" placeholder="Blog
Content">{{ blog_content }}</textarea>
10      <label for="floatingContent">博客内容</label>
11    </div>
12    <div class="form-floating my-2">
13      <button type="submit">提  交</button>
14    </div>
15    <p>Created by king &copy; 2023</p>
16  </form>
```

【代码分析】

在第01～16行代码中，通过表单标签<form>定义了一个发布新博客的表单。其中，提交路径参数action定义为"/blog/new_submit/"，提交方式参数method定义为"post"。

在第05行和第09行代码中，通过标签<input>和标签
<textarea>定义了一组用于输入博客信息的输入框。

在第13行代码中，通过标签<button>定义了用于提交
表单的按钮。

新闻应用news的发布功能与博客应用blog的实现方法
基本一致，读者请参考项目源代码进行 了解。

下面，我们测试一下博客模块的发布功能。在图13.33
中，单击页面顶部的"新博客"链接，进入发布新博客的
页面，效果如图13.34所示。

图 13.34 发布新博客（1）

录入好要发布的博客信息后，单击"提交"按钮提交数据到数据库，效果如图13.35所示，新
增发布的博客信息已经成功保存到数据库中了。

图 13.35 发布新博客（2）

13.8.6 视图及模板（编辑与删除功能）

博客应用blog具有的编辑和删除功能，是通过编辑视图函数edit、edit_submit和删除视图函数
delete实现的。本小节介绍一下相关视图函数的定义、相应的路由定义以及对应的HTML模板文
件等。

首先，介绍一下视图函数的定义，具体代码如下：

【代码13-41】（详见源代码MyCMSSite目录的blog\views.py文件）

```
01  from django.http import HttpResponse, HttpResponseRedirect
02  from django.shortcuts import render
03  import uuid
04  from blog.models import Blog
05  from customer.models import Customer
06
07  # 在此处创建视图
08  def edit(request, bid):
09      cid = request.session.get('cid')
10      if cid:
11          b = Blog.objects.get(blog_id=bid)
12          context = {
13              "blog_id": bid,
14              "blog_title": b.blog_title,
15              "blog_content": b.blog_content,
16          }
```

```
17            return render(request, 'blog/edit.html', context)
18        else:
19            return HttpResponseRedirect('/blog/')
20
21    def edit_submit(request):
22        if request.method == 'POST':
23            form = BlogSubmitForm(request.POST)
24            if form.is_valid():
25                print(form.cleaned_data['news_id'])
26                Blog.objects.filter(blog_id=form.cleaned_data['news_id']).
27                update(blog_title=form.cleaned_data['blog_title'],
28                blog_content=form.cleaned_data['blog_content'])
29                return HttpResponseRedirect('/blog/')
30            else:
31                # form = EditUserForm()
32                return HttpResponseRedirect('/blog/')
33        else:
34            return HttpResponseRedirect('/blog/')
35
36    def delete(request, bid):
37        cid = request.session.get('cid')
38        if cid:
39            Blog.objects.get(blog_id=bid).delete()
40            return HttpResponseRedirect('/blog/')
41        else:
42            return HttpResponseRedirect('/')
```

【代码分析】

在第08～19行代码中，定义了博客应用blog的编辑视图函数edit，具体说明如下：

- 在第09行代码获取session对象cid。
- 第11行代码通过Blog对象的get方法获取当前博客bid的对象b。
- 在第12～16行代码中，定义了一个字典类型对象context，保存当前的博客信息。
- 第17行代码通过渲染方法render将对象context以参数的方式传递到HTML模板文件edit.html中。

第21～34行代码中，定义了博客应用blog的编辑视图函数edit_submit，具体说明如下：

- 第26～28行代码通过Form对象form获取表单提交的数据集合cleaned_data，并通过模型Blog的update方法依次将博客信息更新到数据库中。

在第36～42行代码中，定义了博客应用blog的删除视图函数delete，具体说明如下：

- 第37行代码获取session对象cid。
- 第39行代码通过模型Bog的delete方法将当前博客信息从数据库中删除。

然后，在博客应用blog的根路由中配置相关视图edit和edit_submit的路由，具体代码如下：

【代码13-42】（详见源代码MyCMSSite目录的blog\urls.py文件）

```
01  from django.urls import path
02
```

```
03  from . import views
04
05  app_name = 'blog'
06
07  urlpatterns = [
08      path('', views.index, name='index'),
09      path('new/', views.new, name='new'),
10      path('new_submit/', views.new_submit, name='new_submit'),
11      path('edit/', views.edit, name='edit'),
12      path('edit_submit/', views.edit_submit, name='edit_submit'),
13      path('delete/', views.delete, name='delete'),
14  ]
```

【代码分析】

在第07～14行代码定义的urlpatterns路由数组列表中，第11行代码定义了应用的路由路径'edit/'所指向的视图函数edit，第12行代码定义了应用的路由路径'edit_submit/'所指向的视图函数edit_submit，第13行代码定义了应用的路由路径'delete/'所指向的视图函数delete。

新闻应用news的编辑功能与博客应用blog的实现方法基本一致，读者可以参考项目源代码查看其实现方法。

下面，我们测试一下博客模块的编辑功能。在图13.35所示的页面中，单击博客列表内的"编辑博客"按钮，进入当前博客信息的编辑页面，效果如图13.36所示。

我们可以自行修改一下输入框内的数据，效果如图13.37所示。

图 13.36　编辑博客信息（1）

图 13.37　编辑博客信息（2）

单击"提交"按钮后，效果如图13.38所示，编辑修改的博客信息blog_title和bolg_content已经成功提交到数据库并进行更新了。

图 13.38　编辑博客信息（3）

关于删除博客信息的功能，感兴趣的读者可自行对照视图代码进行测试。

13.9　游客功能模块

本节主要介绍游客功能模块的具体实现过程，该模块仅仅具有浏览内容的功能。

13.9.1　功能模块设计

游客功能模块的结构图具体如图13.39所示。游客角色仅仅具有浏览博客和新闻内容的权限。

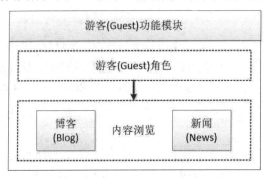

图 13.39　游客功能模块结构图

13.9.2　构建应用架构

这里，我们为游客功能模块创建单独的应用guest，具体命令如下：

```
django-admin startapp guest
```

上述命令行执行成功后，会在项目根目录下创建一个子目录guest，具体如图13.40所示。

在创建好游客应用guest后，需要在项目配置文件settings.py中安装该应用，具体代码如下：

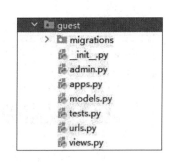

图 13.40　创建游客功能模块应用 guest

【代码13-43】（详见源代码MyCMSSite目录的MyCMSSite\settings.py文件）

```
01  INSTALLED_APPS = [
02      'django.contrib.admin',
03      'django.contrib.auth',
04      'django.contrib.contenttypes',
05      'django.contrib.sessions',
06      'django.contrib.messages',
07      'django.contrib.staticfiles',
08      'login.apps.LoginConfig',
09      'customer.apps.CustomerConfig',
10      'blog.apps.BlogConfig',
```

```
11      'news.apps.NewsConfig',
12      'guest.apps.GuestConfig',
13  ]
```

【代码分析】

在第12行代码中，在配置项INSTALLED_APPS中安装游客应用guest.apps.GuestConfig。

游客应用安装完成后，需要继续在项目根路由中配置游客应用guest的路径，具体代码如下：

【代码13-44】（详见源代码MyCMSSite目录的MyCMSSite\urls.py文件）

```
01  from django.contrib import admin
02  from django.urls import path, include
03
04  from . import views
05
06
07  urlpatterns = [
08      path('login/', include('login.urls', namespace='login')),
09      path('customer/', include('cusotmer.urls', namespace='cusotmer')),
10      path('blog/', include('blog.urls', namespace='blog')),
11      path('news/', include('news.urls', namespace='news')),
12      path('guest/', include('guest.urls', namespace='guest')),
13      path('admin/', admin.site.urls),
14  ]
```

【代码分析】

在第07～14行代码定义的urlpatterns路由数组列表中，第12行代码通过path对象定义了游客应用guest的路由路径'guest/'。

13.9.3　模型设计

本小节介绍游客的数据对象模型设计，具体的E-R关系图请参考图13.2，具体代码如下：

【代码13-45】（详见源代码MyCMSSite目录的guest\models.py文件）

```
01  from django.db import models
02
03  # 在此处创建模型
04  class Guest(models.Model):
05      guest_id = models.CharField(max_length=32)
06      guest_pwd = models.CharField(max_length=16)
07      level = models.SmallIntegerField(default=30)
08      objects = models.Manager()
09
10      class Meta(object):
11          db_table = 'guest'
12
13      def __str__(self):
14          return self.guest_id
```

【代码分析】

在第04～14行代码中，通过class关键字定义了模型对象Guest。其中，第05～07行代码定义了一组关于游客的字段属性。

在第13～14行代码中，定义的函数__str__(self)用于返回模型对象Guest的实例对象的描述。

在定义好游客的数据模型后，需要在管理配置文件admin.py中激活该数据模型，具体代码如下：

【代码13-46】（详见源代码MyCMSSite目录的guest\admin.py文件）

```
01  from django.contrib import admin
02
03  from guest import models
04
05  # 在此处注册模型
06  admin.site.register(models.Guest)
```

【代码分析】

在第06行代码中，通过admin对象的register方法，注册游客应用guest中的模型对象Guest，用以激活模型。

13.9.4 视图及模板（浏览功能）

游客应用guest具有的浏览功能，是通过默认视图函数index、博客视图函数blog_detail和新闻视图函数news_detail实现的。本小节介绍一下相关视图函数的定义、相应的路由定义以及对应的HTML模板文件等。

首先，介绍一下视图函数的定义，具体代码如下：

【代码13-47】（详见源代码MyCMSSite目录的guest\views.py文件）

```
01  from django.shortcuts import render
02
03  from blog.models import Blog
04  from news.models import News
05  from guest.models import Guest
06
07  # 在此处创建视图
08  def index(request):
09      gid = request.session.get('gid')
10      # 如果gid有效
11      if gid:
12          g = Guest.objects.get(guest_id=gid)
13          blog_list = Blog.objects.all()
14          news_list = News.objects.all()
15          context = {
16              "gid": g.guest_id,
17              "blog_list": blog_list,
18              "news_list": news_list,
19          }
```

```
20        return render(request, 'guest/guest.html', context)
21    else:
22        return render(request, 'guest/guest.html')
23
24 def blog_detail(request, bid):
25    gid = request.session.get('gid')
26    # 如果gid有效
27    if gid:
28        g = Guest.objects.get(guest_id=gid)
29        b = Blog.objects.get(blog_id=bid)
30        context = {
31            "gid": g.guest_id,
32            "blog_info": b,
33        }
34        return render(request, 'guest/blog_detail.html', context)
35    else:
36        return render(request, 'guest/blog_detail.html')
37
38 def news_detail(request, nid):
39    gid = request.session.get('gid')
40    # 如果gid有效
41    if gid:
42        g = Guest.objects.get(guest_id=gid)
43        n = News.objects.get(news_id=nid)
44        context = {
45            "gid": g.guest_id,
46            "news_info": n,
47        }
48        return render(request, 'guest/news_detail.html', context)
49    else:
50        return render(request, 'guest/news_detail.html')
```

【代码分析】

在第03行代码中，通过import关键字从blog.models对象中导入博客对象模型Blog。

在第04行代码中，通过import关键字从news.models对象中导入新闻对象模型News。

在第05行代码中，通过import关键字从guest.models对象中导入游客对象模型Guest。

在第08～22行代码中，定义了游客应用guest的默认视图函数index，具体说明如下：

- 在第09行代码获取了session对象gid。
- 第12行代码通过Guest对象的get方法获取当前游客信息。
- 在第13、14行代码中，通过Blog对象和News对象获取全部博客信息和新闻信息。
- 在第15～19行代码中，定义一个字典类型对象context，用于保存一组博客信息和新闻信息。
- 第20行代码通过渲染方法render将对象context以参数的方式传递到HTML模板文件 guest.html中。

第24～36行代码中，定义了博客视图函数blog_detail，具体说明如下：

- 第25行代码获取session对象gid。
- 第28行代码通过Guest对象的get方法获取当前游客信息。

- 第29行代码中，通过Blog对象获取全部博客信息。
- 在第30～33行代码中，定义一个字典类型对象context，用于保存一组博客信息。
- 第34行代码通过渲染方法render将对象context以参数的方式传递到HTML模板文件 blog_detail.html中。

在第38～50行代码中，定义了新闻视图函数news_detail，具体说明如下：

- 第39行代码获取session对象gid。
- 第42行代码通过Guest对象的get方法获取当前游客信息。
- 第43行代码中，通过News对象获取全部新闻信息。
- 在第44～47行代码中，定义一个字典类型对象context，用于保存一组新闻信息。
- 第48行代码通过渲染方法render将对象context以参数的方式传递到HTML模板文件 news_detail.html中。

然后，在游客应用guest的根路由中配置相关视图（index、blog_detail和news_detail）的路由，具体代码如下：

【代码13-48】（详见源代码MyCMSSite目录的guest\urls.py文件）

```
01  from django.urls import path
02
03  from . import views
04
05  app_name = 'guest'
06
07  urlpatterns = [
08      path('', views.index, name='index'),
09      path('blog_detail/<uuid:bid>', views.blog_detail, name='blog_detail'),
10      path('news_detail/<uuid:nid>', views.news_detail, name='news_detail'),
11  ]
```

【代码分析】

在第05行代码中，通过app_name参数定义应用名称为guest，这样就可以很好地与其他应用的路由进行区分。

在第07～11行代码定义的urlpatterns路由数组列表中，第08行代码定义了应用的默认路由路径("")所指向的视图函数index，第09行代码定义了应用的博客路由路径'blog_detail/'所指向的视图函数blog_detail，第10行代码定义了应用的新闻路由路径'news_detail'所指向的视图函数news_detail。

图13.41　用户登录（1）

下面，我们测试一下游客模块的浏览功能。在项目主页中，单击页面右上角的"登录"按钮，效果如图13.41所示。使用游客账号进行登录，主页就会筛选出游客对应的内容，如图13.42所示。

单击"进入游客模块"下面的链接，就会进入博客信息列表和新闻信息列表的浏览页面，效果如图13.43所示。单击"博客栏目"下面的博客列表或"新闻栏目"下面的新闻列表，就会进入详细的博客信息或新闻信息浏览页面，效果如图13.44和图13.45所示。

图 13.42　游客浏览博客和新闻信息（2）

图 13.43　游客浏览博客和新闻信息（3）

图 13.44　游客浏览博客和新闻信息（4）　　　　图 13.45　游客浏览博客和新闻信息（5）

13.10　本 章 小 结

本章使用Django框架开发一个轻量级的内容管理系统（CMS），具体内容包括轻量级内容管理系统功能模块介绍、轻量级内容管理系统模型设计、构建内容管理系统项目架构、激活后台管理站点、内容管理系统主页、系统管理员功能模块、客户功能模块、博客和新闻功能模块、游客功能模块。本章的内容有助于读者进一步提高基于Django框架开发Web应用程序的能力。